油气水多相混输与计量技术

薛敦松　李清平　李汗强　朱宏武　著

中国石化出版社

内 容 提 要

本书详细介绍油气水多相混输技术的基础上，论述了螺杆式混输泵、螺旋轴流式油气多相混输泵的工作原理、设计方法、应用实例等内容，同时介绍了油气水多相混输计量技术、天然气长输和黏性油品输送、油气多相混输泵辅机设计等内容。

本书可供多相泵设计、研发的技术人员，以及从事油气水多相输送的工程技术人员使用，也可供石油院校相关专业的师生参考。

图书在版编目（CIP）数据

油气水多相混输与计量技术/薛敦松等著．—北京：中国石化出版社，2017.6

ISBN 978-7-5114-4459-2

Ⅰ.①油… Ⅱ.①薛… Ⅲ.①油层水—多相流动—气液混输泵 Ⅳ.①TH38

中国版本图书馆 CIP 数据核字（2017）第 105744 号

中国石化出版社出版发行

地址:北京市朝阳区吉市口路9号

邮编:100020 电话:(010)59964500

发行部电话:(010)59964526

http://www.sinopec-press.com

E-mail:press@sinopec.com

北京科信印刷有限公司印刷

全国各地新华书店经销

*

787×1092 毫米 16 开本 12 印张 302 千字

2017 年 9 月第 1 版 2017 年 9 月第 1 次印刷

定价:48.00 元

前　言

油气水多相混输技术是边际油气田和深水油气田远距离开采、输送创新技术方向之一。目前我国南海约70%的油气发现位于水深大于300m的深水区，同时陆上还存在大量的边际油气田、沙漠油气田等，因此以多相增压泵为核心的油气水多相远距离输送技术具有广阔的应用前景。

油气水多相混输技术的优势在于可以简化工艺，如节省气液分离设施，不必单独铺设气管和液管，实现油气水多相增压和输送，在水下油气田、卫星油气田、沙漠或严寒地区油气田开发中具有明显技术和经济优势。同时，多相混输泵具有较大抽吸能力，有利于增产、适度恢复低产油井和即将枯竭的油井，经济效益显著。其经济性在北海、西伯利亚、沙特、挪威等油气田都得到了证实。

我国油气水多相混输和计量技术的研究萌发于1996年在中国石油大学(北京)召开的国际流体机械学术会议。该前沿性技术的研发和探索得到了国家自然科学基金会项目资助，“多相混输泵内流机理研究”(项目编号：i59576041)，由薛敦松教授牵头，李清平博士首先建立了多相混输泵性能测试试验台、完成第一代螺旋轴流式多相混输泵的原理机研制、设计和基于边界元的气液两相泵内流场的数值模拟计算探讨，孙自祥参与了第一代样机的叶型设计，这之后李汗强、赵宏、郑俐丹、孔祥领和秦蕊等近十多届博硕士先后参与。油气水多相增压泵机理研究取得阶段成果，所研制的螺旋轴流式多相混输泵与国际上第一个研制该类型油气多相混输泵的法国石油研究院(IFP)所提出的叶型进行反算验证，误差在10%以内，对比分析表明：中国石油大学(北京)提出的螺旋轴流式多相增压泵设计方法是可行的，并掌握了进一步开展工业化样机研制所需要的核心技术。目前IFP没有公开其设计方法，其出版物和国际学术会议论文集也仅仅给出某些原则性思路。经过陆地油田现场应用证明，中国石油大学(北京)自主研制的螺旋轴流式多相增压泵设计方法已可以作为工业样机设计的依据。

目前，油气水多相混输和计量的研究成果还处于起步和探索阶段，针对我国中小油田，具有高黏、易凝、含砂等特点，还面临许多挑战和问题，需要进一步探讨“小高尖”技术，也就是小型化、高效率、尖端化。小型化涉及低比转速叶轮的优化设计、高效率涉及在机组中减少气液两相的流动分离，尖端化涉及在制造技术中精益求精。同时多相增压设备研制与其所应用的工艺流程密切相关，尤其对高黏油、高含砂油等，其工艺流程与多相计量需要和多相混输泵相辅相成。

本书第一章、第二章由薛敦松、李清平、朱宏武执笔，第三章由李汗强执笔，第四章、第五章、第六章、第七章主要由李清平执笔，第四章第三节由赵宏、郑俐丹和孔祥领等执笔，第八章第二节由曹广军和薛敦松执笔，第九章由薛敦松执笔。秦蕊、刘永飞参与第二章、第四章、第五章部分内容编写。黄思教授在科研中也给出一些有益建议。林其燧教授在本书的编写过程给予精神支持。

本书所展现的仅仅是中国石油大学(北京)多相增压泵项目组多年的科研成果，作者期望通过本书与对此感兴趣的研究人员、工程人员等分享研究过程所收获的经验、教训，使读者在研究过程得到启迪，在从事类似科研和制造中可以少走一点弯路。

虽然历经20多年的攻关，但多相混输泵特别是基于全流型设计的螺旋轴流式、双螺杆式多相混输泵的国产化还在不断摸索中，因此本书所分享的许多观点和认识为项目研究过程中的收获，只是多相混输泵国产化进程中所迈出的第一步，其中难免有认识不足或瑕疵，望广大读者不吝赐教，项目组将不胜感激，并在今后的研究工作中持续改进。

专家推荐意见

随着石油勘探开发事业的发展，一些开采条件较恶劣的油田相继发现，特别是海洋、沙漠和边际油田的投产，由于受其本身地理和气候条件的限制，其产出的原油和天然气的输送已成为一个重要问题。实现油气混输工艺以及开发和应用油气多相混输泵，将使海上和陆地油田油气集输系统的布局和集输流程产生重大变更，并能大量缩减油田的开发和经营费用，具有重大的经济效益。我国海洋油田开发的863高科技工程中已明确提出要设计和制造新型油气多相混输泵。目前，国内外已开发的油气多相混输泵中比较成功的有两种：螺旋轴流式油气多相混输泵和双螺杆式油气多相混输泵。

本书在详细分析国内外混输技术发展水平的基础上，系统地总结上作者多年来在该领域中进行的理论研究成果，如在螺旋轴流式多相混输泵机理探讨一章中，论述了在叶型水力设计与性能预测、数值模拟等方面取得的成果。本书适用于石油系统混输技术专业人员和相应专业的大学生和研究生。

本书的出版对于进一步开发、设计和制造国产油气多相混输泵的工作无疑具有重要的参考价值。

中国海洋石油总公司副总工程师，中国工程院院士

曾恒一

多相混输系统与目前广泛使用的气液两相流分离系统相比，其结果简单，操作方便，牢固可靠是最显着的优点。多相混输技术，减少了繁杂的分离器，输油泵、空压机及两套独立的气液输送管线，降低投资成本和管理费用。据报道，采用油气混输技术，使基建投资费用降低40%。这种混输技术还可以减低井口回压，提高采油产量，最终提高整个油田的采收率。当井口压力降低50%时，原油产量可望增加10% ~15%。由此可以看出"油气多相流泵送与计量技术"在石油天然气工业中的意义和应用价值。尤其油气多相混输泵优势在于不必单独铺设气管和油管，可以实现在一条管道中混合输送气和油，在海下和卫星油田或沙漠或严寒地区具有非常优势。具有较大抽吸能力 ，有利于增产和适度恢复低产油井和即将枯竭的油井，经济效益是很显著 。

《油气水多相混输与计量技术》专著论述了两种多相混泵：螺杆式多相混输泵和螺旋轴流式多相混输泵。该专著论述两种多相流泵的基本原理、设计方法、试验研究成果和泵内多相流数值计算成果。专著中对于"油气多相计量"也进行深入的研究。这些成果是作者近 10 多年来，经过不间断的理论研究、数值计算和试验研究所取得的。在此基础上作者申请了两个发明专利和七个实用专利，凸显出此专著的创新性。其部分成果在国内外学术会议和期刊上交流和发表，得到国内外学者的高度评价，达到了国际先进水平，部分成果达到国际领先水平。

此外，此专著论述简明深入，语言精炼，是作者多年来的研究成果的结晶。专著的出版会对石油天然气工业的油气混输技术的发展起很大的推进作用。

清华大学教授，博导

吴玉林

随着石油勘探开发事业的发展，一些开采条件较恶劣的油田相继发现，特别是海洋、沙漠和边际油田的投产，由于受其本身地理和气候条件的限制，其产出的原油和天燃气的输送已成为一个重要问题。实现油气混输工艺以及开发和应用油气多相混输泵，将使海上和陆地油田油气集输系统的布局和集输流程产生重大变更，并且能大量缩减油田的开发和经营费用，具有重大的经济价值。我国海洋油田开发的863高科技工程中已明确提出要设计和制造新型油气多相混输泵。目前，国内外已开发的油气多相混输泵中比较成功的有两种：螺旋轴流式油气多相混输泵和双螺杆式油气多相混输泵。

本书是国内第一本较全面、系统和深入论述上述两种油气多相混输泵的专著。它在详细分析国内外多相混输泵技术发展水平的基础上，系统地总结了作者多年来在该领域中所进行的理论和实验研究成果。如在螺旋轴流式多相混输泵的机理探讨、叶型水力设计与性能预测、样机试验证实了其可行性，并取得了国家专利证书(ZL200410071580. X)等。本书还探讨了包括多相流流态调节设置，水下多相增压工艺在内的油气混输工艺设计和计量等问题。

本书适用于石油系统混输技术专业人员和相应专业的大学生和研究生。

本书的出版对于进一步开发设计和制造国产油气多相混输泵的工作，具有重要的参考价值。

中国石油大学(华东)教授

万邦烈

油气砂共存是油层原生态，如何以最小成本开采多相并存的油气，成为不可回避的课题，在海洋、沙漠或某些条件恶劣地区，在井口设置油气分离装置，常导致投资巨大，而且小量伴生气无法利用，极不经济。因此将多井的油气产品集中起来，再进行油气水分离就是必选的方案，所以用于加压的多相混输泵就成为不可缺少的新设备。

多相混输是一个非常复杂的物理过程，但由于生产的迫切需要，经过多年探索，特别是大量实际使用经验不断改进。大家的注意力逐渐集中于螺旋轴流式和双螺杆式两种多相混输泵。

多相混输的复杂性，限制了参与研制设备的厂家。目前世界仅有少数较大的石油设备公司拥有这方面的技术和能力参与多相混输泵的设计、制造，出售产品。而其技术诀窍则严格保密，不肯转让，更不愿公开发表。因此多相混输泵虽已得到大家认可，但是关键技术则始终不为大众所周知。这一现象当然极大不利于我国石油界在这一领域的发展，石油大学薛敦松教授等同志在油气混输方面钻研十余年，积累了经验，提高了认识，也收集了国内外有关资料和数据，结合他们自已的研究成果，计划编写专著公开出版，我相信这一举措一定会有力推动石油界对混输工艺和混输设备加深认知，并进而促进多相混输泵的技术发展和推广。

过去我曾经做过管道混输和多相混输泵选型方面的研究，了解油田上多相混输的含义及其作用。现在看到薛敦松教授们的几章样本不禁深有同感。

原国务院外国专家局局长

前留苏博士、北京石油学院机械系系主任，教授

目　录

第一章　油气水多相混输技术在陆地和海上油田的应用

以多相增压泵为核心的油气水混输技术是油气田开采和输送的核心技术之一，目前在世界范围内已经有约500多套多相混输泵得到应用。其主要优势为：第一，可以避免在上游井口区建立气液分离系统，不必分别铺设输液管和输气管，只要铺设一条混输管道，从海上混输到岸边或陆地混输到中心转运站后再进行处理；第二，由于具有较好的抽吸能力，降低了井口背压，可以提高采收率，从而提高油气产量，尤其濒临减产的油气井或即将枯竭的油气井，可以得到一定程度的恢复，还可以减少火炬燃烧、或放空气。

目前已经实现工业应用的多相混输泵主要有两种类型，一种是螺旋轴流式多相混输泵，另外一种是双螺杆式多相混输泵。这两种多相混输泵各有优缺点，从增压能力、流量范围以及适用的工况等综合来看，两者是相互补充的，均在适合的油气田得到了应用。

两种最常用的油气多相混输泵结构示意图见图1-1和图1-2。

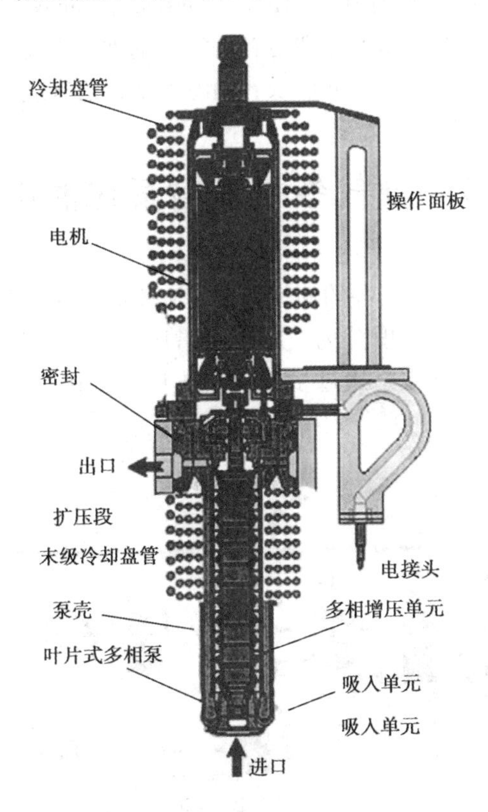

图1-1　螺旋轴流式油气多相混输泵机组与核心部件示意图

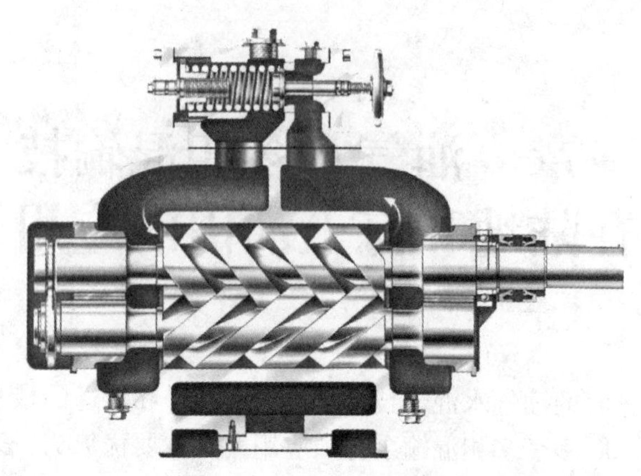

图1-2　德国鲍尔曼双螺杆式油气多相混输泵机组

螺旋轴流式多相混输泵主要由法国石油研究院研制，采用开式结构，适用于大排量、低黏度、中等增压以及含有少量固体砂砾的工况，原理机研制成功后交给由 Sulzer 、Framo 两家公司进行产品制造。螺旋轴流式多相混输泵早在1991年就在突尼斯进行示范性试验，后来在英国北海由近海到深海、俄罗斯西伯尼亚严寒地区、几内亚海底，沙特沙漠地区等都有成功应用的实例。仅有一例在印度尼西亚，高黏、高凝、含有大量砂砾的油气田应用中遇到问题。

双螺杆多相混输泵主要由德国 Borremann 、Leistritz、Colfax 等公司在双螺杆泵基础上研发成功。我国对双螺杆多相混输泵制造也有一定的基础，主要适应于中等流量、高中增压的场合，目前在加拿大、美国、北海以及我国海上平台已有应用。

第一节　油气多相混输泵在油田应用

传统的油气输送是将来自生产井的油气水多相流体进行气液分离，分别用单相气管和油水管输送到中心处理站进行深度分离。以多相增压为核心的混输方案则不需要油气分离，而是将生产井采出的油气水、通过多相泵增压后，直接一条混输管输送到中央处理站，如图1-3所示。

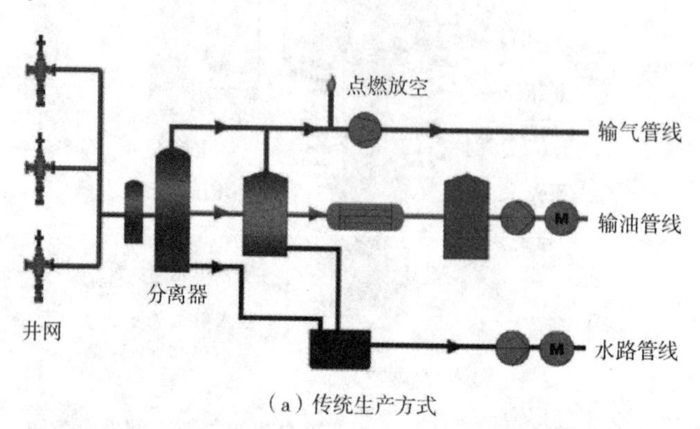

（a）传统生产方式

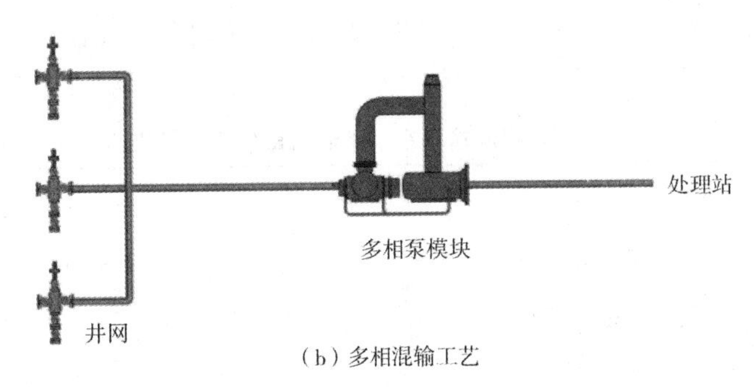

（b）多相混输工艺

图 1-3 多相混输技术与传统生产方式比较

一、多相混输泵在陆上油气田开发中的应用实例

西西伯利亚先后在两个油田安装螺旋轴流式多相混输泵，具体参数见表 1-1。

表 1-1 西西伯利亚油田所用螺旋轴流式多相混输泵基本信息

基本信息	第一个油气田	第二个油气田
地点	Samotlor	Priobskoye
安装时间	1997 年	2000 年前后
安装台套	2 台并联	前后安装了 4 台泵
处理量/(m^3/h)	1000	3300
含气率	70% ~86%	
油气比	约 71%	78%
高含砂量/(mg/L)	200	300
出口压力	20bar	55 bar
背压	从 40bar 降到 28bar	
功率	2000kW	每台 6000kW
转速(变速)	1500 ~4000r/min	5800r/min
周边油井数量	约 50 口	
距离中心处理站	15km	33km
室外温度	-40 ~ +35℃	-55 ~ +35℃
机组尺寸	外罩：8m 长、3m 宽、3m 高	
机组重	18t	

二、多相混输泵在海上油气田开发中的应用实例

多相混输泵应用路径为先陆地、后平台，技术成熟后进入水下应用。目前在北海、墨西哥湾以及我国海上平台均有应用，1994 年，第一台水下多相混输泵在北海 GULLFAKS 投入使用，之后在几内亚 Topacio 和 Ceiba 均得到应用。目前进入水下应用的多相混输泵，

主要采用螺旋轴流式多相混输泵，至今约 20 台，双螺杆式多相混输泵也进行了现场应用示范。水下应用多相混输泵主要参数见表 1-2。

表 1-2 多相混输泵在水下油气田使用典型案例

油田名称	Topacio 海底	Ceiba 海底
时间	2000 年	2000 年
水深	550m	750m
总流量/(m^3/h)	470	250
含气率	75%	50% ~90%
进口压力	15bar	10 ~ 50bar
出口压力	50bar	50 ~ 70bar
功率	840kW	860kW
转速	5060r/min	

Topacio 油田水深 550m，采用水下生产系统进行开发，通过使用海底多相混输泵将井口采出生产流体混输到 8.5km 外的浮式生产储卸油轮(FPSO)，然后通过穿梭油轮外输。

Ceiba 油田海底 750m，采用水下生产系统进行开发，通过多相混输泵将井口采出生产流体混输到 7.5km 外的浮式生产储卸油轮(FPSO)，然后通过穿梭油轮外输。

这两个油田所采用的水下多相混输泵均采用电力驱动，由中心平台通过海底动力脐带缆提供所需要的电力驱动和控制。

据 OTC 17899 号文献报道，2006 年，水深约 3000m 的英国布达伦和尼可尔油田拟采用水下螺旋轴流式多相混输泵站将 4 口水平井以及周边几个卫星井的井流混输到 8.5km 外的浮式生产储卸油轮，该多相混输泵总流量达 600m^3/h，进口压力 30bar，出口压力 50bar，允许含气率 55% 以上。该多相混输泵电机配置变速机，转速在 4200r/min 上下波动，电机功率为 1100kW。该泵站还注入了甲醇、阻垢剂等化学药剂，采用 VX 型多相流量计等技术。

三、失效的案例

1998 年，印度尼西亚 Duri 油气田选用螺旋轴流式多相混输泵，总流量为 1000m^3/h、含气率 70%、进口压力 6 ~ 13bar，出口压力 18bar，功率 550kW。由于高含二氧化碳，蒸汽冷凝和过高含砂量，仅仅运行几个月，被迫停机，目前二氧化碳、含砂量等数据未见报道。

四、沙漠中使用多相混输泵的成功实例

据报道，多相混输泵在沙特得到成功应用。某油田采用螺旋轴流式多相混输泵站为 1 口新井和 6 口已停产井恢复生产，原油产量从 24.8m^3/h 提高到 82.8m^3/h，气量为 118909m^3/h，水量是 80m^3/h。而后，又将已完全枯竭的 8 口井连接到螺旋轴流式多相混输泵站，复产后，每小时生产原油 60t。其所有原始投资在六个月后全部回收。究其原因是因为多相混输泵更加靠近井口，可以有效降低井口压力，从而使濒临枯竭、或已枯竭的油田恢复生产，提高产量和采收率。

五、和电潜泵联合应用的初步实例

由于电潜泵采用离心式叶轮，因此仅仅局限于在不 含游离气体或含气率比较低的油田中使用，1996 年，我国南海流花 11 -1 油田开发过程中，世界上第一个在水下生产系统中创新技术使用电潜泵，为油田生产和提高采收率提供保障。而对于含气较多的油田，在生产过程、输送过程气液两相在流动过程中、油气密度差等容易产生分离，从而形成液塞、气塞等段塞流动，造成离心式电潜泵运行不稳定、输送困难的问题。20 世纪 90 年代，国外科研机构联合制造厂在哥伦比亚尝试采用海底螺旋轴流式多相混输泵和井筒内的电潜泵组成联合泵机组。在电潜泵上游安装旋流式气体处理器或通用气液分离器。2002 年在 SF -75 井中试验表明，可以处理游离的气体，没有形成气锁(gas locking)。实验结果表明：液体产量提高 40%，产油率提高 100%。

据报道，我国歧口 17 -3 平台、锦州 21 -1 平台均使用了多相混输泵，陆丰 22 -1 油田也是世界上第一个采用水下增压泵的项目，其主要参数是：流量 $130m^3/h$、压降 35bar、转速 3000r/min，电机功率 400kW。油气通过混输管道接到 FPSO，再通过穿梭油轮外输。

螺旋轴流式多相混输泵最适合中型和大型油气田，黏度不太高，含砂量在 300mg/L 上下。而小型螺旋轴流式多相混输泵，由于对应的比转速比较低，效率必然也比较低，因此目前在我国地面和近海中小型油气田中还没有应用案例。但是未来在南海的深水中大型油气田中，螺旋轴流式多相泵具有广阔的应用前景。大型螺旋轴流式多相混输泵外形如图 1-4 所示，其性能曲线如图 1-5 所示。

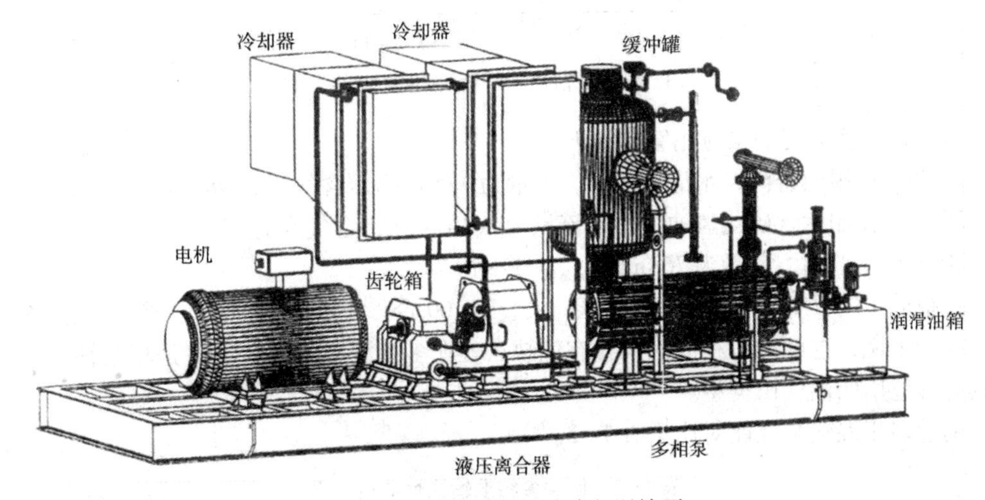

图 1-4 大型螺旋轴流式多相混输泵

双螺杆式多相混输泵属于容积泵，有一定混输性能，适合中小流量、高黏原油、压比高增场合，因此应用数量比螺旋轴流式多相混输泵多。当流量增压时，大型双螺杆泵占地面积大，机组重量可达几十吨，在加拿大等陆地油田有少量应用。同时双螺杆泵对砂敏感，含砂工况下，螺杆极易磨损。双螺杆式多相混输泵最大工作范围为：压差可达 100bar，含气率为 0 ~ 100%(完全干气运行最长 2h)。其性能曲线如图 1-6 所示。

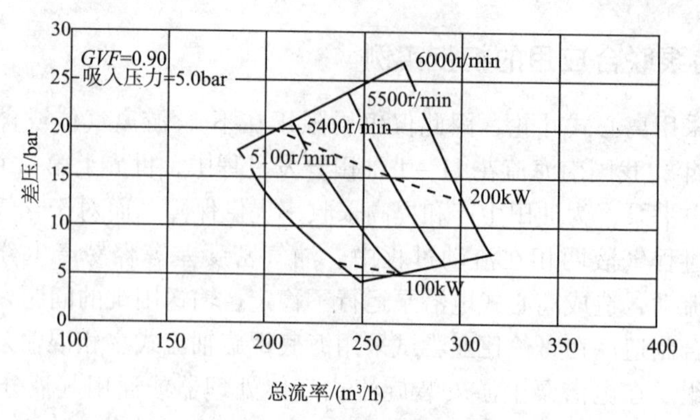

图 1-5　螺旋轴流式多相混输泵性能曲线示例

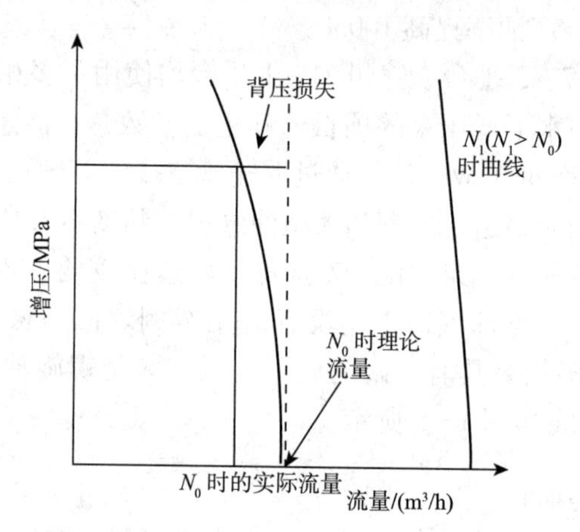

图 1-6　双螺杆多相混输泵性能曲线示例

双螺杆式多相混输泵应用案例如下：

2007 年在墨西哥湾，水深 1700m，流量为 485m³/h，含气率为 98%。

2007 年在印度含硫化氢油气田，流量为 2414m³/h，含气率为 95%。

2005 年在德国，流量为 768m³/h，含气率达 74%。

据报道，俄罗斯西伯利亚高寒地区，安装约 100 台，流量为 500m³/h，含气率达 96%。

综合来说，这两种多相混输泵各有优缺点，在多相混输泵的大家庭是相互补充的，分别具有其适用的油气田类型。

两种多相混输泵性能对比见表 1-3。

表 1-3　两种多相混输泵性能对比表

	参　数	双螺杆式多相混输泵	螺旋轴流式多相混输泵
技术参数	进口压力/MPa	0～4	最低为 0.1
	出口压力/MPa	0～10.5	PSC +3～5
	流量/(m³/h)	中小流量	中大流量
	进口含气率/%	0～100(最长 2h 干气运行)	0～100(48h 干气运行)
	转速/(r/min)	980～1800	3000～6000

续表

	参　数	双螺杆式多相混输泵	螺旋轴流式多相混输泵
运行参数	驱动设置	常规电机	高速电机、齿轮箱变速、水力透平
	速度	定转速或变频调速	变频、变速
	预防干运行措施	通过回流实现，可短时间干运行(30min 左右，最长 2h)	进口安装均混器，可以在含气率 100% 下运行 48h
	对砂的敏感程度	1. 细小颗粒可以通过； 2. 采用防腐、耐磨材料	1. 叶轮、泵体、导叶间间隙较大，砂粒可以通过； 2. 采用防腐、耐磨材料
比较分析	优　点	1. 结构与常规的双螺杆泵相近； 2. 较高含气率下运行特性较好	1. 结构简单、紧凑； 2. 在相同工况下较双螺杆泵重量轻、体积小； 3. 较好的抗砂性能； 4. 开式系统停机状态下可作为流体通道
	缺　点	1. 对砂敏感； 2. 大流量时较为笨重	1. 效率有待进一步提高； 2. 所输送介质的含气率有待提高
	适合范围	中小流量，中高扬程	大中流量，中低扬程

由于多相增压混输系统显著的经济效益和广阔的应用前景，法国、英国和德国等发达国家对这项新技术的开发研制十分重视。早在 20 世纪 80 年代初，就采取科研机构、石油公司、设备公司三方合作的方式，着手从事与之相关的研究工作。经历了从陆地到平台再到水下和深水，从水力驱动到电力驱动及多种驱动方式并存的发展过程。

目前在浅水以及中深水域以综合平台为中心，通过海底混输管线连接各个井口平台，如图 1-7 所示，在中深水、深水油气田的开发中各个分散的水下生产设施或井口回接到各类深水平台如图 1-8 所示，已经成为海上油气田开发的主要模式。

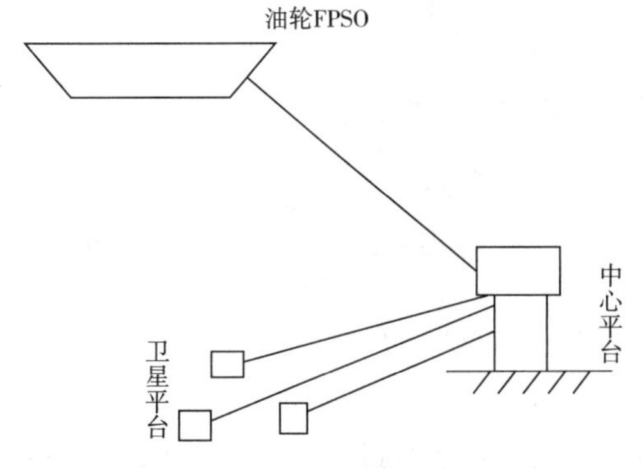

图 1-7　从卫星平台到中心平台再到 FPSO(浮式生产储卸油轮)

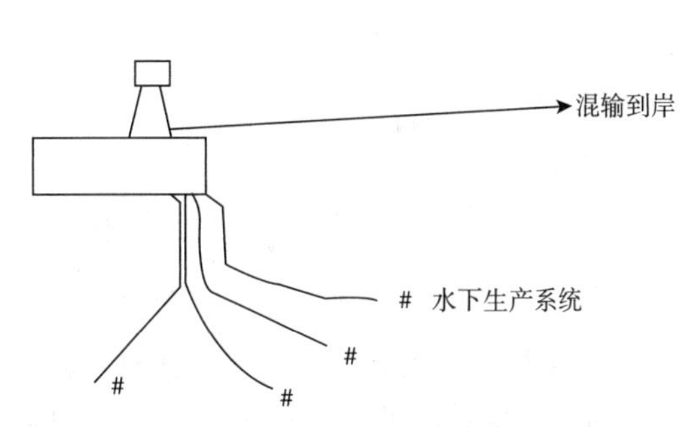

图 1-8　从水下生产线头回接到深水中心平台再混输上岸

第二节　油气水多相流混输技术的经济效益

根据上述应用实例所述，作为一种新的增压、举升方式，多相混输泵还处于不断地发展和完善之中，但其技术优势是显而易见的。在综合判断其技术其技术经济性后，在合适的场合它可以替代传统的油气增压、输送工艺。其优势主要如下：

1. 缩短生产周期，提高油气田产量

多相井流，经(海底)管道从井口到第一级分离器的输送过程中，静态阻力损失和动态流动阻力构成输送系统的阻力特性曲线，其与管输系统实际的压力特性曲线的交点决定了油井的产量。与自喷开采相比，安装多相混输泵后，海管的进口井流压力提高，在系统阻力和流体压力之间将会达到一个新的平衡，其结果是产量增加了；同时采用多相混输泵后，在保持产量不变的条件下，可以增加多相井流的流速，从而缩小输送管径，从而改变系统阻力。

1994 年 FRAMO 公司在挪威 NORSKE SHELL 石油公司所属的 Draugen 油田首次使用了水力透平驱动的、可调速螺旋轴流式多相混输泵，结果该油田的油气水总产量从 $1900m^3/d$ 提高到 $3100m^3/d$，提高了 50% 左右，其中原油净增产 $600m^3/d$，增加了 40% 。

MACHAR 油田是应用海底增压泵回接到 35.2km 之外的中心平台的成功案例。在油田投产初期，MACHAR 油田具有足够的压力回接到中心处理设施，随后需要通过注水方式使油藏压力维持或接近原有水平，此时部分水驱的能量将用于为两台增压泵提供动力，两台多相混输泵机组为井流提供 0.215MPa 的增压，参见图 1-9 和图 1-10，结果 MACHAR 油田的产量至少增加了 4000 桶/天，整个油田的产量提高了大约 $(1\sim1.5)\times10^8t$。

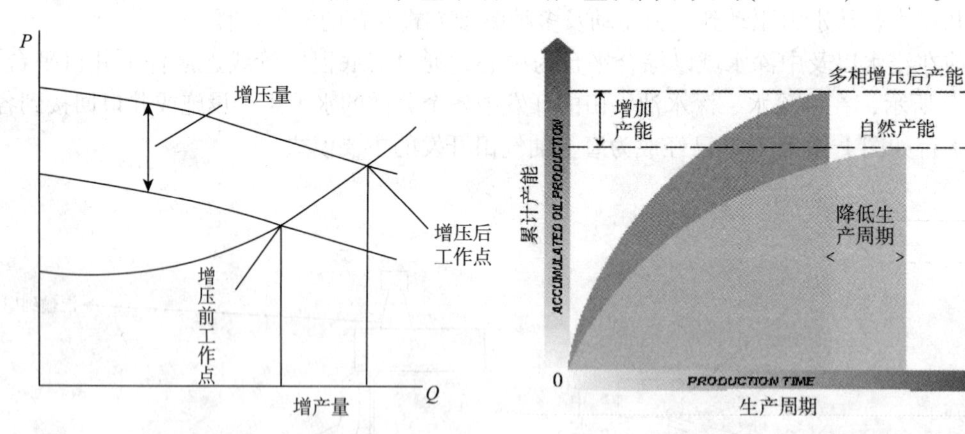

图 1-9　多相混输泵提高油井产量的示意图　　图 1-10　多相混输泵对生产周期和增产的效益

2. 延长生产周期和增加油田产量

多相混输技术的应用使深海油田、边际油田、沙漠油田及小储量卫星油田等的经济开发成为可能。在海洋石油的开发中，多相混输就意味着可以用海底增压泵站代替造价昂贵的海上平台数量，通过在低压卫星井井口或边际油气区块安装多相混输泵，可以提高海底管线进口压力，从而更好地利用现有设施，降低油气田开发的综合投资，目前通过海底增压泵站使水下油气田生产液直接回送到陆上终端的建设后的效益，据海外报道，与常规的设计方案比较，海底多相混输方案的基本建设投资费用可降低约 30%、操作费用降低约 40%。

3. 延长老油田寿命，增加油田的预期产量

多相增压技术也可以用于已经开发的油田中，既可以充分利用现有的生产设备，减少不必要的基建投资，又可以通过降低井口压力(使井口背压几乎接近于零)，更为有效地利用地层压力，提高多相流体流速，大大提高油田采收率；对于那些已用气顶驱开采过的、濒临枯竭的老油田，采用多相增压技术可以延长其寿命，从而获得更大的经济效益。据报道，由于井口压力降低，原油产量可望增加 10% ~15%。

除此之外，深水区和浅水区油气多相流体的汇集(作为当前油田的分支油流)也是多相混输泵重要的应用领域。

与其他多相增压方式如井下电潜泵、气举或传统的气液两相分离系统相比，多相混输泵的优势是显而易见的。

井下电潜泵用于将多相井流从井底输送到井口，当井口压力较低时，其输送距离较短，虽然可以增加泵的尺寸和性能来得到较高的井口压力，但其性能的改善常常因为维修不便等诸多因素而受到限制；至于气举，增压能力比较有限，一般只适用于较短管段的增压，其输送距离往往不足几公里。

此外，多相增压技术可以通过增加流体压力，减小管道直径，从而有效地降低热量损失、减少水合物和蜡的生成等，有效地减少流动过程中不安全因素，通过进一步严格的技术要求和设计，可以保证输送线长时间运行，提高无故障运行周期。

第二章 油气多相流体主要参数以及多相流基础常识

油气多相混输系统作为一项新的技术和装备，具有其显著的技术优势，在海洋石油沙漠油田等具有广阔的应用前景。与传统的气液两相传输系统相比，具有结构简单、操作方便、投资小等优点，但是由于输送介质的多相性，含有油、气、水和少量砂，油井出来的天然气将发生压力、温度等状态变化，因此多相输送一直是油气储运研究的难点。

本章简要介绍多相混输泵内多相流动的状态参数和泵内多相流动状态参数的变化和计算。同时为了进行生产记录、生产监控、确定设计参数和数值模拟计算方法等，简要地介绍多相流的主要参数的基本换算和流动连续方程，质量方程和动量方程与单相流体力学的差别。

第一节 泵内多相流动的状态参数

1. 气体体积含量（GVF）

气体体积含量是指一定压力 P 下，气体体积流量与该压力下混合介质总体积流量之比，简称含气率。

$$GVF = \frac{Q_{G,P}}{Q_{MIX,P}} = \frac{Q_{G,P}}{Q_{G,P} + Q_L} \tag{2-1}$$

式中 Q——体积流量；

下标 G——表示气体；

下标 MIX——表示多相介质；

下标 L——表示液体；

下标 OIL——表示油；

下标 P——某一特定压力 P。

2. 气液比（GLR）

气液比是指某一压力 P 下，气体体积流量与液体体积流量之比。

$$GLR = \frac{Q_{G,P}}{Q_L} \tag{2-2}$$

3. 气油比 GOR

石油工业中常常用气油比来描述油田的含气量。通常定义 GOR 为产出单位体积石油所伴随的气体体积分数。

$$GOR = \frac{Q_{G,P_0}}{Q_{OIL}} \quad (2-3)$$

式中 下标 P_0——标准大气压；

Q_{G,P_0}——标准状态下气体气体流量。

4. 含水率 *WC*

水的体积流量和总的液体体积流量(水和油的体积流量之和)之比。

$$WC = \frac{Q_W}{Q_L} \quad (2-4)$$

式中 下标 W——水的物性参数。

应当指出，所有与气体有关的多相流动状态参数(*GVF*、*GLR*、*GOR*)都与多相流体所处状态有关，即与它所处的压力、温度等有关，也即只有在某一特定状态这些参数才有意义。

在多相混输泵的实际设计过程中，应当给出进口状态或标准状态下的 *GOR*、*WC*、*GVF* 或 *GLR*，以便进行设计计算。

5. 泵的进口总流量 $Q_{MIX,IN}$

多相混输泵的进口总流量是指进口条件下气体和液体的总体积流量：

$$Q_{MIX,IN} = Q_{G,IN} + Q_L \quad (2-5)$$

式中 Q——体积流量；

下标 G——表示气体；

下标 MIX——表示多相介质；

下标 L——表示液体；

下标 IN——表示进口条件下状态参数。

设计人员习惯使用标准状态下气体体积流量 $10^6 ft^3/d$ 或 Nm^3/h，这时可以通过气体状态方程得到多相混输泵进口条件下气体体积流量 *ACFD*，也即 $Q_{G,IN}$

$$ACFD = (SCFD)\left(\frac{14.7psia}{P_{IN}psia}\right)\left(\frac{T_{IN}\ °R}{520\ °R}\right)(Z) \quad (2-6)$$

式中 *ACFD*——进口条件下气体体积流量；

SCFD——标准状态下气体体积流量；

P_{IN}——入口压力；

T_{IN}——流体温度；

Z——压缩因子。

6. 多相流体密度

多相井流中，油和水统称为液体部分，所以液体的折合密度可以用油和水的物性参数来表示：

$$\rho_L = WC \times \rho_W + (1 - WC) \times \rho_o \quad (2-7)$$

式中 ρ_L——流体的面密度；

ρ_W——水的密度；

ρ_o——油的密度。

多相介质混合密度可以用下式计算：

$$\rho_{MIX,IN} = GVF \times \rho_{G,IN} + (1 + GVF) \times \rho_L \tag{2-8}$$

应当指出，由于气体具有压缩性，所有与气体有关的多相流动状态参数(*CVF*，*GLR*，*GOR*)都与多相流体所处状态有关，即与它所处的压力、温度等有关，也即只有在某一特定状态下这些参数才有意义，这正是多相混输泵的特殊之处。

在多项泵的实际设计过程中，应当给出进口状态或标准状态下的 *GOF*，*WC*，*GVF* 或 *GLR*，以便进行设计计算，并具有对比的基准。

第二节　泵内多相流动状态参数的变化规律

基本假设：①多相混输泵内气液两相混合介质为均匀多相流体；②气体在多相增压过程中遵循理想气体多变压缩过程的变化规律。

1. 截面含气率(*GVF*)的变化

若已知泵进口压力 P_{IN}时的气液比 *GLR*，则任意压力 *P* 下气体体积流量

$Q_{G,P}$可用式(2-9)来表示：

$$Q_{G,P} = Q_{G,IN}\left(\frac{P_{IN}}{P}\right)^{\frac{1}{n}} \tag{2-9}$$

式中　下标 IN——进口处物性参数；

　　　n——多变过程的多变指数。

根据式(2-10)可以求出多相增压过程中多相流体在任意压力 *P* 下气体体积含量 *GVF*：

$$GVF = \frac{Q_{G,P}}{Q_{G,P} + Q_L} = \frac{1}{1 + \frac{Q_L}{Q_{G,P}}} = \frac{GLR}{GLR + \left(\frac{P}{P_{IN}}\right)^{\frac{1}{n}}} \tag{2-10}$$

由式(2-9)、式(2-10)可以清楚地看出：当进口处气液比 *GLR* 一定时，随着泵输过程的不断进行，混合介质压力逐渐升高，气体体积流量 $Q_{G,P}$不断减小，如忽略液体的体积变化，从进口到出口，通过各截面的含气率 *GVF* 将逐步降低，通过各级叶轮的总流量 $Q_{MIX,P}$也将随压力的上升而减少，所以在螺旋轴流式多相混输泵叶轮型线的设计中应考虑截面含气率的变化。

2. 混合物折合密度 ρ_{MIX}

多相井流中，油和水统称为液体部分，所以液体的折合密度可以用油和水的物性参数来表示，见式(2-11)：

$$\rho_L = WC \times \rho_W + (1 - WC) \times \rho_{OIL} \tag{2-11}$$

式中　ρ_L——液体折合密度。

假定进口处气体密度为 $\rho_{G,PIN}$，则根据理想气体多变过程的变化规律可以求出气体在任意压力 *P* 下的密度 $\rho_{G,P}$：

$$\rho_{G,P} = \rho_{G,P_{IN}}\left(\frac{P}{P_{IN}}\right)^{\frac{1}{n}} \tag{2-12}$$

多相介质混合密度：

$$\rho_{MIX,P} = GVF \times \rho_{G,P} + (1 - GVF) \times \rho_L \tag{2-13}$$

式中　ρ——密度。

将式(2-10)、式(2-12)代入式(2-13)中，则：

$$\rho_{MIX,P} = \frac{GLR}{GLR + (\frac{P}{P_{IN}})^{\frac{1}{n}}} \times \rho_{G,P_{IN}}(\frac{P}{P_{IN}})^{\frac{1}{n}} + (1 - \frac{GLR}{GLR + (\frac{P}{P_{IN}})^{\frac{1}{n}}}) \times \rho_L \tag{2-14}$$

由式(2-14)可以看出，混合物的平均密度取决于进口状态下气体的密度$\rho_{G,P_{IN}}$、液体折合密度ρ_L、气液比GLR以及多相流体的压力状态P。对于给定的压力状态，混合介质的密度ρ_{MIX}随气液比的减小而增加，对于一般增压设备，上述条件总是满足的。随着增压过程的进行，从多相混输泵进口到出口，通过各截面的含气率不断降低，气体密度不断增加，所以通过各级叶轮的混合物折合密度不断增加。

3. 温升 ΔT

由于气体在压缩过程中存在温升问题，这就导致整体系统设计中的冷却问题。假定压比为ε，进口温度为T_0，整个压缩过程为多变过程，则气体温升ΔT可以表示为：

$$\Delta T = T_0\left[(\varepsilon)^{\frac{n-1}{n}} - 1\right] \tag{2-15}$$

式中　ε——压比；

T_0——进口温度；

ΔT——温升。

4. 压升 ΔP

对于螺旋轴流式多相混输泵而言，如果不考虑单元级进出口处动能和势能的变化，则其增压值ΔP可以用混合物的折合密度来表示，如式(2-16)：

$$\Delta P = \frac{\rho_{MIX}}{\eta_H}(U_2C_{U2} - U_1C_{U1}) \tag{2-16}$$

式中　ΔP——压差；

η_H——水力效率；

U——圆周速度；

C_U——绝对速度圆周分量；

1、2——分别表示进出口。

由上式可以看出：

(1)螺旋轴流式多相混输泵的增压值ΔP是单元级结构、泵转速和泵输多相流体的折合密度的函数。这意味着如果多相混合流体是均匀的混合流体而且密度不是很低的话，螺旋轴流式多相混输泵在多相输送条件下应该能达到较大的增压值。

(2)对于同一叶轮，随进口含气率GVF的增高，混合物的折合密度ρ_{MIX}降低，所以只有不断提高转速才能保持增压值不变。当气体含量增加时，需采用较高转速。因为转速的提高不是无限制的，所以在设计中要综合考虑各方面的因素。

(3)对于一定的进口气液比，随泵内增压过程的进行，从进口到出口通过各级叶轮的压力不断升高，从式(2-10)和式(2-14)可以看出：随压力的增加，气体体积含量

GVF 降低，混合介质密度值 ρ_{MIX} 增加，这时如各单元级采用相同的叶轮，则每个单元级压力升高值不同，从进口到出口，各级的增压值逐渐升高，即后级叶轮具有较好增压效果。

(4)由以上分析可以看出，螺旋轴流式多相混输泵增压值与泵进口处混合物的物性参数有关，所以在多相混输泵的设计中应考虑改进恶劣工况下进口条件，保证多相混输泵的正常运行。

某油田选择多相混输泵基础系数和计算参数如表 2-1 所示。

表 2-1　预测各年份基础参数计算示例

影响混输泵选型的主要参数				2015 年	2016 年	2017 年	2030 年
基础参数	各相流量	油	m^3/d	1144	919	627	98
		气	m^3/d	42840	30965	22270	4470
		水	Sm^3/d	2811	2998	3258	1091
	进口压力		kPa(G)	1400	1400	1400	1400
	出口压力		kPa(G)	3550	3700	3200	1850
	进口温度		℃	66	66	66	64
	原油密度(50℃)		kg/m^3	833.2	833.2	833.2	833.2
	原油黏度(50℃)		mPa·s(cP)	11.16	11.16	11.16	11.16
	天然气密度		kg/m^3	0.8668	0.8668	0.8668	0.8668
	氯离子含量		mg/L	18085	18085	18085	18085
计算参数	含水率(*WC*)		%	71.1	76.5	83.9	91.8
	进口气体体积含量(*GVF*)		%	45.8	38.1	30.9	22.6
	气液比(*GLR*)		%	84.3	61.5	44.6	29.3
	气油比(*GOR*)			2.92	2.62	2.76	3.56
	段塞流			无	无	无	无
	含砂量			万分之 3	万分之 3	万分之 3	万分之 3

其计算方法如下：

首先将气相标况下流量换算为泵入口压力下流量：标况压力为 101.325kPa，标况温度取 20℃。

$$GVF = \frac{Q_{G,P}}{Q_{MIX,P}} = \frac{Q_{G,P}}{Q_{G,P} + Q_L} = \frac{3348}{1144 + 2811 + 3348} = 45.8\%$$

$$GLR = \frac{Q_{G,P}}{Q_L} = \frac{3348}{1144 + 2811} = 84.7\%$$

$$GOR = \frac{Q_{G,P_0}}{Q_{OIL}} = \frac{3348}{1144} = 2.92\%$$

$$WC = \frac{Q_W}{Q_L} = \frac{2811}{1144 + 2811} = 71.1\%$$

$$Q_{\mathrm{MIX,in}} = Q_{\mathrm{g,in}} + Q_{\mathrm{l,in}} = 3348 + 1144 + 2811 = 7303\mathrm{m^3/d}$$

$$\rho_1 = WC \times \rho_w + (1 - WC) \times \rho_o = 0.711 \times 1000 + 0.289 \times 833.2 = 951.8\ \mathrm{kg/m^3}$$

$$\rho_{\mathrm{MIX,in}} = GVF \times \rho_{\mathrm{g,in}} + (1 - GVF) \times \rho_1 = 0.458 \times 11.23 + 0.542 \times 951.8 = 521\ \mathrm{kg/m^3}$$

假设多变指数：1.4，压力 $P = 3.55\mathrm{MPaG}$

$$GVF = \frac{Q_{\mathrm{G,P}}}{Q_{\mathrm{G,P}} + Q_L} = \frac{1}{1 + \frac{Q_{\mathrm{L}}}{Q_{\mathrm{G,P}}}} = \frac{GLR}{GLR + (\frac{P}{P_{\mathrm{IN}}})^{\frac{1}{n}}} = \frac{0.847}{0.847 + (\frac{3.65}{1.5})^{\frac{1}{1.4}}} = 0.31$$

$$\rho_{\mathrm{MIX,P}} = \frac{GLR}{GLR + (\frac{P}{P_{\mathrm{IN}}})^{\frac{1}{n}}} \times \rho_{\mathrm{G,P_{IN}}}(\frac{P}{P_{\mathrm{IN}}})^{\frac{1}{n}} + (1 - \frac{GLR}{GLR + (\frac{P}{P_{\mathrm{IN}}})^{\frac{1}{n}}}) \times \rho_1$$

$$= 0.31 \times 11.23 \times 1.89 + 0.69 \times 951.8 = 663\mathrm{kg/m^3}$$

第三节　多相流体力学基础常识

多相流体力学是在经典流体力学基础上发展起来的。18 世纪欧拉和伯努利以及雷诺等研究成果都为流体力学奠定了理论基础，19 世纪蒸汽机、航空科技的发展对气体动力学的起到决定性的促进。儒可夫斯基、冯·卡门等都作出重大贡献。

多相流体力学则是在蒸汽机、蒸汽锅炉发明后，发现水的沸腾、水蒸气凝结，具有气液两相流及传热等特殊问题，而后又有制冷、石油、核电等工程的需要推动多相流的研究，并成为一门重要的学科。

1. 流体力学研究的基本内容回顾

水，是单相的液体，在流动过程中，体积没有被压缩，所以称为不可压流体。而气体不但是可压的流体，还伴随着热的产生和传递，所以属于可压缩流体，并与温度、压力有密切关联，所以其机理与基本方程计算更为复杂。

水力学研究的基本内容可分为静力学和动力学两部分，静力学主要研究：液体压力特性，压力传递规律及浮力等；动力学主要研究：流动形态、流动阻力及其计算，主要是三大定律：质量守恒、能量守恒、动量守恒定律及其计算。

（1）液体静压特性

流体静压有两个特性，一是液体静压力都是垂直于其作用面，二是任意一点的各个方向的静压力大小都相等。

$$P = P_0 + rh$$

式中　P——流体静压力；

P_0——液面上压力；

r——液体重度；

h——为计算点与液面的垂直距离。

流体静压力传递规律是指液体表面压力会传递到液体各个部位，这个机理在工程上应用广泛，如活塞泵、千斤顶、水压机等。千斤顶工作原理如图 2-1 所示：

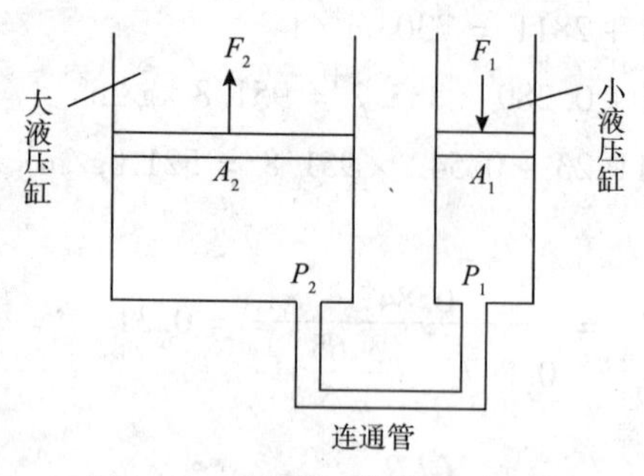

图 2-1 千斤顶工作原理示意图

如小活塞上加力 F_1，小活赛面积为 A_1，则小活塞对下方液体的压力为 P_1，$P_1 = F_1 / A_1$。

概括液体静压力传递规律，在大活塞下方，也有同等的压力 P_1。如果大活塞面积为 A_2，则大活塞向上的力为 $F_2 = P_1 A_2$。于是，如果大小活塞面积比是5，则 F_2 是 F_1 的5倍，便可产生5倍的力，将物体向上顶向上方，这就是小力气可产生大力气将垂物向上移，这就是千斤顶的工作原理。

浮力的大小及其在工程上应用：浮力大小是物体所排开同体积流体的重量；这也是古人阿基米德首先建立的。物体都有重力，当浮力等于物体重力时，物体在任何位置都保持平衡。当浮力小于物体重力，则物体下沉。当浮力大于物体重力，则物体上升。潜水艇就是最典型利用浮力进行下潜与上升的示例。当潜水艇增加水量后，潜水艇加重，于是下沉。当潜水艇将水排出后，潜水艇减轻，于是上升。

以上就是物体静力学的主要内容的简要回顾。

（2）流体动力学的基本内容及其在工程上的应用

流体动力学主要研究流体在流动中的流态变化，影响流动阻力大小的因素与计算，以及三大定律。

①质量守恒方程式

又称连续方程式，是指稳定流动下，在管道中途没有流体流进或流出，那么经过管道各过流断面上流体的质量必然相等。即

$$G = \rho_1 \omega_1 f_1 = \rho_2 \omega_2 f_2 = \rho_3 \omega_3 f_3 \cdots$$

式中 G——质量流量；

ρ_1、ρ_2、ρ_3——流体密度；

f_1、f_2、f_3——各过流断面的面积。

②能量守恒定律

又称伯努利方程，是指稳定流动下，在管道中途没有流体流进或流出，对不可压理想流体，即无黏性，无流动阻力下，流体位置、压力、速度的关系为：

$$\rho g Z + P + (\rho \omega^2)/2 = 常数$$

式中 Z——流体任意一点位置高度；

P——该点上的压力；

ω——该点的流速；

ρ——密度；

g——重力加速度。

如果，实际流动中为黏性流动，有摩擦流动阻力，只要能计算出阻力，两个过流断中能量守恒方程式为：

$$\rho g Z_1 + P_1 + (\rho \omega_1^2)/2 = \rho g Z_2 + P_2 + (\rho \omega_2^2)/2 + \sum h_{摩阻}$$

③动量守恒方程式

它是研究流体运动和受力之间的关系，又称动量定律。

按照牛顿第二定律，作用于流体上的外力之和等于物体的变量和加速度的乘积，即

$$\sum F = ma$$

式中，$\sum F$ 为作用在流体上所有的外力，包括重力、作用在流体断面上流体压力、摩擦力和作用在流体壁面上作用力等，m 为流体质量；a 为加速度。

由于质量与速度的乘积为动量。所以动量守恒方程式也可以是指流体所受外力的总和，等于流体动量对时间的变化率。

动量守恒方程式，在油、气、水流动过程中，尤其叶轮机械分离器等受力的计算，具有重要作用。

以上就是对一般流体力学研究内容简明的综述，对于后述研究油气水砂多相流，起到基础知识作用。

2. 多相流体力学研究的主要内容

与一般单相流体力学研究的主要内容相似，多相流体力学研究的主要问题，也包含流动形态的机理，流动阻力、压力降的计算以及质量、能量、动量三大定律的研究等。

但是由于有气相的存在，气体是可压缩的，体积随压力升高或变小或增大，同时伴随着温度升高或降低，因此比单相的研究有多许困难。

本书主要涉及油气水砂，气液固多相的分离与混输技术。在油气水砂分离工程上，要求各相能彻底分离，越彻底越好，并且希望在节约能耗条件下达到高效分离。反之，在油气水砂多相混合输送时，本书研究的并非管道中混输，而是侧重叶片式或容积式多相混输泵的混输，主要的技术要求则是希望尽可能地保证气液固各相在增压过程和部件内不分离，能够实现均匀地增压和混合传输，有效降低能耗，实现高效混输。

至于蒸汽锅炉、核能发电、航天航空等所涉及多相流工程更为多样复杂，不属于本书的范围，都有专门著作。

但是管道中多相流的流动，尤其是仅有气液两相的流动，仍属最基本的。仅以此为例进行基本论述，至于分离器、多相混输泵中多相流的计算，由于受力情况，黏性与可压缩性等需要结合单体机械设备进行个别探讨。

多相流在管道中流态受到气体和液体非均匀混合流动、管道形状、输送介质特性等影响，常发生气液相态分离，学者通过实验研究得到水平管和垂直管主要流型流态有气泡流、塞状流、分层流、波状流、弹状流和环状流等。这对于研究各个流态的转化、阻力降、设法减少分离等都是基础知识，要强调的是这都是基于直管段，至于特定的机械装备如螺杆式、螺旋式离心泵、压缩机以及旋风分离器等流体机械中的流态将更为复杂，都只能专题研究。

水平管内流型流态图如图 2-2 所示，垂直管内流型流态图如图 2-3 所示。

(1)管道内气液两相流的连续方程

以稳定流动为例，两相流速相同可表达为：

$$G_m = G_G + G_L$$

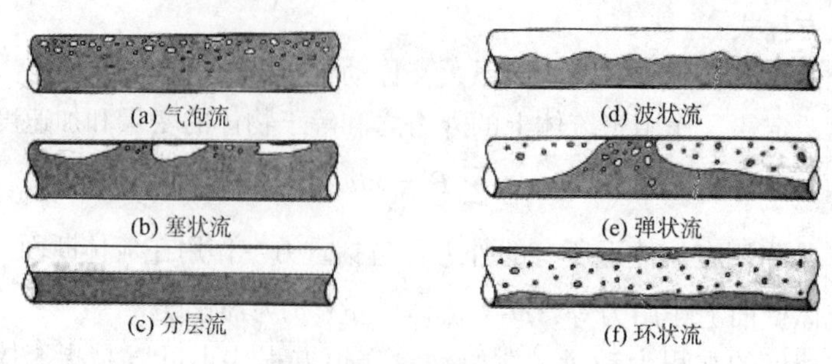

图 2-2　水平管内流型流态图

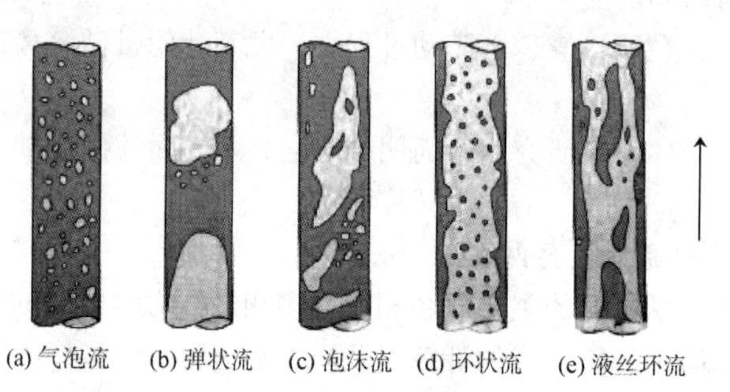

图 2-3　垂直管内流型流态图

即各截面上混合物的质量不变。

式中　G_m——混合物质量流量；

G_G——气相的质量流量；

G_L——液相的质量流量。

如果流体在管道内流动时，因流动阻力造成压力下降，导致部分液体汽化，造成气相的质量流量增加，液相的质量流量减少，则应补充一个方程式

$$G_{G2} - G_{G1} = G_{L1} - G_{L2}$$

式中　G_{G2}、G_{G1}——截面 1、截面 2 气相的质量流量。

G_{L1}、G_{L2}——截面 1、截面 2 液相的质量流量。

(2)管道内气液两相流的能量守恒方程

其物理意义与单相流相似，即截面 1 与截面 2 的势能、压力能和动能总和是守恒的，当然应考虑流动阻力。

也以稳定流为例，两相流速相同可表述为：

$$Z_1 + \frac{P_1}{\rho_m g} + \frac{\dfrac{\rho g Q_{G1} W_{G1}{}^2}{2g} + \dfrac{\rho_L Q_{L1} W_{L1}{}^2}{2g}}{\rho_m Q_m} = Z_2 + \frac{P_2}{\rho_m g} + \frac{\dfrac{\rho g Q_{G2} W_{G2}{}^2}{2g} + \dfrac{\rho_L Q_{L2} W_{L2}{}^2}{2g}}{\rho_m Q_m} + \sum h_m$$

式中　Z_1、Z_2——计算截面上垂直高度；

Q_{G1}、Q_{G2}——计算截面上气相容积流量；

Q_{L1}、Q_{L2}——计算截面上液相容积流量；

W_{G1}、W_{G2}——计算截面上气相流速；

W_{L1}、W_{L2}——计算截面上液相流速；

P_1、P_2——计算截面上压力；

$\sum h_m$——混合多相流的流动阻力总和。

(3)管道中气液两相流的动量守恒方程式

以稳定流为例，两相流速相同，气液两相流的流体所受外力之和应等于两相混合物动量对时间的变化率，即

$$\sum F = (\rho_L Q_{L2} W_{L2} + \rho_G Q_{G2} W_{G2}) - (\rho_L Q_{L1} W_{L1} + \rho_G Q_{G1} W_{G1})$$

总之，以上为气液两相流质量、能量、动量三定律最简明的表达式，气固、液固、液液等也可以导出相似的方程式，特别是在特定机械装备中如螺杆式、螺旋式离心泵、压缩机以及旋风分离器等流体机械中的质量(连续)、能量、动量三大定律方程式，只能作专题探讨。

挪威多相流流动性室外试验环路如图2-4所示。水平管道长上百米，立管段倾斜角可以调节。

图2-4　挪威多相流流动性能室外试验环路

第三章　螺杆式油气多相混输泵

第一节　概要

螺杆多相混输泵和叶片式油气多相混输泵都属于油气多相混输泵的大家庭，也是目前实现工业化应用的两种多相混输泵。

本章将对国内外各种类型的螺杆式多相混输泵的工作原理、叶型改进、工程应用及优缺点等进行分析。

1. 螺杆多相混输泵的原理及分类

一般来说，螺杆式多相混输泵是在普通的输液用螺杆泵的基础上发展起来的，两者结构上具有很大的类似性，甚至有些时候可以相互通用。不同之处在于，由于多相混输的特殊性，在过流部件的选材、螺杆啮合间隙的选取以及机组的系统配置等方面，每个公司都有其不同的设计理念。例如，我国某研究所研制的双螺杆多相混输泵，从本质上说，其设计不是基于一般双螺杆泵的原理，而是在工艺气体双螺杆压缩机的基础上增加卸荷机制，从而实现混输的，因此本质上还是压缩机。

对于不同种类的螺杆式多相混输泵，它们有一个共同的工作原理：依靠螺杆啮合副（螺杆转子之间、螺杆转子与螺旋型的定子之间）以及衬套，形成不断变化的空间容积，形成吸入腔、工作腔和排出腔，从而不断地将多相流介质从泵的进口输送到出口。随着转子的旋转，在泵吸入腔形成一定的真空度，工作腔在螺牙的挤压下提高螺杆泵压力，并沿轴向移动，在排出腔形成由背压建立起来的工作压力。由于螺杆是等速旋转，所以液体出流流量也是均匀的。

按螺杆位置的布置，可分为立式螺杆式多相混输泵和卧式螺杆式多相混输泵两种。其中，卧式最为普遍，立式仅限于特殊空间安装的场合，如水下多相流混输系统等。

根据相互啮合的螺杆的数目不同，可分为单螺杆式多相混输泵、双螺杆式多相混输泵、三螺杆式多相混输泵等，它们的螺杆转子数量分别为一根、两根和三根。其中，单螺杆式多相混输泵是由一根转子和一根静止不动的定子啮合，实现流体的输送，定子通常以橡胶等材料制造而成。

鉴于三螺杆泵并不是特别适合于油气混输，国内外三螺杆多相混输泵的产品很少应用，本章节将不对该类型产品进行论述，将主要介绍双螺杆多相混输泵和单螺杆多相混输泵。其中，双螺杆多相混输泵将会被重点介绍。

2. 螺杆式多相混输泵的应用及优缺点

螺杆式多相混输泵是容积式泵的一大分支。容积式泵的一个重要特点是：所输送的流量与输送流体的密度无关，它仅是泵结构尺寸和转速的函数；同时，容积式泵的压力升高值与输送的流量无关。因此，不管在泵入口含气率如何变化或被输送流体的密度如何低，为了得到恒定的增压值，不需要像叶片式泵一样必须改变泵的转速。所以，利用螺杆式多相混输泵来进行混输，比用叶片式泵较易达到恒定的工作条件。

另外，与叶片式多相混输泵对比，双螺杆式多相混输泵除了具有上述通用的特点外，还具有下列优点：

(1) 可以无搅拌、无脉动、平稳的输送油气混合物，只要输送混合介质中含有很少量的液体，即可起到密封液体的作用，因此泵有很强的自吸能力，可以自吸而无须专门的自吸装置，而且由于轴向输送轴流速度较小而具备很强的吸上能力，所需净正吸入压头($NPSH_r$)值比较小。

(2)最高含气率可以达到95%以上，短期内可以干运转。由于运动部件在工作时互不接触，因此短时的干转不会破坏泵元件。如配套补液系统辅助设备(采用独特的设计)，可以达到长时间干运转，从而长时间适应100%的气体含气率工况。

(3)最主要缺点是输送介质中不能含有固体颗粒，固体颗粒会对螺杆造成磨损，导致严重泄漏，严重的情况还将导致被迫停车。大型螺杆多相混输泵的噪声比较大，大排量螺杆多相混输泵尺寸比较大，机组比较庞大。

3. 螺杆多相混输泵的动力源选择

(1)三相异步电动机

应用最广泛，经济可靠，控制方便，在石油系统都是选用防爆型电机，适用于室内或户外、低压或高压、陆上或船用等。

(2) 燃气轮机

在海洋、沙漠及其他偏远、油气含量高的油田，如果交通不便，没有电网，可以选用燃气轮机，而燃气轮机所燃烧气体就可以是所输送的天然气，可以就地取材，成为最理想的动力源。

(3) 柴油机

在电力供应受限制、油气含量又不高的油田，柴油机为唯一可选择的动力源，随着柴油机本身技术的日臻成熟及各种监控技术的完善，柴油机已成为一种可靠的驱动设备，其应用领域正得到不断扩大。

第二节　双螺杆多相混输泵介绍

目前，在世界范围内，研究双螺杆泵作为油气多相混输泵的项目是最多的，因为双螺杆泵在相当宽的体积含气率范围内工作比较可靠，甚至可以短时间内输送纯气体，泵的最高效率为40% ~60% 。本章将对双螺杆式多相混输泵进行重点介绍。

1. 双螺杆式多相混输泵的工作机理和结构

图3-1中给出双螺杆式多相混输泵的结构简图。由图可见，双螺杆式多相混输泵的主要零件有：一对装有主、从动螺杆的泵轴，衬套，泵壳，密封组件，同步齿轮和轴承等。在泵壳内安装有衬套，其中内装有一对泵轴。每根泵轴上安装的两部分螺杆，具有不同的

旋向即一部分为右旋，另一部分为左旋。正由于不同的旋向，使气液混合液分成两股，从两端吸入，沿泵轴线向中间推移和排出。这样保证工作时泵轴的轴向水力载荷互相平衡和简化止推轴承结构。主动泵轴和从动泵轴的两端都通过密封组件2安装在外设式轴承上，两根泵轴用同步齿轮进行传动。上述结构可使两个相啮合的螺杆之间稍有一点点间隙，不发生直接接触，以便能输送少量具有磨硕性多相流、提高腐蚀性，无润滑性、高黏度的流体(包括气液两相流体)，因此还有干转的能力。为了使多相混输泵能适应干转工况，轴的两端都采用机械密封装置，其内密封腔由外设密封油系统加压注油。泵的轴承和同步齿轮也采用相类似的强制润滑系统。

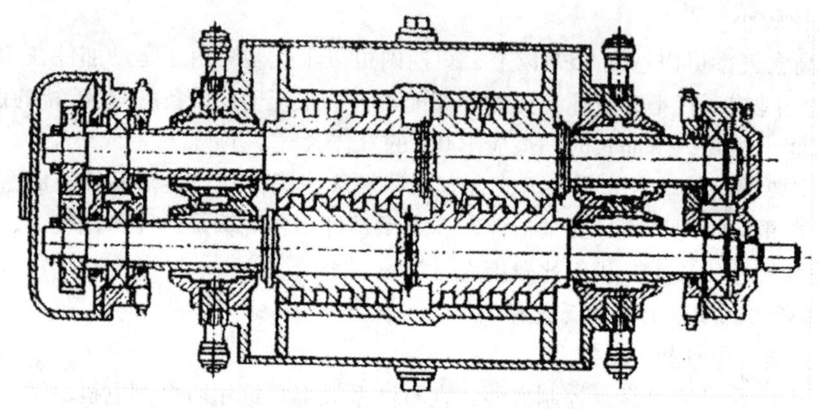

图3-1　双螺杆式多相混输泵的结构简图

工作时，通过泵体衬套中的主、从动螺杆的相互啮合，以及螺杆和泵体孔的配合，在泵体中形成一个个密封空腔，在螺杆转动时，这些密封空腔连续向前移动，推动密封腔中的液体到出口排出，实现泵送液体的目的。

由双螺杆泵的原理知道，对于外置轴承的双吸双螺杆泵，通过轴承定位，两根螺杆在衬套中互不接触，两根螺杆之间以及螺杆外圆与衬套内圆之间均保持恒定的间隙不变。两根螺杆的传动由同步齿轮完成。齿轮箱中有独立的润滑，与泵工作腔隔开。

采用双吸式结构，轴向力自动得到平衡，因此转子上没有轴向力。

2. 双螺杆式多相混输泵的工作过程和特性

双螺杆式多相混输泵工作过程可分为吸入、齿间容积闭合转移和排出三个阶段。

在吸入阶段，流体由两端入口进入泵体，随着转子的转动齿间容积腔逐渐增大，当到达某一个转角时，齿间容积达到最大，同时齿间容积腔与吸入端隔离完全吸入过程。在此过程中，工作介质流动速度较低，压力损失小，可视为等压阶段。

在齿间容积闭合转移阶段，即在转角的角度范围内，齿间容积腔的容积保持恒定，并逐渐由吸入端向排出端转移。回流是影响此阶段的主要因素，回流包括齿顶间隙回流、泄漏三角形回流及接触线间隙回流，既包括流体从前一高压工作腔回流到该工作腔，又有该工作腔向后一工作腔再回流。由于回流多相体的存在，使得输送介质中封闭的气相体积减少，并达到增加压力的效果。

在排出阶段，齿间容积腔与排出端连通。此时若工作腔压力低于排出压力，则排出腔的流体将回流至工作腔，使得腔内压力迅速升高，直至与排出腔压力平衡，随转子的转

动，齿间容积腔体积逐渐减少，流体才排出泵体。

以德国鲍曼(Bornemann)公司的双螺杆式多相混输泵为例，对双螺杆多相混输泵的运行性能特点进行详细的论述。下述数据是鲍曼公司在GKSS研究所试验台上用氮气-水混合液进行的特性试验结果。该泵的主要特性参数如表3-1所示。

表3-1　鲍曼双螺杆式多相混输泵的主要特性参数

主要特性参数	数值	主要特性参数	数值
理论吸入总流量/(m^3/h)	500	增压/MPa	4
最大进口体积含气率/%	96	最高转速/(r/min)	1800
最大入口压力/MPa	0.2	最大轴功率/kW	1000

(1)入口含气率 α_s 和转速 n 对泵的流量-压头特性曲线的影响

图3-2中给出在转速为1200r/min和4种不同体积含气率 α_s 的条件下，双螺杆式泵的标准吸入总流量 $\overline{Q}$ 随标准压头 $\overline{H}$ 而变化的试验曲线。泵的吸入压力为0.3MPa，输送气液两相混合流体。

双螺杆式泵的流量-压头特性曲线基本上取决于吸入腔室的结构。理论和实际流量之间的差别取决于第一个密封腔室和吸入腔室间的回流量。此回流量是入口和出口间压力沿螺杆长度分布曲线的函数。而这个压力分布曲线则随休积含气率和吸入压力而变化。当体积含气率增加时，双螺杆式泵的流量-压头特性曲线接近于理论特性直线，如图3-2所示。这说明此时吸入腔室区域和第一个密封腔室之间的压差变小，回流量减少。因此，试验确定双螺杆式泵的不同腔室压力与其流量-压头特性曲线的关系，就可以提供有关设计泵结构参数的重要数据。

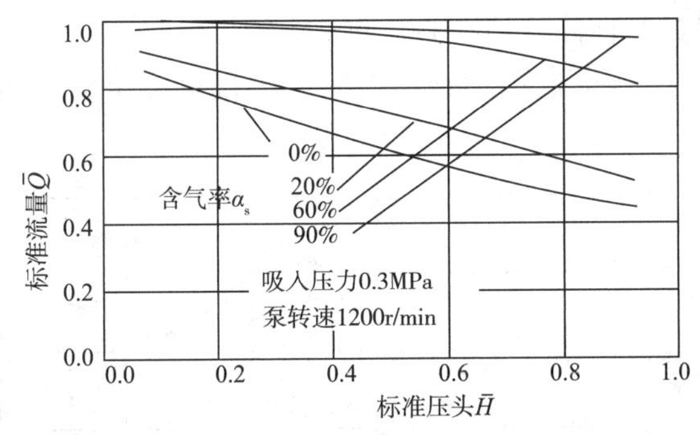

图3-2　含气率改变时，泵的标准流量 $\overline{Q}$ 随标准压头 $\overline{H}$ 变化曲线

图3-3中给出当体积含气率 α_s 一定(等于20%)而转速变化时双螺杆泵的标准流量 $\overline{Q}$ -标准压头 $\overline{H}$ 特性曲线。由图可见，随着转速的增加，泵的相对回流量下降。流量损失的绝对值仅取决于泵的第一个密封腔室和吸入腔室间的压差。

图3-3所示的特性曲线与图3-4所示的同一台泵输送单相液体时的特性曲线基本相同。

(2)入口含气率 α_s 和转速 n 对泵轴功率-压头特性曲线的影响

图3-5表示在转速为1200r/min和不同体积含气率条件下双螺杆多相混输泵的标准轴

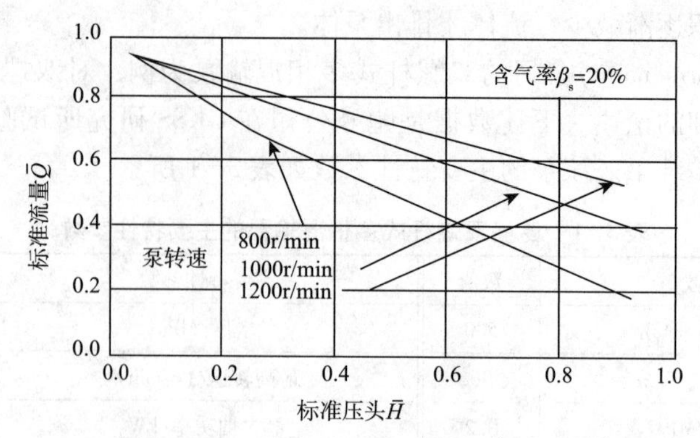

图 3-3　转速改变时，泵的标准流量 $\overline{Q}$ 随标准压头 $\overline{H}$ 变化曲线

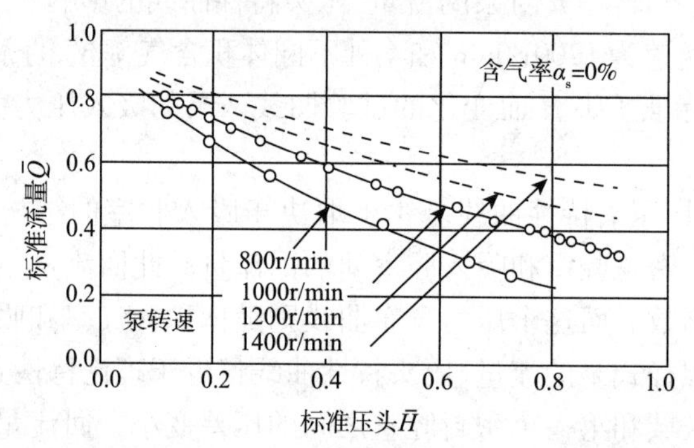

图 3-4　无气体时，泵的标准流量 $\overline{Q}$ 随标准压头 $\overline{H}$ 变化曲线

功率$\overline{N}_{ax}$随标准压头 $\overline{H}$ 而变化的试验曲线。由图 3-5 可见，吸入体积含气率 α_s 对泵的标准轴功率$\overline{N}_{ax}$-标准压头 $\overline{H}$ 的特性曲线的影响是非常小的。

图 3-6 给出不同转速条件下泵的标准轴功率 $\overline{N}_{ax}$ 随标准压头 $\overline{H}$ 而变化的曲线，此时的体积含气率 α_s 为0%。

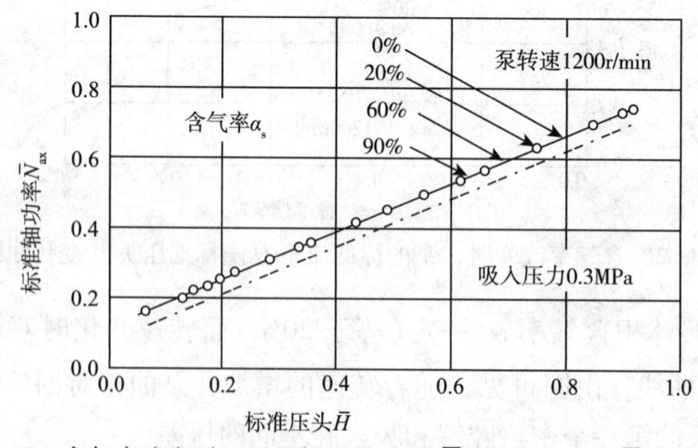

图 3-5　含气率改变时，泵的标准轴功率 $\overline{N}_{ax}$ 随标准压头 $\overline{H}$ 变化曲线

(3)不同体积含气率 α_s 对压力沿螺杆长度分布曲线的影响

为了试验测量压力沿螺杆长度的分布曲线，沿着具有 4.5 螺距的双线螺杆，安装了 7 个压敏电阻式压力表。此时泵的恒定转速为3000r/min，吸入压力分别为0.5MPa 和1MPa，

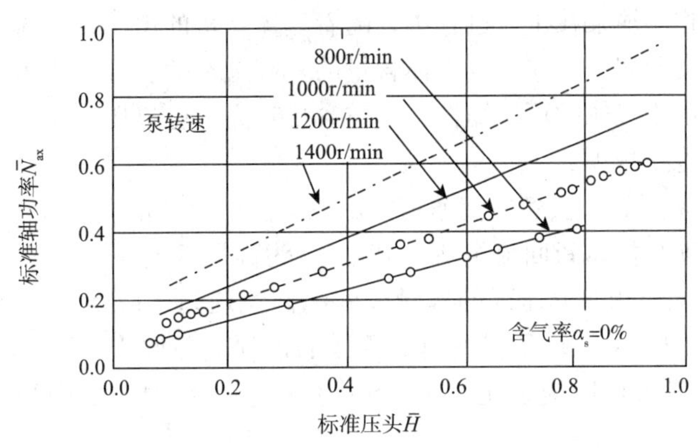

图 3-6 含气率改变时，泵的标准轴功率 $\overline{N}_{ax}$ 随标准压头 $\overline{H}$ 变化曲线

总压头约 3～6MPa，吸入体积含气率(60%、80%、90%和 95%)是变化的。根据绘制的一系列压力沿螺杆长度的分布曲线，进行分析表明：当泵输送体积含气率为 0 的液体时，压力增加值随螺杆长度的变化率是恒定的；随着体积含气率的增加，沿螺杆长度的压力增加值移向泵的排出侧。如体积含气率达 80%，就会使螺杆末端产生显著压缩；而当体积含气率高达 95%时，最大的增压值就会移到螺杆排出口前面的一个位置上。这是由于在两个螺杆间以及在螺杆和衬套间的间隙已没有足够的液体来进行“密封”，从而引起气体漏失所致。有关测量结果为双螺杆多相混输泵的密封腔室数目的优选提供了宝贵数据。

3. 双螺杆式多相混输泵的工作过程内部回流机理分析

多相混输泵输送的介质同时含有气体和液体。气体具有可压缩性，在压缩过程中，混合介质流体从进口到出口压力的升高，是因为高压流体向低压齿间容积泄漏而得以实现的。我们知道，螺杆与螺杆之间、螺杆与衬套之间存在着间隙，排出管道中的高压流体，可以通过这些间隙，往进口方向泄漏。气体在压缩过程中，要发出热量，和液体发生热交换，从而引起混合介质温度的升高。温升必然引起转子和衬套的热膨胀变形，这是在确定螺杆转子之间和螺杆转子与衬套之间的间隙时需要考虑的一个问题。

双螺杆多相流多相混输泵工作过程可简化成图 3-7 所示的原理机。基元容积仅在吸入和排出阶段发生变化，故而双螺杆多相混输泵工作时压力的升高是累进的，即进口处压力升高较慢，出口处压力升高较快，这表明在多相混输泵的进口处回流量很小，出口处回流量较大。回流多相流体的存在使得输送介质中封闭的气相体积减少，以达到增加压力的效果。

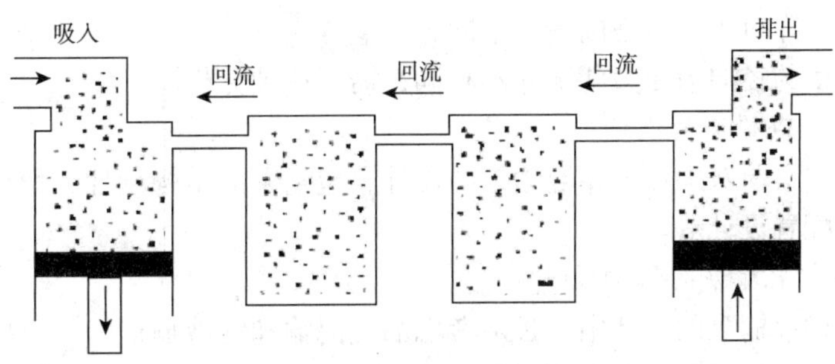

图 3-7 双螺杆多相流多相混输泵原理机示意图

双螺杆油气多相混输泵在工作过程中，随着气体含量的增高，回流量减少，回流损失也相应减少。根据实验测定，在一定气体含量的基础上，随着进口压力的降低，回流损失减少。归根到底是由于气体的可压缩性，气体含量越高，进口压力越小，则多相流的压缩性越大，回流损失也就越小。

图3-8给出了基元容积及各回流通道的示意图。回流通道主要有接触线间隙回流、回流三角形回流及齿顶与机体间回流组成。其中L_1为高压区向一基元容积的接触线间隙回流通道，L_2为一基元容积向低压区的接触线间隙回流通道，L_3为高压区向一基元容积的齿顶间隙回流通道，L_4为一基元容积向低压区的齿顶间隙回流通道，S_1、S_3为高压区向一基元容积的回流三角形回流通道，S_2、S_4为一基元容积向低压区的回流三角形回流通道。

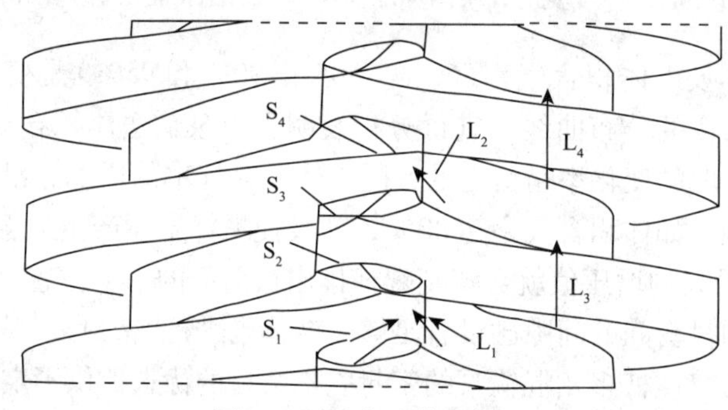

图3-8　回流通道示意图

由于各回流通道的几何形状及所处位置的不同，造成其回流通道内的流型及流态不同，可能出现的流态是：单相油、单相气或是油气两相流动。因此需要根据各回流通道的具体情况，建立不同的回流数学模型来进行分析。

4. 双螺杆多相混输泵的螺杆转子受力简述

对于双吸式双螺杆泵，流体从两端吸入，从中间排出，螺杆两端同时处于相同的吸入压力下，故螺杆轴向力可自行平衡。

作用在转子上的径向力，主要有流体作用于转子螺旋齿面的径向分力。在非接触区槽段内，流体压力相同，流体径向力是作用于螺旋槽的均布载荷。所以，可以将非接触区槽段沿轴向分为若干长度较小的集中载荷来替代。

径向力存在的结果是导致螺杆转子产生弯曲变形，这是在确定螺杆转子之间和螺杆转子与衬套之间的间隙时需要考虑的另一个问题。

不同种类型线的径向力受力状况并不相同，需要单独分析。

5. 双螺杆多相混输泵的设计

本节主要介绍目前双螺杆多相混输泵的设计，包括泵的结构设计、螺杆转子的型线设计和机组的系统配置设计等。

6. 双螺杆多相混输泵的结构设计

在双螺杆多相混输泵的设计中，必须考虑油气混输和纯液输送间的重要差异因素，其中包括：混输过程中气体压缩的发热现象、流体经泵时出现的相变、泵入口处工况的变化、停泵时气体的膨胀等。

(1)泵零件和部件的选材

由于油气混输介质的特殊要求，并考虑携带砂子的影响，双螺杆多相混输泵的螺杆、衬套和泵壳等过流部件必须选用优质的机械性能和抗磨蚀综合性能的材料。

例如，螺杆可用不锈钢或二联不锈钢(铬 24% ~26%，镍 4.5% ~6.5%，铂 2% ~4%，铜 1.3% ~4%)制造。二联不锈钢的抗腐蚀性能等于或优于标准奥氏体不锈钢，并对氯致应力腐蚀开裂的敏感性很小。为了提高螺杆的耐腐蚀和耐磨损能力，德国雷士公司(Leistritz)在硬化的螺杆上涂覆渗氮钛覆面层(涂层深 0.4mm，表面硬度 2500HV)，有的公司在螺杆齿的顶部涂有钨铬钴硬质合金。

衬套一般用铸铁、球墨铸铁或奥氏体铸铁制造。国外已成功地采用了涂层的衬套。该涂层的厚度一般为 0.2mm，它极牢固地粘附于各种基材上。由于该涂层采用了聚四氟乙烯和石墨作涂覆材料，因而不仅提供了理想的滑动性能和安全性能，而且还具有很高的耐腐蚀和耐磨损能力，提高了衬套的耐用性。

泵壳材料一般用碳钢。如输送含盐酸原油，需采用二联不锈钢。为满足许多井口条件和管网额定压力的要求，需采用 ANSI900 等级的泵壳。

(2)轴承的设计与选用

对双螺杆多相混输泵而言，毫无疑问要采用外置轴承布置结构，即轴承和泵吸入口之间有密封系统，轴承与混输介质不接触。

在进行轴承的设计和选择之前，需要对双螺杆多相混输泵的受力进行分析，然后有针对性地选择轴承组合。

对于双吸式双螺杆泵，由于理论上不存在轴向力，主要考虑的是解决螺杆转子的径向力，一般选择“圆柱滚子轴承加双联向心推力球轴承”的组合方案。

圆柱滚子轴承的作用主要有两个：承受一侧的径向力；实现轴向的自由滑移。

双联向心推力球轴承有三个主要作用：承受另一侧的径向力；实现轴向的定位；承受可能存在的轴向力(考虑到制造误差，实际上还是存在较小的轴向力)。

有时也用背靠背双列向心推力球轴承来代替双联向心推力球轴承。

由于运行条件苛刻，要正确选择轴承的寿命，采用强制润滑系统。

大型重载的双螺杆多相混输泵可能需要根据情况需要，选择径向滑动轴承。滑动轴承要有强制润滑系统。

(3)密封的设计与选用

密封位于轴承和螺杆转子两端面之间，用于密封混输介质，将其和轴承隔开。

双螺杆多相混输泵的密封选择有几种选择：

一是选择单端面机械密封，利用外部的润滑油罐进行润滑和冷却；

二是采用“背对背”双平衡式机械密封装置，其内密封腔由外设密封油系统加压注油。

密封端面的动环和静环采用硬对硬的结构，如 WC/WC 等。之所以如此选择，是考虑到混输介质中一般含有砂子，如果选择软对硬的结构，将会缩短密封寿命。采用润滑油密封系统，可以避免机械密封摩擦副过热而损坏失效。使多相混输泵能适应干转工况。

密封选型时，还要考虑介质的吸入压力大小等因素，有时还可能为负压。

(4)润滑系统的设计与选用

对双螺杆多相混输泵来说，需要进行润滑的部位主要有同步齿轮、外置轴承。

一般来说，要确保同步齿轮和轴承能有效、可靠地运行，必须有充分的润滑，防止相对运动的部件之间发生直接的接触(金属与金属之间的接触)。润滑剂还能防止磨损和保护轴承的表面免受腐蚀。

润滑剂的类型与用量是需要考虑的因素之一。应根据各种具体应用情况来选择合适的润滑剂和润滑方法，这与正确的维护同样重要。

用于齿轮和滚动轴承的润滑脂和润滑油有很多不同的种类，还有适用于极高温工作条件下的固体润滑剂。润滑剂的选择主要取决于齿轮和轴承的工作条件(例如温度范围和转速，以及周围环境的影响)。

以最少量的润滑剂，保持齿轮和轴承运行的可靠性，达到最理想的工作温度。如果需要润滑剂有其他方面的功能(例如密封或带走热量等)，那一般就需要使用更多的润滑剂。

因为机械老化和污染，运行一个阶段后，轴承配置中的润滑剂会慢慢失去其润滑的功能，因此必须有合适的过滤系统和定时更换润滑油。

润滑方式是指将润滑剂按规定要求送往各润滑点的方法。润滑装置是为实现润滑剂按确定润滑方式供给而采用的各种零、部件及设备统称。

在选定润滑材料后，就需要用适当的方法和装置将润滑材料送到润滑部位，其输送、分配、检查、调节的方法及所采用的装置是设计和改善维修中保障设备可靠性的重要环节。其设计要求是：保护润滑的质量及可靠性；合适的耗油量及经济性；注意冷却作用；注意装置的标准化、通用化；合适的维护工作量等。

对双螺杆多相混输泵来说，可选择的润滑方式主要有两种：飞溅润滑和强制压力润滑。具体应该采用何种方式，需要根据相关标准资料进行计算。一般来说，对小功率的双螺杆多相混输泵来说，可以考虑采用飞溅润滑来润滑同步齿轮，采用润滑脂来润滑轴承；对于中大型功率的双螺杆多相混输泵来说，需要采用强制压力润滑。

(5)消音设备的选用

多相混输泵的转速通常较高，混输介质在工作腔内输送过程中，由于不断发生的剪切、冲击就会产生噪声，这是噪声的主要源头。

另外，同步齿轮和轴承在运转过程中也会产生一定的噪声，但由于一般采用大量的润滑油润滑，因此这部分噪声一般不是很高。

上述噪声的基频为转子齿的啮合频率。

对于中小型机组或转速较低的机组，噪声一般不是很高，故不需消音设备。

对于中大型机组或转速较高的机组，噪声可能很高，可引进消音设备，如采用消声罩将部分或整个机组完全包裹起来。为防止噪声顺着一些连接管线传递出来，还可以加一个挠性接头。消声罩一般安装在底架的可拆卸结构，外壳多用钢板制成，吸声材料贴在钢板的内壁。有时也用多孔板材作为内壁，在内外壁之间填充吸声材料。在大型机器中，消声罩上需装有活动门和观察窗，并设计有自然或强制通风设备。

(6)其他零、部件的设计和选用

双螺杆多相混输泵中的同步齿轮、泵轴、轴承、联轴器和机械密封装置等都要根据特殊要求进行设计和选用。

①同步齿轮的节圆圆周速度约为双螺杆式泵常规速度的2.5倍，而且所传动的功率也相当大；

②根据泵轴的外形尺寸，轴承中心距和转速计算出来的泵轴临界转速十分接近于泵的运行转速，为避免产生共振，要对泵轴进行动平衡试验；

③选用具有软扭转特性的联轴器，以便有足够的阻尼来减少在电动机的变转速范围内可能产生剧烈扭转共振的危险，可选择金属叠片挠型联轴器。

(7)CAD设计技术的应用

国外螺杆泵制造公司在双螺杆式泵的设计方面已普遍应用CAD技术，即计算机辅助设计技术。不仅提高了产品设计能力，保证了产品设计质量，实现设计方案的最优化，而且缩短了设计周期，为满足用户要求向多品种、多规格和多种安装结构型式的设计方向发展。同时，CAD技术的应用进一步方便并有利完善了双螺杆多相混输泵产品的通用化、系列化和标准化水平。

第三节 双螺杆多相混输泵的型线设计

双螺杆多相混输泵的关键部件是如图3-9所示的两对相互啮合的螺……子型线的设计对多相混输泵的性能具有重要的影响。螺杆齿形型线是体现……混输泵设计水平的重要标志。

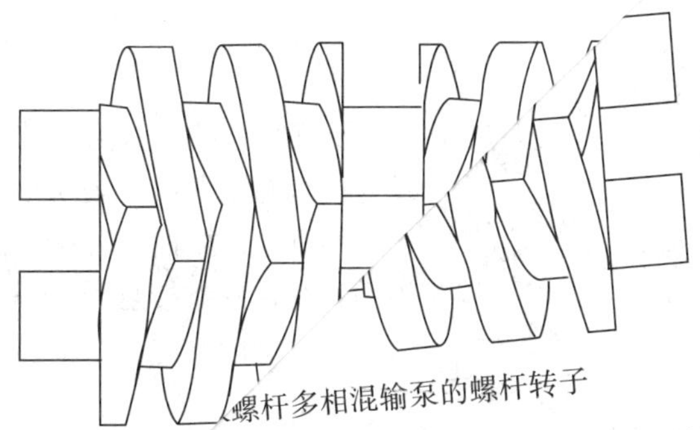

图3……螺杆多相混输泵的螺杆转子

为提高多相混输泵的……能，除了要求型线应满足一般啮合的要求外，还要求型线具有良好的轴向密封性……密封性。为使齿间容积尽可能完善的密封，转子型面啮合形成的接触线，最好是……从转子螺旋齿面齿顶圆到齿根圆之间光滑的连续曲线，并尽量减少接触线的长度……使啮合线的顶点尽可能接近两螺杆外圆周交点，以减少泄漏三角形的面积。

目前……计的技术关键是开发螺杆齿形的新型线，以保证工作容积大、穿漏的面积小、零件互换性好和制造简便。

现有双螺杆多相混输泵的螺杆齿形型线具有几个特点：

①螺杆齿形型线大部分是由长幅摆线和圆弧组成，仅用圆弧或矩形或其他曲线的较少。大部分齿形型线用对滚共轭关系产生，以避免尖点磨损，而采用点生式齿形型线较少。

②组成螺杆断面齿形型线的两种曲线互为共轭曲线，且节圆处齿厚等于齿槽宽。

③一般情况下，两螺杆的断面齿形型线相同。

④某些螺杆齿形型线具有以下缺点：由于惯性力作用产生螺杆的径向不平衡；由于断面惯性矩较小使螺杆的刚性小；由于单位长度的密封腔室数目少，使泵的容积效率偏低。

螺杆齿形型线大多采用摆线组成的原因是：摆线啮合性能好，其齿形啮合是凸齿对凹齿，理论接触线变为带状接触面，受力和密封状况良好以及齿的抗磨性能好；摆线可加工性也好。但是摆线作为型线组成部分也存在重要缺点：摆线与其他部分连接点处一点是不光滑连接，即存在尖点。尖点既不方便于采用螺杆转子磨床加工，也因为尖点磨损后带来泄漏带而导致容积效率下降。近年来，受到螺杆压缩机型线发展的影响，一些新的型线曲线开始引入螺杆泵型线，如圆弧/圆弧包络线，椭圆/椭圆包络线。

、比较权威的理论认为，双螺杆多相混输泵的螺杆转子齿型应该采用非密封型齿

1007不同的学者提出过完全密封齿型的方案。

段光滑逆经申请一个关于螺杆泵转子型线的国家发明专利，专利号为 ZL 2004

设计也可用利型线属于非完全密封齿型，主要由圆弧/圆弧包络线组成，所有曲线

术用于制造双螺于制造中低压(出口压力不高于 2MPa)的双螺杆泵；采用特殊参数

现了输送含气率 97%混输泵，输送压力可以达到 3MPa。笔者曾经成功地将此专利技

螺杆多相混输泵。泵样机，在螺杆啮合间隙比设计偏大很多的情况下，该样机实

1. 非密封型齿型 压力达到 2. 5MPa 的成果，证明该技术可以用于中低压的双

图 3-10 为一种双螺杆多相混

啮合的转子型线完全相同。这种型线 型线及其啮合线。其型线特征是单齿对称，相互

密封性，但由于啮合线顶点与两螺杆外圆 为连续封闭曲线，表明该型线具有较好的横向

双螺杆多相混输泵的共轭转子啮合时， 重合，故轴向密封性有所降低。

度，是进行转子型线设计和计算多相混输泵性能 在一条接触线。正确计算接触线及其长

因素之一。前述型线的转子接触线如

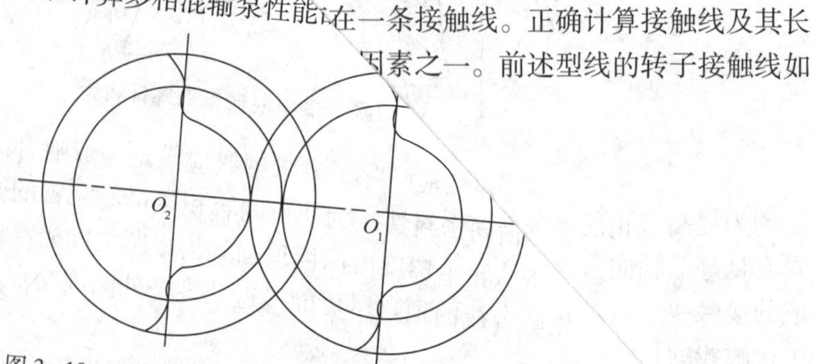

图 3-10 双螺杆多相混输泵的转子型线及啮合线

图 3-11 所示。图 3-12 则示出了转子转角分别为 4π、4.5π、5π、5.6π 时，一个旋转周期内，接触线总长度随转角的变化情况，转子接触线总长度随转角的增大而增大。

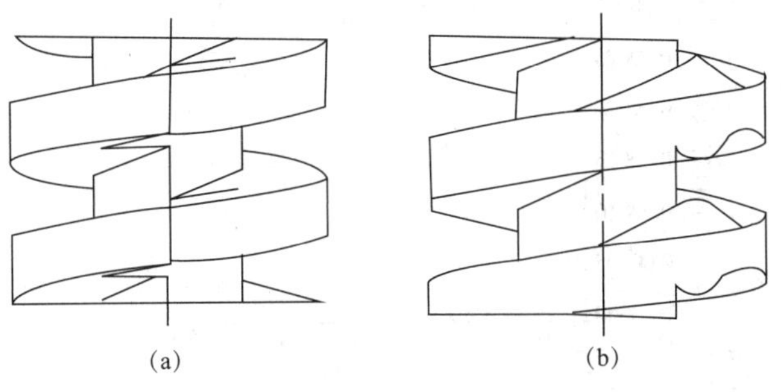

图 3-11　双螺杆多相混输泵的转子接触线

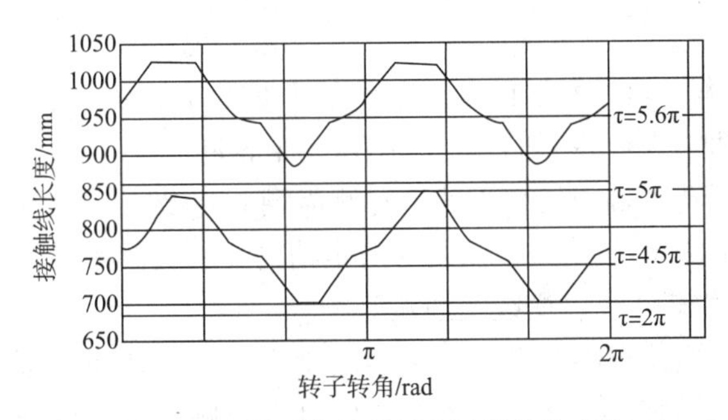

图 3-12　转子接触线长度随转角的变化

如图 3-13 所示，当转子型线的啮合顶点 C 与机体内壁圆周交点 H 在 Z 轴方向不重合时。就会在机体内壁顶部 HH' 与啮合顶点 C 之间形成泄漏三角形 ABC，它使处于高压腔的流体向低压腔产生轴向泄漏。采用与螺杆压缩机泄漏三角形计算相同的方法，可以完成双螺杆多相混输泵中的泄漏三角形及其面积的计算。

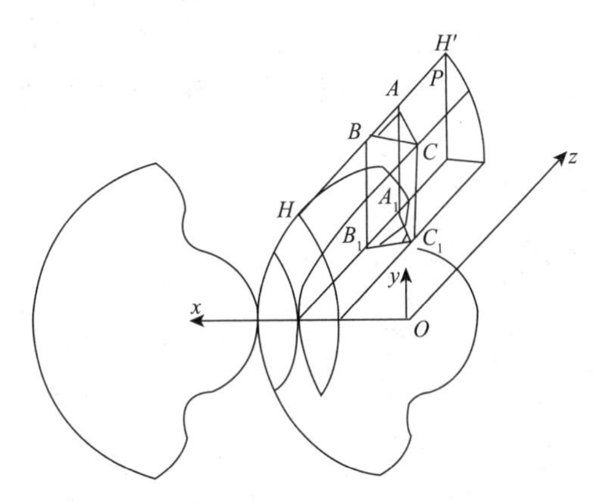

图 3-13　双螺杆多相混输泵的泄漏三角形

转子齿间容积及其变化的计算，也是双螺杆多相混输泵几何特性计算的重要内容之一，图 3-14 给出了齿间容积随转子转角的变化曲线。从中可以看出，齿间容积仅在吸入和排出阶段发生变化。

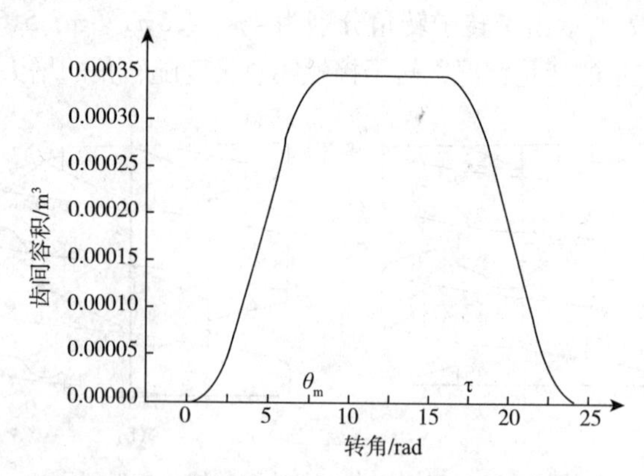

图 3-14　双螺杆多相混输泵的齿间容积变化曲线

2. 密封型齿型

最典型的代表是华南理工大学提出的方案。其主要特点为：

(1)相互啮合的两根螺杆转子的齿型、结构完全相同。

(2)对于每根螺杆转子端面齿型，其密封侧齿型为点及点啮合摆线，传动侧为相互啮合的某种类曲线及该曲线的包络线。从目前所申请的专利文献来看，此处所谓的某种曲线包括阿基米德螺旋线、渐开线、摆线及圆弧等。

(3)由于密封侧齿型是点啮合摆线，且形成摆线的点是在齿顶圆上，因此，理论上该型线能 100% 密封，双螺杆泵工作时，不存在出口高压侧往进口低压侧的泄漏，具有很高的容积效率。

如图 3-15 所示，对于传动侧齿型为阿基米德螺旋线和其包络线的方案来说，其组成齿曲线如下：*abcdefghij* 为螺杆横截面上的齿曲线，*a*、*c*、*g* 在齿顶圆一直径上，*a* 在齿顶圆上，*c*、*d*、*e* 在齿根圆上，*j*、*i* 在齿顶圆上。其中：*abc* 是摆线，*cde* 是齿根圆弧，*ija* 为齿顶圆弧，*ghi* 是阿基米德螺旋线，*efg* 为以 *ghi* 为基线的包络线。

图 3-15 为该发明的齿型曲线，图中 *abc* 为直齿面，*efghi* 为斜齿面

图 3-16 为图 3-15 中螺杆直齿面上的密封线在轴截面上的投影图。

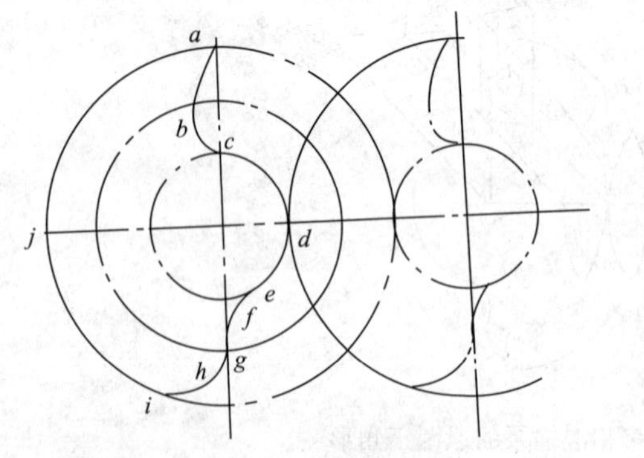

图 3-15　密封型齿型曲线

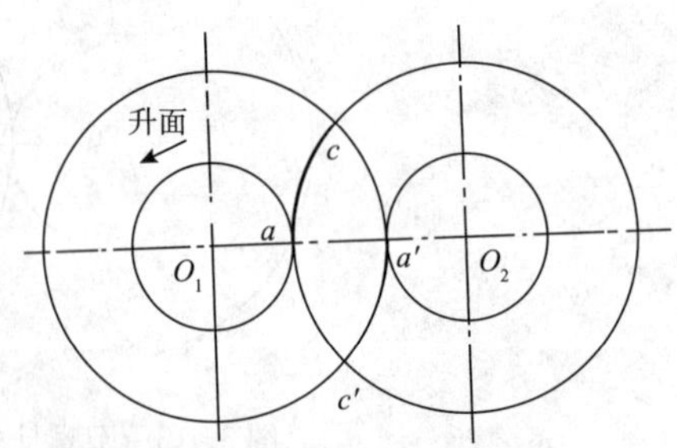

图 3-16　螺杆直齿面上的密封线在轴截面上的投影图

图 3-17 为图 3-15 中螺杆斜齿面的密封线在轴截面上的投影图。

图 3－18 为螺杆密封腔的状况图。

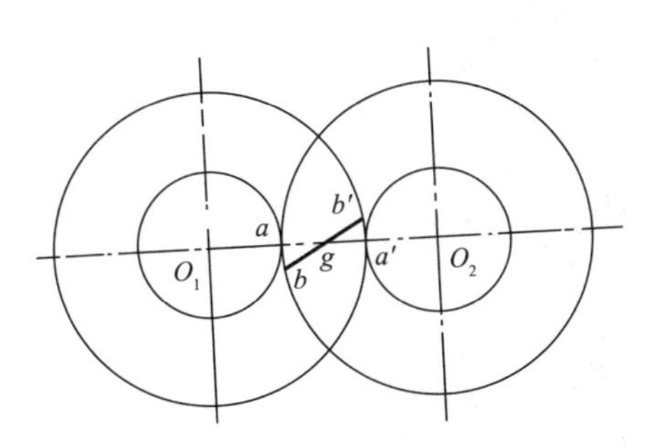

图 3－17 螺杆斜齿面的密封线在轴截面上的投影图

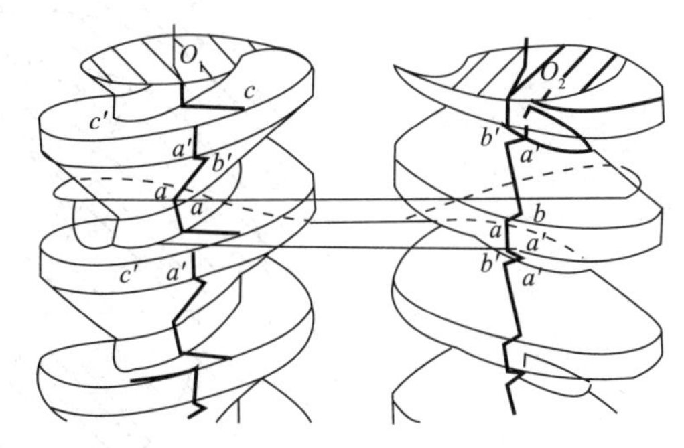

图 3－18 螺杆密封腔的状况图

图 3－19 为图 3－18 为密封腔的轴截面的投影图。

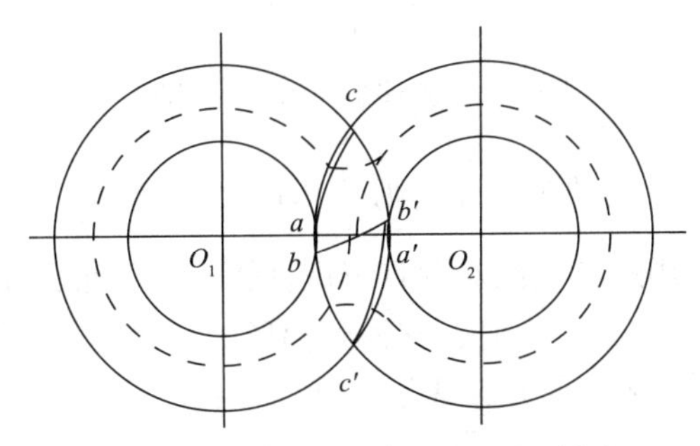

图 3－19 密封腔的轴截面的投影图

该类型线国外很早就有产品问世，但主要是用在双螺杆真空泵上。而根据华南理工大学螺杆教研室，他们已经将该型线用于双螺杆多相混输泵，当然，双螺杆泵的其他部分与普通双螺杆泵依然类似。但是，仍需有两点需要解决：一是该齿型比一般的齿型较难加工，难点主要是点啮合摆线段；二是该型线的 a 点是尖点，很容易被磨损，而一旦被磨损，造成密封被完全破坏，容积效率急剧下降，因此，要采取特殊的解决办法才行。螺杆真空泵介质是纯空气，因此不存在该问题。

天津瑞德泵业有限公司还发明了另外一种改进型型线，申请了实用新型专利，并且成功地用在双螺杆多相混输泵上。该专利的示意图如图 3－20 所示。

改进之处主要在于：去掉点啮合摆线的锐角尖点，改为相互为基线的两段摆线，如图中 ab 和 bb_1，既提高了耐磨性，又降低了加工难度。

实际上，这种改进借鉴了三螺杆泵齿型的去尖点办法。该专利 b 点处依然存在尖点，只不过是钝角尖点而已，因此耐磨性依然存在问题。

(3) 双螺杆多相混输泵螺杆转子的设计计算

有了螺杆型线后，即可根据设计参数进行螺杆转子的设计计算，确定螺杆转子的相关几何参数。下面首先对齿型几何主要参数的确定和选择，以及流量、压力与螺杆尺寸的简明计算，进行论述。

螺纹深度、螺距和断面形状是确定非密闭泵螺杆负荷特性的主要几何因素。如果以 r

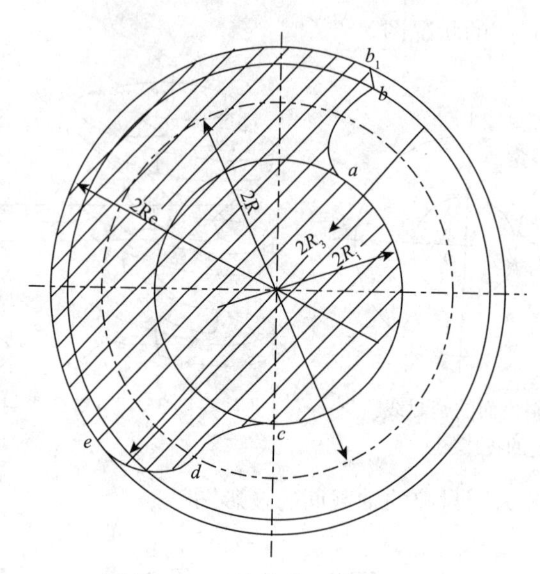

图 3-20　天津瑞德的改进型曲线

表示齿根圆半径，以 R 表示齿顶圆半径，则 $\frac{r}{R}$ 即螺纹深度。

断面形状的特征可以用螺杆表面对垂直于螺杆转轴的平面之倾角 α 来表示。当 $\alpha = 0°$ 时，断面将是矩形的；而当 $\alpha \neq 0°$ 时，它得到梯形的形状。

螺杆螺纹的螺距 t 由它和半径 R 来表示。通常取：

$$\frac{r}{R} = 0.4 \sim 0.7\ ;\ \frac{t}{R} = 0.5 \sim 1.25\ ;\ \alpha = 0° \sim 5° \tag{3-1}$$

对于单面进液的非密闭螺杆泵每秒理论流量的计算，按公式(3-2)计算：

$$Q_t = \lambda R^2 \frac{tn}{60} \tag{3-2}$$

式中　λ ——螺杆有效截面的面积系数；

n ——转速，r/min。

面积系数 λ 按公式(3-3)计算：

$$\lambda = 2\pi - \varphi + \sin\varphi - \pi\left(1 + \frac{r^2}{R^2}\right) + \frac{2\pi\tan\alpha}{3t}R\left(1 - \frac{r}{R}\right)^3 \tag{3-3}$$

式中，φ 是按公式(3-4)计算的中心角；

$$\varphi = 2\arccos\frac{1 + \frac{r}{R}}{2} \tag{3-4}$$

从公式(3-4)可以看出：

① Q_t 和 t 之间呈线性关系；

② α 对 Q_t 的影响不大，随着 α 的增大，Q_t 有所增大；

③ Q_t 和 $\frac{r}{R}$ 之间的关系具有抛物线的特征，在这种情况下随着 $\frac{r}{R}$ 的减小而增加。

泵的实际流量按公式(3-5)计算

$$Q = Q_t \cdot \eta_0 \tag{3-5}$$

式中，η_0 为容积效率，它是螺杆啮合间隙的函数。对于双螺杆多相混输泵来说，容积效率一般要小于输送纯液的双螺杆泵。

螺杆外径按公式(3-6)计算：

$$D = 2000\sqrt[3]{\frac{Q_t}{\lambda \frac{t}{R} n60}}\text{mm} \tag{3-6}$$

式中，Q_t 单位为 m^3/h；n 单位为 r/min。

如果是双吸泵，则以 $\frac{Q_t}{2}$ 代入上式。

在设计计算时，根据所提供的参数和泵的用途，在上述给定的范围内，选择 $\frac{r}{R}$ 和 $\frac{t}{R}$ 比值、α 角和螺纹圈数 m。

泵的理论计算公式可以按公式(3-7)计算：

$$Q_t = \frac{Q}{\eta_0} \tag{3-7}$$

双吸时应以减半的实际流量代入此式。

面积系数 λ 是 α、$\frac{r}{R}$ 和 $\frac{t}{R}$ 的函数，代入公式(3-8)即可求出螺杆的外径。

齿根圆直径：

$$d = \left(\frac{r}{R}\right)D \tag{3-8}$$

螺距：

$$t = \left(\frac{t}{R}\right)\frac{D}{2} \tag{3-9}$$

泵所需的功率如公式(3-10)所示：

$$N = \frac{0.735 \times \gamma Q_t H}{3600 \times 75 \times \eta_M}\text{kW} \tag{3-10}$$

式中　η_M——泵的机械效率。

(4)有关双螺杆多相混输泵的系统流程设计及选型

多相混输泵生产厂家向顾客提供多相混输泵产品时，一般是提供一整套包含内容不同的多相混输泵机组系统，以满足不同油井现场情况的需要。每个公司开发或改进双螺杆多相混输泵产品时，一定要意识到系统流程设计的重要性，有时不亚于多相混输泵本身。

双螺杆多相混输系统一般包括：

①一个泵基座，包括双螺杆多相混输泵、动力机、动力传递装置、进出口管线等；

②附属管线部件，包括单向阀、闸阀、安全阀等，用于管路的方向控制和切换等；

③具有适当过滤面积和过滤精度的进口过滤器，用于过滤砂子等杂质，从而保护螺杆、衬套等过流部件；

④仪表、控制装置等，用于显示系统参数，并控制泵组的操作，包括现场操作和远程操作等。

另外，尽管双螺杆多相混输泵处理含气率的能力较强，目前国内外产品一般都能在90%以上，但是几乎所有的双螺杆多相混输泵，如果不添加一些必要的附属设备，那么它们一般难以长时间处理100%的含气率。

其原因在于：长时间的100%天然气，会导致泵排出腔由于气体压缩产生温度急剧升高；液体缺失导致螺杆之间以及螺杆与衬套之间的液体密封带消失，从而导致容积效率大大降低，严重时会使泵失去增压能力。

解决高含气率的办法一般有两个，它们分别是：

①通过液体回流装置，将泵出口的部分液体回流到泵进口，从而降低泵进口的含气率，从而提高泵处理干运转的持续时间。图3-21是一个美国专利，它是一个带回流装置的双螺杆多相混输泵系统流程图。国内外有一些相近的实用新型专利，例如，西安交通大学、德国鲍曼公司等；

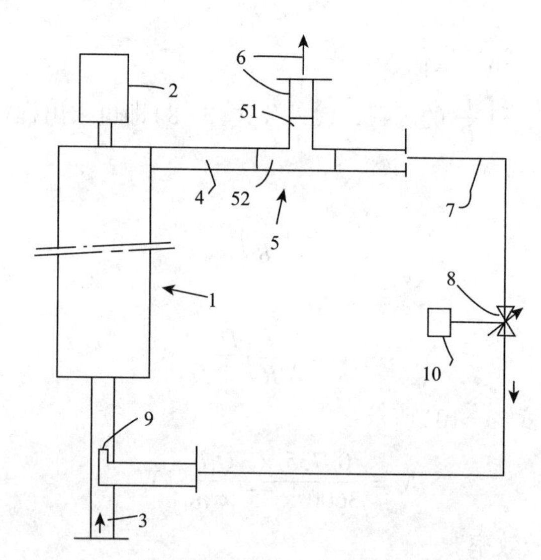

图3-21　带回流装置的双螺杆混输泵系统流程图

1—混输泵；2—原动机；3—泵进口管线；4—泵出口管线；5—气液分离器；6— 排出管线；7—回流液体管线；8—调节阀；9—混合器；10—调节处理器

②在泵腔内进行特殊设计，使泵腔中能保留一些多相介质中的液体，从而降低多相混输泵入口处的高含气率，实现油气混输双螺杆泵在高含气比工况下运行的可靠性和高效性。例如，在前后两端分别设有两个封闭的回流腔室，前后两个回流腔室分别通过一个回流阀与分离腔连接；

③上述两种方式相结合，既有液体回流装置，又有特殊的泵腔内部设计。

第四节　国内外典型的双螺杆多相混输泵现场应用

1. 有关国外情况介绍

目前，国外对于双螺杆多相混输泵的研制和应用比较有成效的有：德国 2 家公司(Bornemann 和 Leistritz)，英国 3 家集团公司(Multiphase System Plc.，WeirPumps Ltd.，BP lnt1. Ltd.)和俄国全俄水力机械科学研究院。

(1)德国鲍曼公司(Bornemann)的双螺杆多相混输泵介绍

德国鲍曼公司是世界上双螺杆多相混输泵技术最成熟的厂家，主要包括两大系列产品，即：MW 系列和 MPC 系列。下面是该公司样本中关于这两大系列多相混输泵产品的图片及文字介绍。

图 3-22 为 MW 系列多相混输泵的型谱性能曲线及端部结构图；

图 3-23 为 MW 系列多相混输泵的详细结构图及结构特点描述；

图 3-24 为 MPC 系列多相混输泵的型谱性能曲线及端部结构图。

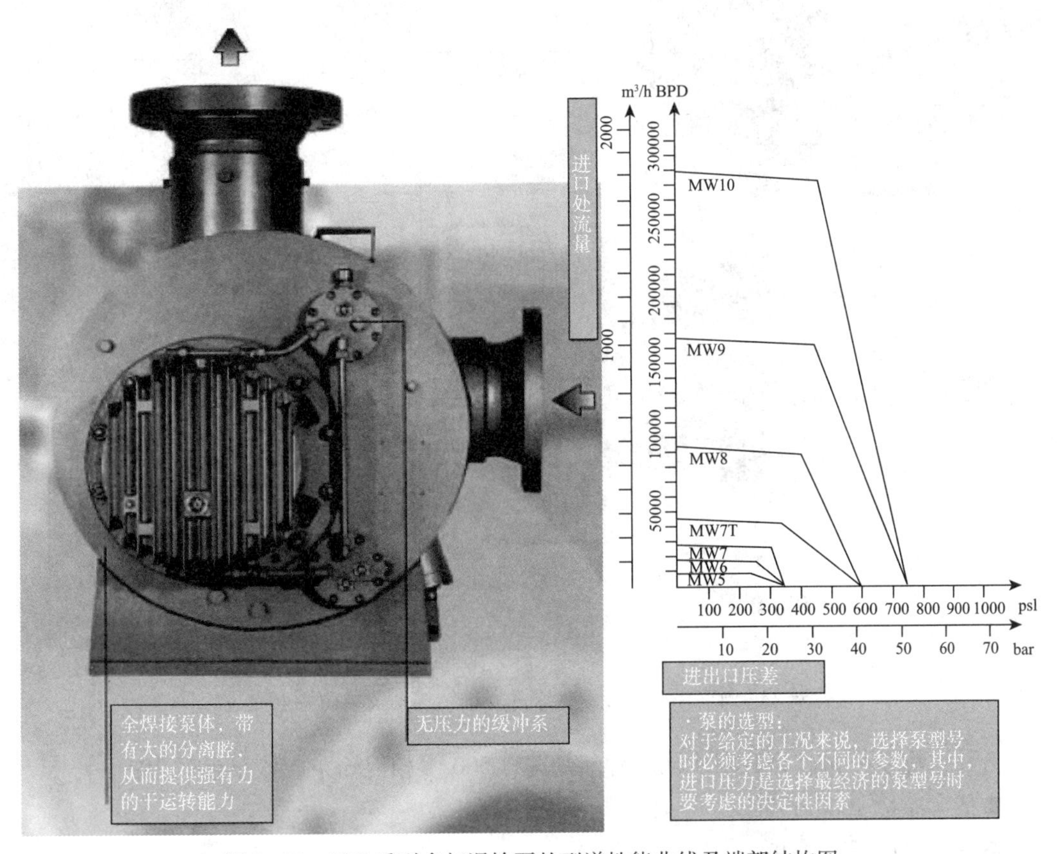

图 3-22　MW 系列多相混输泵的型谱性能曲线及端部结构图

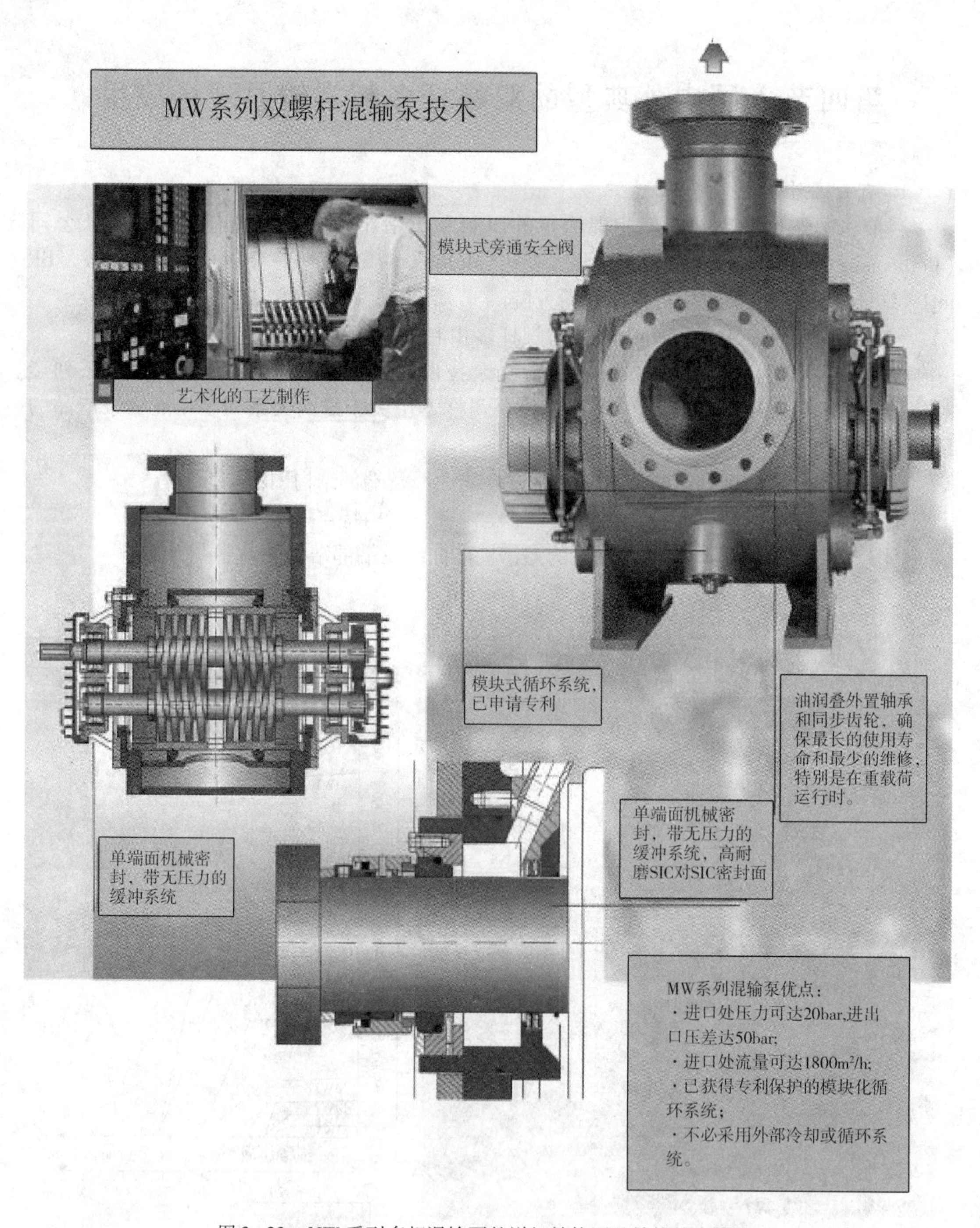

图 3-23　MW 系列多相混输泵的详细结构图及结构特点描述

另外，鲍曼公司已经开发成功一种新的 MPC500 多相混输泵，该泵参数为：

●最大流量 4000m^3/h；

●进出口压差：100bar；

●轴功率：5000kW。

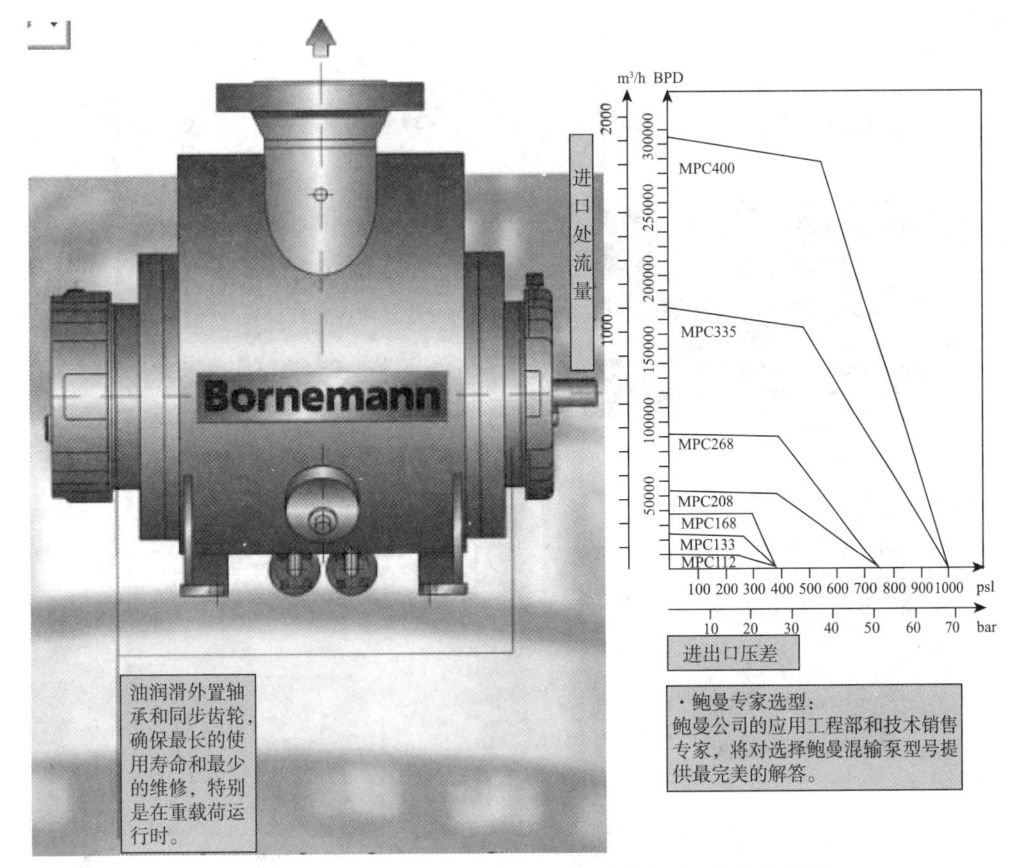

图 3-24 MPC 系列多相混输泵的型谱性能曲线及端部结构图

由于在结构上采用了一些特殊的设计，例如：采用较大的分离腔、进出口法兰朝上和采用专利设计的模块化循环系统等，鲍曼公司新设计的泵的入口处不再需要段塞流捕集器。MPC 系列多相混输泵的详细结构图及结构特点描述如图 3-25 所示。

德国鲍曼公司生产的双螺杆多相混输泵已由帝国石油资源公司在 8 个国家的不同类型油田上推广应用了 40 余台，如在加拿大阿尔伯达油田，利用该型泵使每口井的生产时间延长，不再使用管线加热炉，同时使维护费用明显下降。井口压力已下降了 0.45MPa。目前双螺杆多相混输泵的吸入压力为 0.69 ~ 0.79MPa，排出压力为 1.17 ~ 1.31MPa。由于低于水化物形成点操作，所以冬季时油井不再停产，还节约了水化物抑制剂的费用。

图 3-26 是某陆上油田的鲍曼 MW9.5zk -53 型多相混输泵的图片。该泵的参数为：液体流量：18m³/h；进口气量：1514m³/h；含气率：97%；进口压力：2.1bar；出口压力：40bar；泵流量：602m³/h；轴功率：729kW。

图 3-27 是某陆上油田的鲍曼 MW9.5zk -90 型多相混输泵的图片。该泵的参数为：液体流量：78m³/h；进口气量：1500m³/h；含气率：92%；进口压力：0.7bar；出口压力：18bar；泵流量：977m³/h；轴功率：831kW。

图3-25　MPC系列多相混输泵的详细结构图及结构特点描述

(2)德国雷士公司(Leistritz)的双螺杆多相混输泵介绍

根据雷士公司的网站和样本资料介绍，该公司的MPP系列双螺杆多相混输泵包括高压和低压两种设计。可用于陆上和海上油田，也可用于边际油田的开发，从而将传统的成套气液处理设备省掉。

MPP多相混输泵采用特殊转子优化设计，使其特别适用于输送油气混合物，也可以处理高黏度或含有固体颗粒的介质。在进口压力很低时该产品依然可以处理高含气率的混合物，同时在不采取任何措施时即可很好地处理段塞流。

MPP 多相混输泵转子直径尺寸系列从 96 ~ 365mm，最大流量可达 33000 桶/天。进出口压差可达 1200psi，最高含气率可达 100%；首台 MPP 多相混输泵在 1993 年被用于墨西哥湾的平台上。如今，产品已经在全世界各地得到广泛的应用，包括海上油田和陆地油田。不久的将来，产品将用于水深 1000m 的海下。雷士多相混输泵的连续运转寿命至少在 40000h 以上。

图 3-26　某陆上油田的鲍曼 MW9.5zk-53 型多相混输泵

图 3-27　某陆上油田的鲍曼 MW9.5zk-90 型多相混输泵的图片

供货范围可以是裸泵，也可以是包括泵、动力机、附属系统设备和管线等。

MPP 系列多相混输泵动力机，可以是电动机、柴油机、天然气发动机或透平等。原动机可以是直接连接，也可以通过齿轮箱相连。MPP 机组可以用于无人的海洋平台，也可以用在偏远的边际油田。

图 3-28 ~ 图 3-32 是该公司的在全球的 5 个典型 MPP 多相混输泵机组。

图 3-28　美国 Aera 油田，型号 L4MK-280-145

图3-29 中非某油田，
型号L4HK-330-126

图3-30 特立尼达岛某油田，
型号L4NK-96-32

图3-31 中国渤西油田，
型号L4HK-256-60

图3-32 特立尼达岛某油田，
型号L4NK-164-72

图3-33～图3-36是MPP低压、高压多相混输泵结构图及性能曲线。

图3-33 MPP系列低压多相混输泵结构

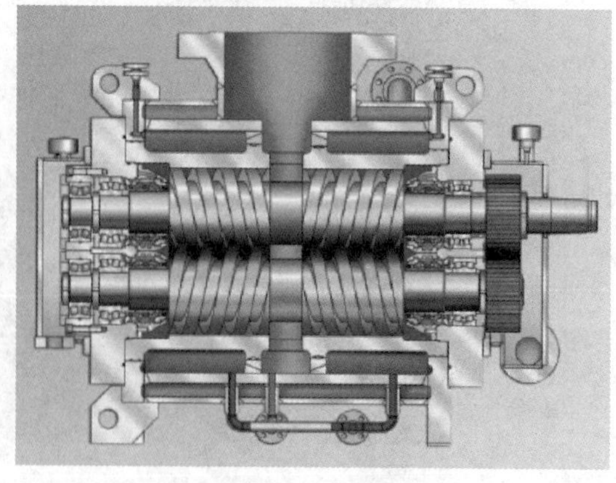

图3-34 MPP系列高压多相混输泵结构

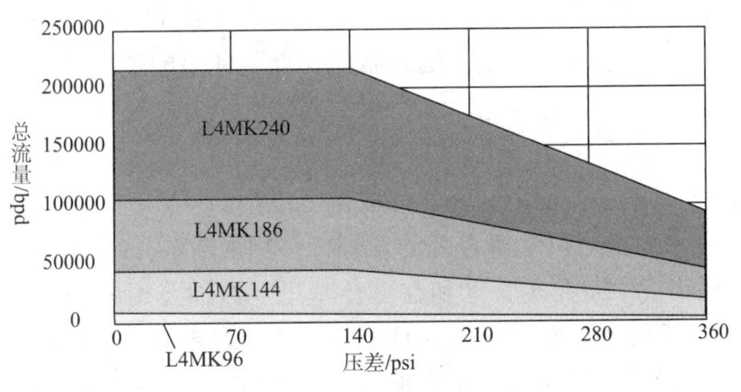

图 3-35 MPP 系列低压多相混输泵性能曲线

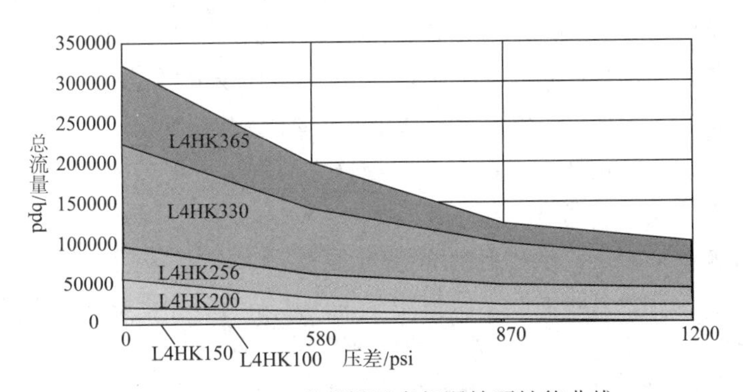

图 3-36 MPP 系列低压多相混输泵性能曲线

表 3-2 是 MPP 低压、高压多相混输泵技术数据及特点。

表 3-2 MPP 系列低压、高压多相混输泵技术数据及特点

参数项	低压多相混输泵	高压多相混输泵
最大流量	220000 桶/天	330000 桶/天
最大压差	360psi	1200psi
最大含气率	100%(配循环系统)	100%(配循环系统)
设计特点	转子采用双吸结构，任何时候轴向力自动平衡； 转子整体加工，确保得到最大的强度和整体性； 极短的轴承跨距，确保轴的弯曲变形最小，在高压差时安全操作； 高含气率时轴只有很小的变形，密封和轴承的寿命长； 配合间隙小，从而提高效率	采用了特殊的转子型线，采用特殊的涂层工艺从而减少磨损； 对于每种工况，密封可以是单端面，也可以是双端面； 完全符合 API676 设计； 能够处理 100% 的进口含气率； 在处理段塞流时，没有轴上扭矩波动，从而减少整个机组的磨损，并可不必使用段塞流捕捉器

(3)英国 MSP 公司的双螺杆多相混输泵介绍

英国 MSP(Multiphase System Plc)公司已经系列化生产 MP 型双螺杆多相混输泵，共有 6 种规格 MP5、MP10、MP20、MP40、MPI00 和 MP200。每种规格的泵备有 4 种不同尺寸的可换件，以适应泵流量、体积含气率、排出压力、耐砂能力等不同要求。例如通过更换

MP40 型多相混输泵的可换件，其流量可由 198.8m^3/h 增至 662.5m^3/h。上述特点不仅有利于根据具体使用条件将泵调整到最佳运行状态，而且使泵能适应整个生产过程中产量变化的需要，为油田的整个开发期服务。

MP 型双螺杆多相混输泵已在马来西亚砂捞越州鲁近海 Bokor B 平台、北海 Forties Bravo 平台和欧州陆地油田上进行了现场试验，都取得了成功。

(4)前苏联全俄水力机械科学研究院的双螺杆多相混输泵介绍

前苏联曾在 70 年代中期在实验室和在巴什基里亚石油公司的油田上对双螺杆式泵输送油气混合液进行了系统的试验研究，并且取得了非常肯定的效果。此后在有关油田的油气密闭集输系统中获得了推广应用，还成批生产了 2BB100/16～100/20 型双螺杆多相混输泵，其主要特性参数为：最大允许吸入压力为 0.7MPa；排出压力为 2.0MPa；总流量为 100m^3/h；转速为 1450rpm；电动机功率不大于 184kW。所输送的气液混合液的物理性质为：吸入体积含气率达 70%；原油黏度 $0.15\times10^{-4}\sim10\times10^{-4}m^2/s$；密度 820～900$kg/m^3$；机械杂质质量含量达 2.5%；粒径不大于 0.2mm；温度达 40℃。

近年来，前苏联各国包括近代俄罗斯，在这方面的进展报道较少。

2. 有关国内情况介绍

国内多相混输泵厂家主要集中在天津的几家螺杆泵厂，包括天津工业泵厂、瑞德泵厂、大港中成等。另外，上海七一一所也生产带内压缩的多相混输泵，技术方面有些瓶颈问题没解决。

(1)天津工业泵厂的双螺杆多相混输泵

目前，天津泵业集团公司主要生产 MW 系列双螺杆多相混输泵，其技术引进于德国鲍曼公司，因此其多相混输泵与鲍曼公司的早期 MW 系列产品相似。但可能是制造工艺和精度方面的原因，该公司的产品与德国鲍曼公司的原装产品还是存在着质量差异。

天津泵业集团公司的多相混输泵在下列地区得到成功地应用：

新疆地区—石西油田石南站和塔河油田；

大庆地区—大庆油田；

胜利地区—胜利油田。

图 3-37 是 2002 年 8 月安装在新疆石西油田石南站的一套撬块多相混输泵系统。

图 3-37　新疆石西油田石南站的 HW9.3zk-67 混输泵组

◆型号：HW9.3zk－67；
◆规格：ϕ320×67；
◆流量：583m^3/h；
◆进口压力：≤0.4MPa；
◆出口压力：1.7MPa；
◆最大压力比：3.6；
◆最大含气量：91.5%；
◆用户要求的最大干运转耐久时间：30min；
◆干运转条件下考虑的循环方式(内循环或外循环)：内循环。

图3-38是2004年7月安装在胜利油田的二套撬块多相混输泵系统。

图3-38 胜利油田的HW7T.3zk－67混输泵系统

◆型号：HW7T.3zk－67；
◆规格：ϕ208×67；
◆数量：撬块系统二套；
◆流量：200m^3/h；
◆进口压力：0.2MPa；
◆出口压力：1.6MPa；
◆最大压力比：5.6；
◆最大含气量：98%；
◆用户要求的最大干运转耐久时间：30min；
◆干运转条件下考虑的循环方式(内循环或外循环)：外循环。

(2)天津瑞德泵业有限公司的双螺杆多相混输泵

根据天津瑞德的双螺杆多相混输泵主要有2MPH系列和2MPS系列，该公司通过型线的改进和吸收国外技术，使其多相混输泵具有下列特点：

①采用前面提到过的专利螺旋齿型，在螺旋套啮合中能自然形成具有油气混输性能的密闭腔室，从而实现了油、气混输的能力。

②增大的气、液分离腔室和独特的回流技术，保证泵腔内始终存有足够的液态介质来参与密封、润滑和冷却，确保泵不至于因入口含气量太高而造成运转、工作部件的异常温升。

③传动轴和螺旋套、泵壳和衬套分离设计。同一规格的泵只需通过更换螺旋套，就能满足不同流量、压力等参数的需要，不影响原系统管路的联接。

④螺旋套、衬套完全互换，备件简单、库存小、运行低廉。

⑤主从螺杆轴的动力由同步齿轮来传递，工作元件无金属接触，磨损小、可靠性高。

⑥有针对性的润滑、冲洗、冷却、检测等辅助系统的配备，最大限度地提高其可靠性，最大限度地降低其维护强度。

⑦对称的泵腔流道设计，充分平衡了作用在螺杆轴上的轴向力，理论上泵入口压力不受任何限制。

天津瑞德的双螺杆多相混输泵工作压差可达4.0MPa，最高含气量可达97%。图3-39是用于渤海曹妃甸海上平台的天津瑞德双螺杆油气多相混输泵。

(3)上海七一一研究所的双螺杆多相混输泵

上海七一一研究所早年承担了由中国石化下达的多相混输泵研制任务，并于1996年6月完成了泵的全部设计，并加工出第一台泵。在1997年通过了中船总公司和中国石化组织的技术鉴定，并于1999年通过了上海市科委组织的技术鉴定成为上海市高新技术成果转化项目。

该多相混输泵不仅采用了泵的工作原理设计，而且还采用了压缩机的工作原理设计。而目前国内外同种用途的泵，都采用泵的原理来设计。

该多相混输泵在压缩腔上开有卸荷孔和充油孔，分别与泵的出口和进口相通。当一对螺杆啮合运动时，由于阴螺杆的齿逐渐深入阳螺杆的齿槽，使其齿间的容积逐渐减小而形成内压缩。在阴阳螺杆上有卸荷沟槽，螺杆在啮合运动中与压缩腔上的卸荷孔一起，可以随机卸荷，从而形成具有内压缩能随机卸荷的机制。图3-40是该所用于胜利油田某采油厂的LWB2.2/1.5多相混输泵。

图3-39 油气混输双螺杆泵
用于渤海曹妃甸海上平台

图3-40 胜利油田的LWB2.2/1.5混输泵

它具有以下几个优点：

①可以输送物料的气液体积比范围大，物料中进口体积含气率可在2% ~98%之间变化，短时间内可输送纯气，混输物料中的油、水和石油伴生气的组分可以随机变化，而且变化的幅度达到30倍，多相混输泵也能正常工作；

②气密性好，能随机消除泵内杂质，输送物料中容许的含砂量较大；

③泵效率高，工作可靠，寿命长；

在阳螺杆齿底和齿顶开有螺旋槽，可进一步提高随机卸荷能力。在啮合运动中，螺杆与泵体的接触为线接触，可以减少摩擦。阴阳螺杆齿形之间留有一定间隙，可以防止泵咬死，使泵工作可靠，提高泵的寿命。当所输送介质中含砂和杂质量为250g/m^{3}时，泵仍能正常工作，泵效率可达70%。

④螺杆短，刚性好，能充分进油；

在螺杆型线和结构设计中，充分考虑到不仅能从泵的整个端面进油，而且还能从啮合螺杆的下部，沿整个螺杆长度的2/3处进油，因此螺杆长度比一般螺杆泵缩减一半，进油也比双吸螺杆泵充分。

⑤轴承外置，采用机械密封，润滑油耗油量少，寿命长；

⑥整体撬装，装卸方便，尺寸较小，占地面积较小。

该所的多相混输泵起点比较好，曾经在短短的两三年往胜利油田、大港油田、中原油田、华北油田及青海油田推广不下50台多相混输泵机组。但近五年来，业绩就很少，基本上逐渐淡出油田市场，主要原因在于该类型的多相混输泵有明显的优点的同时，也有致命的缺点，输送纯液时，来不及卸荷，导致机组激烈振动，有时可能会导致危险。其深层次原因可能在于：它是具有卸荷功能的压缩机改造为气液多相混输泵。美国曾经有类似情况。

3. 海底双螺杆多相混输泵系统

近年来，随着世界各国石油需求量的增大和石油勘探的深入，海上油气田逐渐成为成为各石油公司开发的重点之一。许多石油生产国设想在水下井口或平台上安装多相多相混输泵，将油气直接输往已有平台或岸上进行加工，从而节省石油开采和经营费用。因此，近年来海底双螺杆多相混输泵系统风起云涌。

海底双螺杆多相混输泵系统主要用于海洋油田，它比陆用多相混输泵要求更高，整个泵组需要有极强的密封性和耐海水腐蚀性、高可靠性。

(1)海底双螺杆多相混输泵系统开发的经济价值

海洋石油资源的开发和利用对于缓解能源危机具有重要的作用。已探明的海洋油气资源的50%埋藏在不到500m水深的海域，在这种中深水区的边际油田和小储量卫星油田开发中，采用常规的生产平台或浮式生产设施已很不经济，而水下多相混输系统用海底增压泵站代替造价高的海上平台，可以大大减少开采成本和管理费用，并促进海上石油勘探开发由浅水海域转向深水海域，具有显著的经济效益和广阔的应用前景。

由于海上作业难度和成本比陆地要高得多，所以海底双螺杆多相混输泵系统的研制，将大大降低开发的复杂性和成本，减少投资费用和维护检修费用，提高采油效率。先期研制的海底多相混输泵可以潜入水下100m左右工作，而且可以不建海洋平台，实现自动采油。

海底多相混输泵的研制是高新技术产品，它可以带动水下设备、多相计量和多相混输工艺等相关技术的发展，实现自动采油，市场前景极为广阔。我国海洋油田的开发，尤其渤海湾大油气田的开发，呼唤海底多相混输增压系统的成功问世。另外，国外也大量需要多相混输泵，仅印度尼西亚开发浅海油田，每年就需要 100 台多相混输泵，巴西、挪威等国也大量需要这种系统来开采丰富的深水油气田资源。

(2)国外一些海底双螺杆多相混输泵系统

目前，国外正在大力开展这方面的研究，前面提到的著名的法国“海神”多相混输研究计划即是海底多相混输泵系统研究的典范。另外，还有其他一些单位也在从事这方面研究。

1995 年以来，巴西 PETROBRAS 石油公司和美国的 WESTINGHOUSE 公司一致致力于这方面的工作，并开发出海下多相混输泵送装置 SBMS－500，其总流量为 $500m^3/h$，增压为 6MPa。多相混输泵是 Leistritz 公司的 L4HK 系列产品，吸入体积含气率为 95%。

1994 年夏天，一种新型的海下双螺杆多相混输泵增压系统被安装在西西里近海的 Prezioso 油田，这可能是世界上首例水下多相混输泵的现场运行。该系统是一个整体模块式结构，总重量 25t，尺寸为 3.5m×3.5m×6m。通过法兰与一桩式的地基结构相连接。该地基结构为再组装模块提供了一个同心柱杆，并为弯管与控制终端提供支撑。通过变频器，电机带动水轮机转动，再由水轮机驱动双螺杆式多相混输泵。除了多相混输泵和电机外，还有以下设备：三个主要容器为主的螺杆泵辅助系统，用于检测记录主要液体的泄漏率和密封可能失灵的倾向；缓冲罐，用于降低过高的含气率，避免断塞流的出现；水下遥测系统，用于获取水下增压组件的实时数据，并传送到水上，水下遥测系统的电器组件密闭在一个大气压的可补偿压力的金属箱中。最后 Prezioso 油田对该系统先后进行了安装调试、性能测试、耐久性实验，结果比较理想。所在油井总产量从以前的 $80m^3/h$ 提高到 $130m^3/h$，提高了 60%，净产量则提高了 40%。

(3)海底多相混输增压系统 SUMBS 开发的技术要点

海底双螺杆多相混输泵系统的关键设备是水下多相混输泵。各种海底双螺杆多相混输泵都是在相应型式的陆地泵基础上，考虑水下的特殊使用环境而开发的。在把陆地泵改型为水下泵的过程中，对于各种型式的多相混输泵，需解决的问题都基本相同，主要有承压、润滑、密封、冷却、防腐，以及水下动力提供等。由于螺杆式多相混输泵的转速较低，润滑、密封及冷却等难题都比较容易解决，螺杆式多相混输泵更易从陆地泵改型为水下泵。在改型过程中，一般要采取下列措施：

①整套装置主要由立式半封闭螺杆多相混输泵、利用海水冷却润滑油的油冷却器、可向系统补充润滑油的储油箱三大件组成。

②采用立式布置的半封闭结构，把电动机和螺杆多相混输泵连为一体。机壳承受海底水压，并由耐海水腐蚀的材料制成。整个机壳共分为四段；段与段间均用法兰联结。另外，电动机转子与螺杆泵的螺杆共用一轴，电动机与螺杆泵间不需要联轴器。

③采用双端面机械密封隔离输送的多相体和螺杆泵中的其他腔室。利用油泵压力润滑系统，润滑和冷却各支承轴承、机械密封和电动机绕组。传入润滑油中的热量，通过油冷

却器散到周围海水中。

④润滑油采用合成油，在天然气环境中可长期保持润滑性能。在必要的时候，系统中的储油箱可向螺杆泵补充润滑油，以使整套装置在无维护状态下长期连续运行。

⑤除采用陆地泵方案中已有的压力、温度、电流、电压监测外，再增加半封闭螺杆多相混输泵主机振幅、油箱油位和电源频率监测，以确保整套装置更为可靠地运行。

图 3-41 是按上述指导思想设计的一种海底双螺杆多相混输泵系统原理示意图。

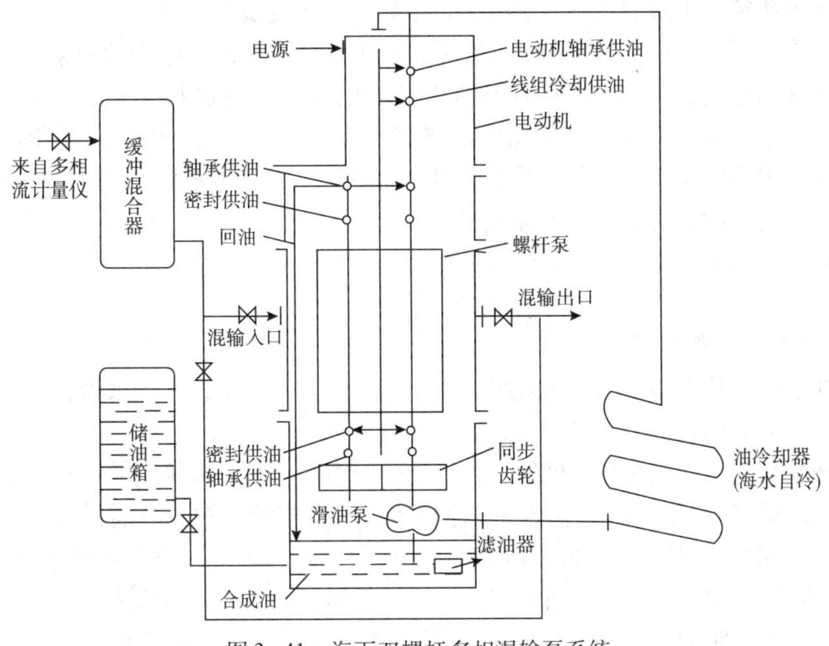

图 3-41　海下双螺杆多相混输泵系统

4. 双螺杆多相混输泵的发展与展望

①新型线的开发和螺杆转子的优化设计，从而使转子适合于输送高压力、高含气率的多相流体；

②螺杆转子、衬套、泵体等过流部件的新材料开发和选用，从而使多相混输泵过流部件具有高耐磨性和抗腐蚀能力；

③多相混输泵结构的优化设计和系统附件的优化设计，从而使泵具有更强的抗干运转能力；

④海下双螺杆多相混输泵增压系统的开发与优化，从而大大拓展双螺杆多相混输泵的使用价值和范围。

第五节　单螺杆多相混输泵结构、型线以及现场应用

螺杆多相混输泵的另一个种类是单螺杆多相混输泵，在一些含气率不是很高的油田得到比较广泛的应用。在此需要澄清的是，此处所说的单螺杆泵，是一种过流部件主要由金

属转子和橡胶定子组成的容积式泵，不是前面章节提到的螺旋轴流式多相混输泵，后者实际上是叶片式泵。

单螺杆多相混输泵与普通的单螺杆泵基本相同。由于单螺杆泵尺寸小，运行稳定，适应性广，因此成为一种大众性的输送泵，很多行业都可以使用，可用于输送中性或腐蚀性的液体，洁净的或磨损性的液体，含有气体或易产生气泡的液体，高黏度或低黏度液体，包括含有纤维物或固体物质的液体。

法国石油研究院出版的刊物，也有推荐单螺杆多相混输泵的简介。

目前，在全国各大油田的采油厂，有大量的单螺杆泵在用于作为抽油泵、试油泵、输油泵和井底抽油泵用，特别是在稠油和含有砂砾的原油的输送和开采上，虽然没具体数量，但数量绝对很多。还有少量是用做油气多相混输泵，输送含气率不是很高的油气介质，数量不是很多，大约上百台。对于单螺杆抽油泵，由于地下原油一般有低碳的原油伴生气，因此其输送的介质实际上是油气多相混合物，只是含量随油田、油井的不同而已，从而我们也可以认为单螺杆抽油泵认为是单螺杆多相混输泵。

1. 单螺杆多相混输泵的工作机理及性能特点

(1)单螺杆泵工作机理

单螺杆泵是一种内啮合的密闭式螺杆泵，属转子式容积泵，一般来说，单螺杆泵是指单头的泵。

单螺杆泵是单螺杆式水利机械的一种，是摆线内啮合螺旋齿轮副的一种应用，是由两个互相啮合的螺杆(转子)和衬套(定子)螺旋体组成，当螺杆在衬套的位置不同时，它们的接触点是不同的。螺杆和衬套副利用摆线的多等效动点效应在空间构成了空间密封线，从而在螺杆和衬套副之间形成封闭腔室，在螺杆泵的长度方向就会形成多个密封腔室。当螺杆和衬套做相对转动时，螺杆、衬套副中靠近吸入段的第一个腔室的容积增加，在它和吸入端的压力差作用下，介质便会进入第一个腔室，随着螺杆的连续转动，这个腔室开始封闭，并沿着螺杆泵轴向方向排出端推移，最后在排出端消失的同时，在吸入端又会形成新的密封腔室。由于密封腔室的不断形成、推移和消失，封闭腔室的轴向移动使介质通过多个密封腔室从吸入端推挤到排出端，形成了稳定的环空螺旋流动、实现了机械能和液体能的相互转化，从而实现举升，如图3-42所示。螺杆泵又有单头(或单线)螺杆泵和多头(或多线)螺杆泵之分。

由空间啮合理论，单螺杆泵所应用的头数均采用$N/(N+1)$形式，即衬套的头数总是比螺杆的头数多一线，即如果螺杆转子表面为单头螺旋面，则衬套橡胶衬套表面为双头螺旋面；如果螺杆转子表面为双头螺旋面，则衬套橡胶衬套内表面一定为三头螺旋面，依此类推。

单螺杆式油气多相混输泵因采用具有良好弹性的橡胶材质的定子，与转子啮合需要有一定的过盈量，使其产生可靠的密封性。当泵工作时，密封线可有效地阻止气体通过，从而达到输送气体的目的；当介质中含有固体颗粒，若固体颗粒挤在密封线中时，由于橡胶定子的弹性作用定子橡胶表面被压缩，固体颗粒越过密封线，定子橡胶回弹恢复原来的形状，这样单螺杆泵可实现输送介质中含有微量固体颗粒的目的。

单螺杆式油气多相混输泵适合用于腐蚀性介质、含气介质、含泥砂固体颗粒介质和高

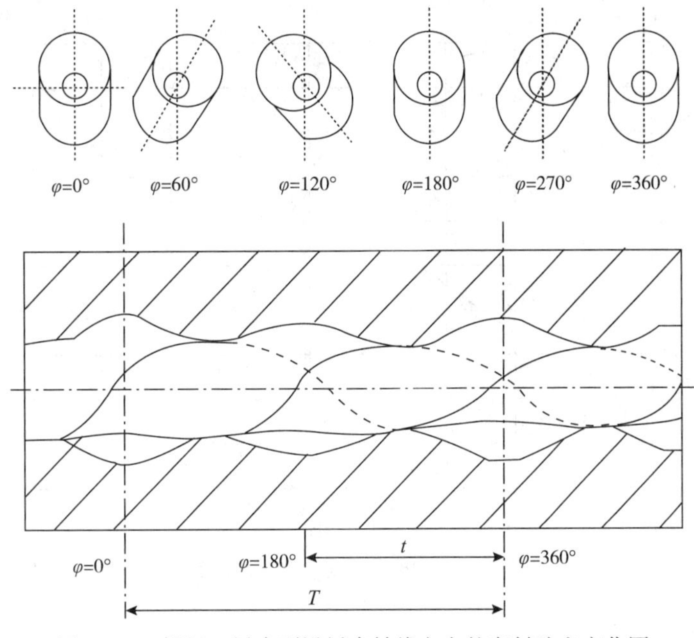

图 3-42 螺杆—衬套副沿衬套轴线方向的密封腔室变化图

黏度介质的输送。含气量可达95%，介质黏度可达50000mPa·s，含固量可达60%，允许固体颗粒直径3.5～32mm，流量与转速成正比，在低转速低流量下可保持压力的稳定，具有良好的调节性能，便于实现自动化控制。

(2)单螺杆泵的特性分析

图3-43所示为单螺杆泵的轴功率、泵效率及流量与压力的关系曲线。螺杆泵的排量特性具有一定的刚性，即在一定工作压力范围内排量稳定性较好，随着泵出口压力的增加，泵的流量逐渐减小，泵效率变化呈抛物线形，漏失量随工作压力的增加而迅速增大。有一最高效率点，泵体积效率呈递减趋势，这说明随出口压力的增加，螺杆与衬套之间的间隙加大，高压液体沿螺杆-衬套副密封线的窜流现象加剧，导致泵体积效率的降低。

(3)单螺杆泵的性能特点

与活塞泵、离心泵、叶片泵、齿轮泵相比，单螺杆泵具有下列诸多优点：

①能输送含有气体和固体颗粒的介质，含气率和压力取决于压缩级数和定子转子之间的配合间隙；

②流量均匀压力稳定，低转速时更为明显；

③流量与泵的转速成正比，固而具有良好的变量调节性；

④一泵多用可以输送不同黏度的介质；

⑤泵的安装位置可以任意倾斜；

⑥适合输送剪敏性物品和易受离心力等破坏的物品；

⑦体积小，重量轻，噪声低，结构简单，维修方便。

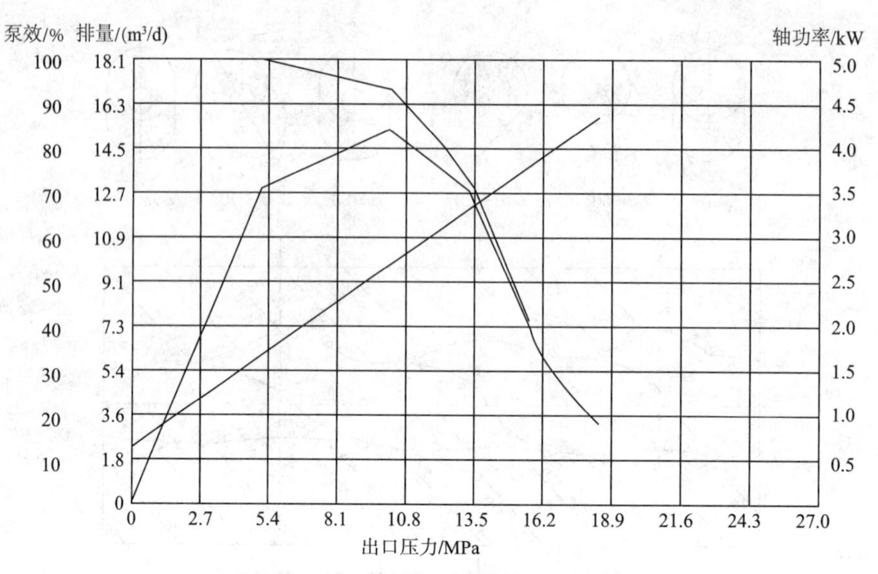

图 3-43　单螺杆泵工作特性曲线

2. 有关单螺杆泵的设计

(1)单螺杆泵的结构设计

单螺杆泵结构如图 3-44 所示；单螺杆泵零部件如图 3-45 所示。

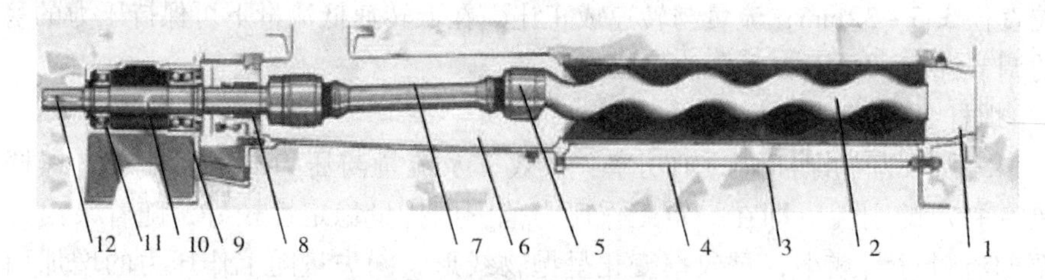

图 3-44　单螺杆泵结构

1—出水室；2—转子；3—定子；4—长螺栓；5—万向节；6—吸入室；
7—中间轴；8—轴封；9—轴承座；10—轴承隔套；11—轴承；12—传动轴；

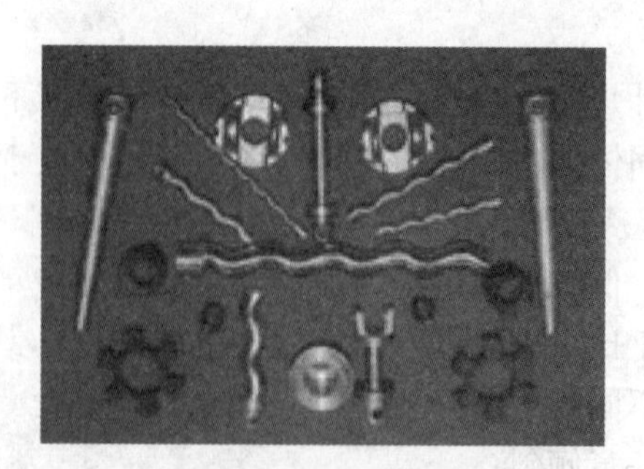

图 3-45　单螺杆泵零部件

(2)单螺杆泵的型线设计

单螺杆泵的型线均为普通内摆线(属于短幅内摆线的特例)，即单螺杆泵衬套定子端面

型线由普通内摆线外等距线构成，而螺杆转子由其共轭曲线构成。

对于单头螺杆来说，任一断面都是半径为 R 的圆，如图 3-46 所示。整个螺杆的形状可以看作由很多半径为 R 的极薄圆盘组成，不过这些圆盘的中心 O_1 以偏心距 e 绕着螺杆本身的轴线 O_2-Z，一边旋转，一边按一定的螺距 t 向前移动。

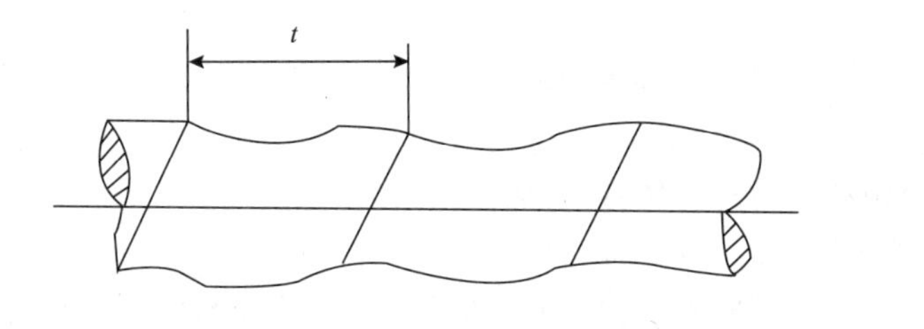

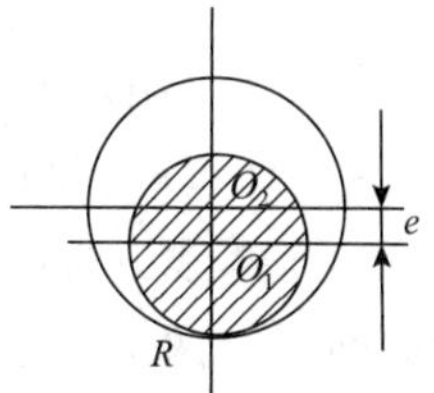

图 3-46　单螺杆泵的螺杆转子

衬套的断面轮廓是由两个半径 R(等于螺杆断面的半径)的半圆和两个长度为 $4e$。的直线段组成的长圆形，如图 3-47 所示。衬套的双线内螺旋面就是由上述断面绕衬套的轴线 $O-Z$ 旋转的同时，按定的导程 $T=2t$ 向前移动所形成的。

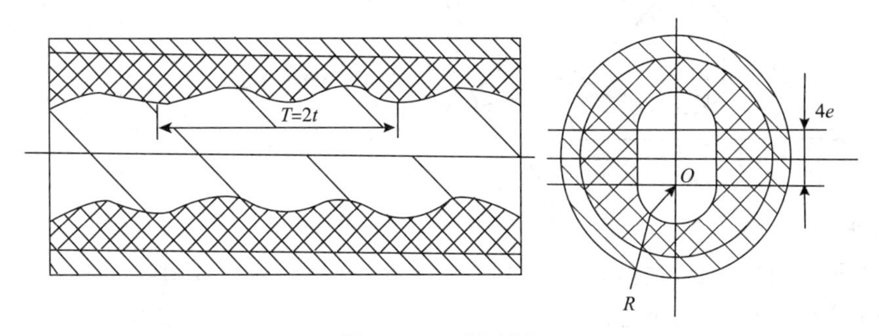

图 3-47　泵的衬套

单头单螺杆泵的螺杆实质是由普通内摆线的外等距线作为衬套型线，而与之共轭的曲线作为螺杆型线的空间共轭曲面。

①螺杆转子型线方程的建立

螺杆型线是以半径为尺的圆片沿着螺距为 t、偏心距为 e 的螺旋线连续移动所形成的轨迹，如图 3-48 所示。

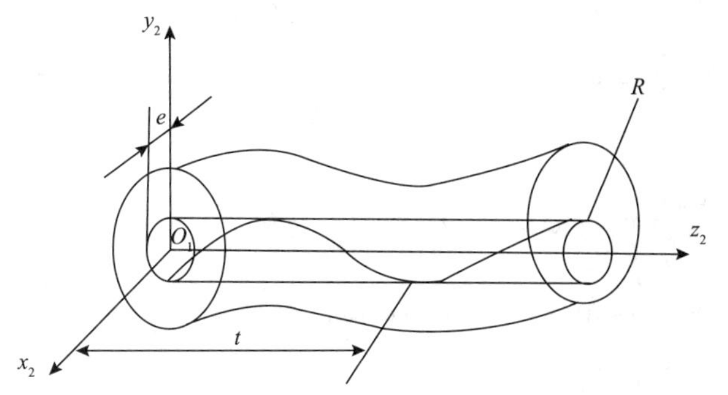

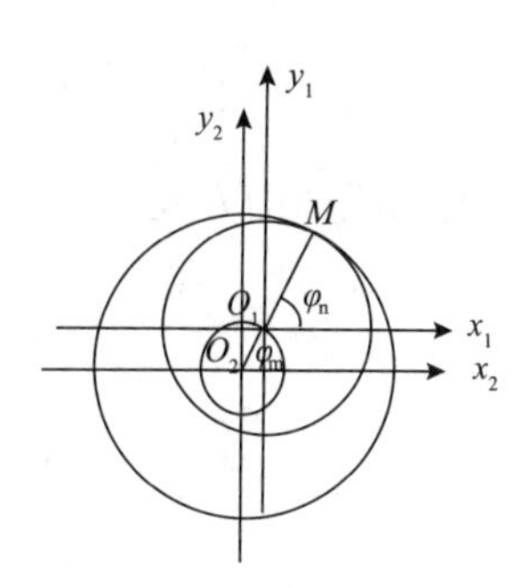

图 3-48　螺杆结构图

螺杆表面任一点 M 可表示为

$$
\begin{aligned}
x_2 &= R\cos\varphi_m + e\cos\varphi_n \\
y_2 &= R\sin\varphi_m + e\sin\varphi_n \\
z_2 &= \frac{\varphi_n}{2p}t \\
0 &\leqslant \varphi_m \leqslant 2p
\end{aligned}
\tag{3-11}
$$

式中 φ_m ——M 点相对坐标系 $x_2O_2y_2$ 的转角；

φ_n ——M 点截面圆心相对坐标系 $x_2O_2y_2$ 的转角。

②衬套定子型线方程的建立

衬套曲面是由两个半径为 R(螺杆半径)的半圆和两条长度为 $4e$ 的直线段组成的封闭对称曲线以长度为 $T=2t$ 为导程旋转形成的空间螺旋曲面，如图 3-49 所示。

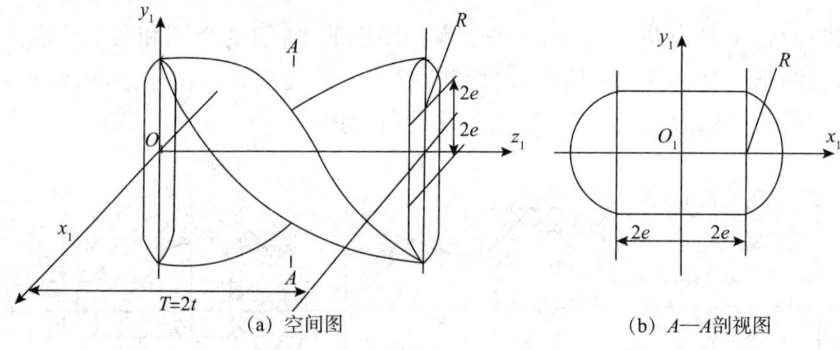

(a) 空间图　　(b) A—A剖视图

图 3-49　衬套结构图

由啮合原理可知，螺杆在衬套内绕衬套中心线作行星运动。其中心线到衬套中心的距离为 e。而定子、螺杆的转角 φ_1 和 φ_2 存在 $\varphi_1=\varphi_2$ 的关系。依据空间啮合理论，由螺杆曲面方程可求得衬套曲面方程。

半圆部分的曲面方程为：

$$
\begin{aligned}
x_1 &= e\cos(\varphi_1+\varphi_m) + e\cos\varphi_1 \\
y_1 &= R\sin(\varphi_1+\varphi_m) + e\sin(\varphi_1+\varphi_n) - e\sin\varphi_1 \\
z_1 &= \frac{\varphi_n}{2\pi}t \\
2\varphi_1 &= 2n\pi - \varphi_n \\
-\frac{\pi}{2} &\leqslant \varphi_m \leqslant \frac{\pi}{2}
\end{aligned}
\tag{3-12}
$$

直线段曲面方程为

$$
\begin{aligned}
x_1 &= \mp R\sin\frac{\varphi_n}{2} + e\cos(\varphi_1+\varphi_m) + e\cos\varphi_1 \\
x_1 &= \pm R\cos\frac{\varphi_n}{2} + e\sin(\varphi_1+\varphi_m) + e\cos\varphi_1 \\
z_1 &= \frac{\varphi_n}{2\pi}t
\end{aligned}
\tag{3-13}
$$

(3)单螺杆泵的计算

对于 1/2 型的单螺杆泵来说，其理论流量计算公式为：

$$Q_t = \frac{4eDTn}{60} \tag{3-14}$$

式中　e——螺杆的偏心距，mm；

D——螺杆断面的直径，mm，$D=2R$；

T——衬套的导程，mm，$T=2t$；

n——螺杆的转速，r/min。

单螺杆泵的实际流量为：

$$Q = Q_t \cdot \eta_v = \frac{4eDTn}{60}\eta_v \tag{3-15}$$

式中　η_v——单螺杆泵的容积效率。

可见，单螺杆泵的理论流量或实际流量与 e、D、T、n 等 4 个参数有关，其中，前三者间存在一定的函数关系。

$k = \frac{T}{D}$，$m = \frac{T}{e}$ 代入上式，换算后得：

$$D = \sqrt[3]{\frac{15mQ}{k^2 n\eta_v}}\ ;\ T = \sqrt[3]{\frac{15mkQ}{n\eta_v}}\ ;\ e = \sqrt[3]{\frac{15kQ}{m^2 n\eta_v}} \tag{3-16}$$

为了保证单螺杆泵给出一定的流量 Q，首先应确定 e、D 和 T 等 3 个参数值。因为这 3 个参数值间存在一定的比例关系，所以只要取一个参数值作为计算基础即可。一般把螺杆断面直径 D 作为计算基础，因为它受到油井直径的限制。确定螺杆断面直径以后，再计算螺杆的偏心距 e 和衬套的导程 T。

根据示流量 Q 的要求计算出 D、e 和 T 以后，再按照泵压头 H 的要求确定螺杆一衬套副的长度或衬套工作部分的长度 L。

衬套工作部分的长度工可由下式确定

$$\Delta p \cdot \frac{L}{T} = \rho g H \tag{3-17}$$

从而

$$L = \frac{\rho g H}{\Delta p}T \tag{3-18}$$

式中　ρ——液体的密度，kg/cm^3；

g——重力加速度；

Δp——衬套单个导程的压力增值。

Δp 的正确选择直接影响螺杆一衬套副的效率和寿命(对于高压单螺杆泵，排出压力在 3～7MPa，Δp 可选择在 0.5～0.7MPa)。

试验表明，单螺杆泵压力沿衬套长度的变化规律几乎成直线上升。为了满足形成一个完整的密封腔室的要求，衬套的最小长度必须大于一个导程，一般取 $L=1.25T$。增加衬套的长度(或导程数)可以显著地提高单螺杆泵的压头和效率。

为了保证单螺杆泵的有效工作，螺杆、衬套必须能够相互匹配；沿螺杆和衬套表面的接触线必须造成足够的密封性。一般是采用下述方法来达到密封目的：使螺杆的一个或几个尺寸(经常是断面尺寸)大于衬套断面的相应部分，即具有初始过盈值。当单螺杆泵工作时，在螺杆的惯性力和水力载荷作用下，橡胶衬套将产生径向变形，使螺杆在断面方向上产生位移，因而在螺杆-衬套副的一面出现间隙，另一面仍维持过盈，而且它们的大小和长度都是变化的。单螺杆的螺杆-衬套副的初始过盈值对泵的能量指标影响很大，所以设计单螺杆泵时根据原油物性和工况参数确定螺杆-衬套副的间隙或过盈值是非常重要的。

(4)椭圆形单螺杆泵的设计

常用的为1/2型线单螺杆泵，其转子截面为圆形，定子截面呈环形跑道状，这种结构决定了其振动较大，难以应用在较大流量的的潜水、潜油和深井泵，另外还存在着振动和噪音较大，效率较低、启动力矩较大、工作寿命短的缺陷。

近几年日本、美国等开发了一种新型单螺杆泵，它就是椭圆形单螺杆泵，实质是一种两头的螺杆转子与三头的定子相啮合的单螺杆泵，即2/3型线单螺杆泵。国内有进口产品，也有厂家在试制。

椭圆形单螺杆泵在结构上与传统的单螺杆泵并没有什么差别，均包括动力、万向驱动机构及泵送元件。其特别之处在于所述泵送元件为由2/3型线椭圆横截面双头螺旋螺杆的转子和具有圆角三角形横截面三头螺旋孔的定子所组成的转子—定子付；转子横截面椭圆的短、长半轴之比最佳取值范围为 $b/a=1/2\sim3/4$，转子绕定子回转偏心 $e=1/2(a-b)$。

椭圆形单螺杆泵的型线推导与1/2型的普通单螺杆泵类似，此处不加论述。

图3-50是椭圆形单螺杆泵转子-定子纵剖面图及端面图。通过与图3-46和图3-47相比较，形状差别明显。

图3-51是椭圆形单螺杆泵转子-定子在图3-50中的不同位置横截面图。

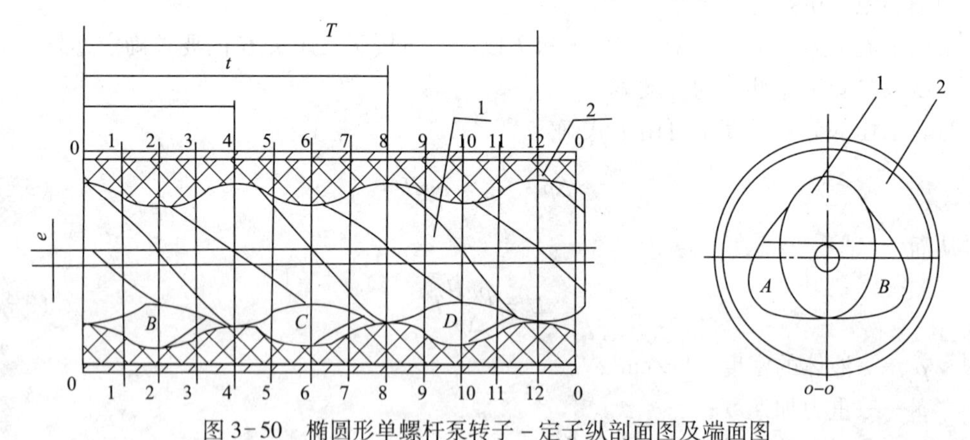

图3-50 椭圆形单螺杆泵转子-定子纵剖面图及端面图

图3-52是国内某公司开发的椭圆形单螺杆泵实物图。与普通的单螺杆泵相比，它具有以下几个最明显的优点：

①同样的尺寸下，单螺杆椭圆泵的排量是普通单螺杆泵的两倍，排量大意味着结构更加紧凑，从而完全可以逐步占领普通单螺杆泵的市场。

从原理结构上即可看出，椭圆泵螺杆转子任何截面均是关于中心对称的，因此不存在偏心问题，从而消除了径向离心力，因此运行比普通泵平稳，易损件定子的寿命更高。

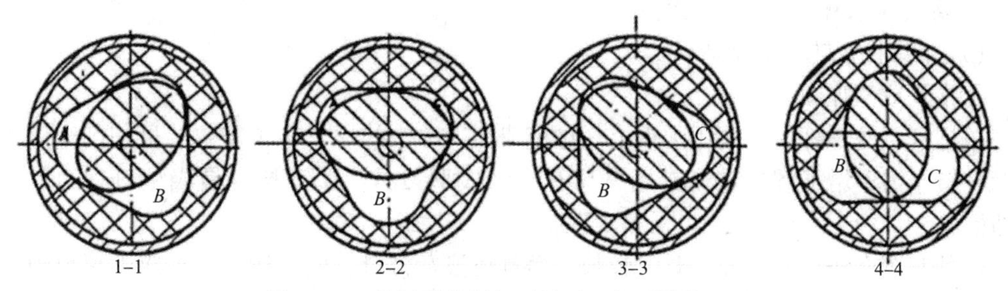

图 3-51 椭圆形单螺杆泵转子-定子横截面图

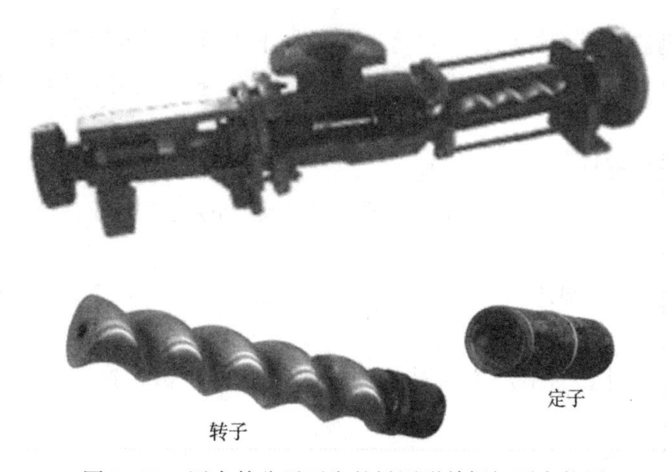

图 3-52 国内某公司开发的椭圆形单螺杆泵实物图

②由于结构上的不同，椭圆泵的排砂能力优于普通单头泵，因此可以用于输送杂质比较多的介质。

③从结构上看，椭圆泵比单头泵更能耐气体，从而可以输送更高的含气率。据报道，国外的产品可以输送高达 60% ~70% 左右的气体，从而使其完全可以取代一部分双螺杆多相混输泵和叶片式多相混输泵的市场，当作气液多相混输泵用。

④油田的原油一般含有较高含量的砂子和气体等成分，实质是一种三相介质，因此椭圆型线单螺杆多相混输泵泵比较适合在油田推广使用。

⑤经过测试，与现有的 1/2 型线圆截面单头螺杆转子单螺杆泵相比，在泵的流量、转速相等条件下，泵的振动和噪音降低近 60%，这也意味着允许较高的转速，转子的轴向推力降低近 50%，介质在泵送元件腔中的流速降低近 30%，同时因转子每转的泵送腔室由 2×3个代替了 1×2 个，从而使泵送脉动非常低，性能更稳定，启动力矩较小，工作寿命较长，

从前面的技术特点分析可以看出，由于椭圆泵具有排量大、排砂能力强以及能输送较高含气率的特点，完全可以逐步取代传统单头单螺杆泵的市场，并且还可以将其使用范围进一步扩大，比如当杂质泵、污水泵、多相混输泵使用，因此很多行业都可以使用。

3. 有关单螺杆泵的制造及发展方向

(1)单螺杆泵转子的制造

①常规成型加工法

单螺杆泵的螺杆一般采用圆钢毛坯加工成型。单头的螺杆转子需要旋风切削车床，椭圆螺杆转子需要增加螺杆转子专用铣床和设计成型刀具，关键技术是成型刀具的设计与制造。

这种制造方法，不仅加工时间较长，而且还浪费材料、成本较高、形成不理想的锻造流线，使用效果并不太好。

②圆钢热轧成型转子

如果采用圆钢热扎成型螺杆，不仅可以节约加工工时，而且还节约金属材料、降低成本，具有较理想的锻造流线。使用效果也更好。近年来，国外使用圆钢热轧成型螺杆较多。

③钢管热扎成型螺杆

采用钢管热轧成型螺杆，除具有上述圆钢热轧螺杆的优点之外，还能节约更多的金属材料，螺杆的重量比较轻。

(2)单螺杆泵衬套的制造

①常规压铸法

传统的单螺杆泵衬套的生产方法是采用压胶机进行压铸生产，并进硫化炉进行后续处理。

②多种橡胶材料衬套

世界各地区油井石油成分与伴随物不同，有时含有各种强腐蚀介质。为了更好地发挥螺杆泵的效能，要求用多种橡胶配方制造衬套，以确保螺杆泵采油系统的足够使用寿命。国外在订购螺杆泵采油系统时，制造商要求用户提供当地油井的油样，根据油样化验的石油成分和含有的腐蚀介质，来选择相应的衬套橡胶材料的配方，以确保螺杆泵的使用寿命。国外不允许在不了解油井石油成分和伴生物、腐蚀介质的使用情况下，乱用螺杆泵。这也是防止螺杆泵过早破坏的一种主要措施，因为橡胶材料配方使用不当，将会使螺杆泵过早失效，使橡胶衬套将会发生烂胶、脱胶等现象，所以近些年来，国外生产螺杆泵的公司，都有多种橡胶材料配方衬套，以适应各种腐蚀油井开采石油的需要，以确保应有的使用寿命。

③新型螺杆泵衬套

美国 Weatherford 公司正在研制与试验一种壁厚均匀的橡胶衬套技术。该技术在提高螺杆泵的耐久性、可靠性和灵活性方面前景可观。

生产常规螺杆泵衬套时，橡胶注入在厚壁钢管中，形成一个双内螺旋。这种结构曾被认为是生产衬套最经济的方法。但在螺旋最宽的部分，热量容易聚集，有可能导致衬套过早失效。而这种壁厚均匀的新型橡胶衬套具有多种特点。

良好的散热特性——橡胶在较低温度下运行，具有更好的机械性能，且衬套橡胶件因应力或磨损造成的损坏也较少。

均匀的橡胶膨胀——由于橡胶厚度均匀，橡胶膨胀时也很均匀。因此，在用于腐蚀性环境时，更便于选择合适的螺杆尺寸。

较宽的适用范围—可用于含较高浓度芳香族化合物、CO_2 和 H_2S 的井以及高温井中。

该系统额定压力较高。常规的螺杆泵依靠螺杆和衬套间的过盈配合产生密封，而壁厚均匀的衬套与螺杆间的过盈配合量小，能更好地配合，因此泵能承受较大的压力，这就意味着泵可以设计得更短。

④高寿命螺杆泵衬套

橡胶衬套长期在石油中工作，一般均在不同程度上发生膨胀现象。根据这种现象，国外有人设想用一种特殊的橡胶材料制造衬套，使其工作的磨损量等于膨胀量，这样可永葆过盈量0.2～0.5mm，实现高寿命、高效、高排量。该项研究工作得到了一定进展，但是尚未获得满意效果，未推广使用。

(3)衬套与螺杆之间的配合关系

常规螺杆泵一般均采用碳素钢制造螺杆，并于表面镀铬或不锈钢材料。采用丁氰橡胶制造衬套。螺杆与衬套之间依靠过盈配合来保证螺杆泵的排量与效果。如果过盈量较大，不仅消耗的摩擦阻力增大，增加动力消耗；如果过盈较小，将会增加液体的漏失量，达不到螺杆泵应有的排量、降低泵效，严重时出现不能抽油现象。所以正确合理地选用螺杆与衬套之间的过盈配合是保证螺杆泵排量和泵效的一个关键问题。法国 Emip 公司制造的螺杆泵，推荐过盈量为0.2～0.5mm，对于开采稠油、扬程较低的工况，应取较小的过盈量；对于开采稀油、扬程较高的工况，应取较大的过盈量。经过现场实践证明是合适的。

此外，对螺杆泵的试验研究结果可知，常规螺杆泵排出端每级螺杆承受的压差要比吸入端每级螺杆承受的压差大，这是不理想的状态。为了改善螺杆泵这种状况，使每级螺杆承受的压差接近相等，国外有的公司加大了排出端过盈量、减小了吸入端的过盈量，这样可以使每级螺杆压差大致相等，大大改善了螺杆泵的工作条件。有两种方法可以实现这种改进，一种是将螺杆制造成排出端直径大、吸入端直径小的锥形螺杆与圆柱形衬套内孔相配合；另一种将衬套制造成排出端小、吸入端大的锥形内表面衬套，与圆柱形螺杆外表面相配合。

(4)金属衬套、塑料螺杆螺杆泵

常规螺杆泵，衬套是易损件，需要更换时，必须起下油管，是很不方便的。为了消除这个缺点，国外有的公司提出了采用金属衬套、塑料螺杆螺杆泵。螺杆是易损件，当需要更换时，只需要起下抽油杆就可以更换螺杆，不需要起完抽油杆后，再起下油管作业。此外，由于塑料比橡胶具有更好的耐腐蚀、耐磨损性能，还会增加螺杆泵的使用寿命。

4. 单螺杆泵地面油气混输应用

根据河南油田第二采油厂的现场试验及运行数据初步分析确认，进液率在不小于5%，单螺杆泵就能正常工作。5%的液体就能把转子与定子相对运动产生的摩擦热量带走，也能对转子和定子啮合面起到润滑作用，确保螺杆泵正常运行。

下面介绍单螺杆泵混输流程设计时应注意的问题。

(1)液相介质的连续供给

在油井原油生产中其生产状态很不稳定，在一段时间内有可能气体含量高，而另一段时间内液体含量高，所以在使用单螺杆泵做油气混输时，为了防止泵在输送油气混合物的过程中，气体段塞流造成定子因摩擦产生的热量使定子橡胶温度升高，橡胶老化，降低定子的使用寿命，介质在进入单螺杆泵腔时尽量使原油中的液体与气体均匀混合，保证液体介质对泵的连续供给。同时开动油田区块中的多口油井，让油井的油气相互补充，使进入单螺杆泵的介质尽量均匀。

泵前管路中增设缓冲罐，在缓冲罐里储存一定量的原油，并用一套限流装置给多相混输泵供给一定量的原油。这样无论油井含气量如何变动，都可保证最低进液率，使多相混输泵能够正常工作。在输油管路上增设的限流装置，其流量应为多相混输泵流量 1/20 的定量泵，用单螺杆泵效果会更好，使用时应同时控制启停。

泵后管路中增设回油罐，用限流装置把罐中的部分液体反回到多相混输泵入口，保证进泵油气的进液率，使多相混输泵能够正常工作。限流装置可用节流阀控制流量，也可用单螺杆泵控制流量。

当输送流量较大，采用多台泵并联输送时，必须注意吸入管路的对称布置，保证使进入单螺杆泵的介质尽量均匀分配，防止偏流。

(2)串连运行

当输送距离较远、泵压力较高时，可采用多台串联运行。由于气体的可压缩性，各级泵流量要根据油气比、汇管压力、混输管线压力、各泵之间的压力分配综合考虑。为了各级泵都能协调正常工作，必须要以各采压点的压力自动调节泵的转速，调节泵的流量，达到高压油气混输的目的。

(3)多相混输泵的承压

由于在混输系统里，多相混输泵吸入室不仅仅承受油井采油管路回压，可能还要承受出口压力或前一级泵的压力，如图 3-53 所示。当输送由管线输送切换为多相混输泵输送，或由多相混输泵输送切换为管线直输，在阀门切换时，泵的吸入端和排出端都承受油气混输管线压力。因此吸入室必须能够有足够的承压能力，通常要能承受排出端的压力。

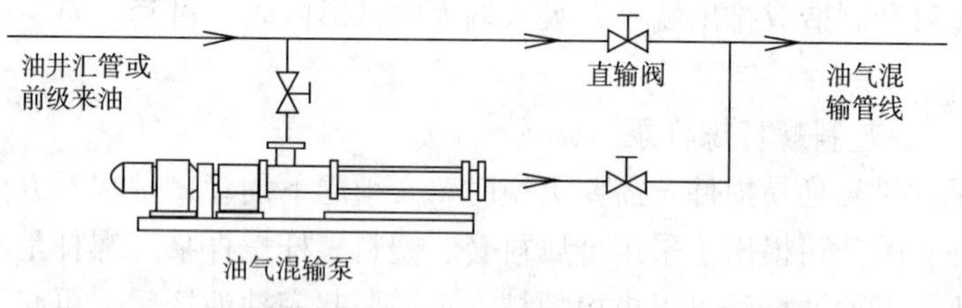

图 3-53 管线直输与混输切换示意图

(4)多相混输泵的防反转

多相混输泵在流程系统里运行后，泵进出管线之间产生一定的压差。当停泵阀门未关闭时，有可能泵发生倒转现象。由于油气混输中流体大部分是气体，流动阻力较小，流动速度快，会使泵反转超过额定转速，发生飞车现象，容易发生事故。在设计流程时，应采取相应措施，防止发生这种现象。可以在泵出口管路上安装逆止阀，防止流体反向流动，这种方法最简单实用可靠；也可选用附带制动装置的电动机。

(5)防止单螺杆泵超压运行

一般单螺杆泵输送介质的性质、状态都比较复杂，在管路里可能造成堵塞。因单螺杆泵是容积式类型的泵，当发生堵塞或人为操作失误时，会造成泵的超压，很容易损坏其零部件。为了防止泵的损坏，必须在泵的排出管到吸入管之间安装安全阀。也可在出口管线安装压力继电器，在泵超过额定压力时自动报警停泵。

图3-54是油田用单螺杆泵油气混输的应用流程示例。在该混输系统中，两台泵并联，管路对称布置；进口管线的压力变送信号送至电控柜，通过变频器调节泵排量实现泵入口恒压控制；泵出口压力继电器信号送至电控柜实现超压力自动报警、自动停泵；泵出口单流阀起到防止介质倒流和多相混输泵反转的作用。泵前确保泵的不间断供液，分离罐起到缓冲作用，分离的天然气也可用作加热炉燃料。

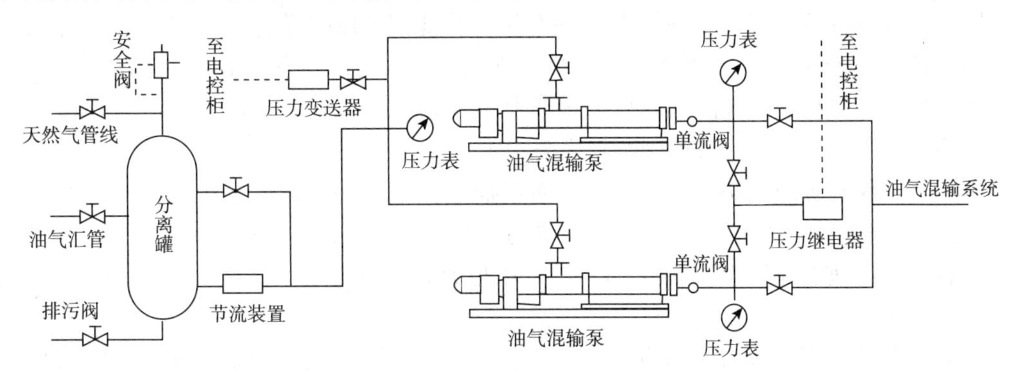

图3-54　油田地面用单螺杆泵油气混输工艺流程图

在实际设计单螺杆泵油气混输流程时，须根据油区的具体情况，综合分析油气混输量、油气产量、油气比、采油回压、输送距离等诸多因素，多方面的调查研究，多方案的对比分析，选择合适的多相混输泵型，制定出合理的流程布局，才能实现油气混输安全、科学、可靠、经济的运行。

5. 有关国内外单螺杆(混输)泵产品发展情况

(1)国外情况

1930年法国的莫伊诺获得有关螺杆泵的第一个专利，1931~1934年法国、美国开始试制用于管道液体输送的螺杆泵。20世纪70年代初，苏联、美国、加拿大等国在螺杆泵采油方面有了较大发展。

20世纪50年代，螺杆泵原理被应用于水力电动机，这是反用螺杆泵的功能，这种装置不是泵抽流体，而是用流体驱动它转动，用钻井液或其他流体驱动螺杆泵转子，它变成了钻井原动机。80年代初，螺杆泵被用于石油工业的人工举升设备，作为一种代替常规举升工艺的替代技术推向市场，这就是地面驱动单螺杆泵采油技术的起源。

目前，国外研制和应用单螺杆泵采油的国家主要有俄罗斯、美国、法国和加拿大等。地面驱动螺杆泵的使用率在加拿大已达到全部油井总数的10%，在美国也超过了7%。有权威人士预言，地面驱动螺杆泵将在中浅井油田和低产油田普遍取代常规抽油机，而成为主要的机械采油设备。法国PCM：Pumpes公司、美国Baker Hughes Centrilift公司、Schlumberger Reda Pump公司、Weatherford International Artificial Lift Systems(ALS)公司、Robbins & Myers公司(下属Energy Systems、Moyno Inc. 等)、加拿大Corod和Griffin以及Kudulndllstries公司(与法国PCM Pumps公司合作)都可称为生产地面驱动螺杆泵的全球大企业。

加拿大约40%的稠油井使用螺杆泵采油；印度尼西亚的Melibur油田从1990年开始用螺杆泵代替电潜泵采油35口，泵挂深度1220m，最大排量318m^3/d；在阿根廷，使用螺杆泵的最高井温达到127℃

(2)国内情况

在用于混输方面，石油大学(华东)开始开发螺杆式油气多相混输泵比较早。上个世纪，接受胜利油田的任务委托，为降低井口回压、增加原油产量，设计了大排量(1000)单螺杆油气多相混输泵HSB1000/10型，由胜利油田总机械厂制造。于1984年底试制了5台，厂内运转通过后即交付现场使用，1985年一季度，又按图样制造了400台，以后又生产了一定批量。HSB1000/10型多相混输泵在胜利油田的增产中发挥了一定作用。

现在单螺杆多相混输泵的国内厂家主要是天津市工业泵厂、重庆大学明珠机电公司、北京石油机械厂、大港中成机械制造有限公司等。

近年来，我国研制成功用地面驱动头通过抽油杆带动井下螺杆泵采油的成套容积泵，其特点是钢材耗量低，安装简便，在出砂量高的井可正常工作。目前投入正常生产的有20个系列品种，其理论排量3～300m^3/d，最大扬程500～2000m，海上应用较普遍，在陆上中深井逐步推广。

截至2005年年底，大庆油田推广螺杆泵采油技术，在用螺杆泵高含水井1031口，在用聚驱螺杆泵采油井499口，用井总数超过3000口，同抽油机相比，单井可节约投资25.5%，系统效率提高10.1个百分点，节电27.9%；胜利油田在223口长期停产的稠油地产井、出砂严重的油井和丛式井中应用地面驱动螺杆泵采油，累计增产原油14.1×10^4t，使100多口停产井恢复了正常生产；辽河油田锦州采油厂近两年先后有92口油井采用螺杆泵生产，平均延长检泵周期64d；冀东油田高104－5区块共推广应用螺杆泵53井次，日产油由279t，上升到634t，累计增油5400多t。

第四章　基于数值模拟计算方法对螺旋轴流式油气多相混输泵的机理探讨

螺旋轴流式（Helico－Axial）多相混输泵，又称为旋转动力式（Rotadynamic）多相混输泵。

本章先采用采用分段不可压模型，来流无旋 、对称、三维有势、边界元进行数值模拟计算，又采用分段可压模型进行数值模拟计算。

目前国外多相混输泵技术已经很成熟，在浅海、深海、沙漠、严寒油气田都有成功经验和效益。我国油田的规模没有国外大，加之油品物性多易凝高蜡，井口压力波动大又多砂，所以适合于我国国情的螺旋轴流式多相混输泵有其特殊性，不能照搬国外的。由于国外的技术保护和信息封锁，我们所能获得的有价值的资料很少，而引进一台螺旋轴流式多相混输泵，又需要巨大资金，如果要仿制又会侵犯知识产权，因此要加紧对适合我国国情的多相混输泵进行研究，以设计制造出适合我国油田现场的油气多相混输泵。

研究的项目包括：选择什么型式的叶型？设计时主要的几何参数如何确定？性能上如何提高含气率和效率？运行时如何保持稳定？等技术难题，尤其是在没有样机，没有现成设计方法的情况下，一切都要从机理上进行探索。

数值模拟计算方法目前是学术界应用非常广泛的手段之一，被高校和研究部门广泛应用。其优点是可以减少样机设计制造的盲目性，可以提供初步的优化设计参数和各种基础数据，减少样机制造试验的时间和次数以及费用等。但是数值模拟计算是缺点是由于物理模型的假设、边界条件的确定、数学方法的选择、计算精度收敛次数等都要简化，否则计算极其困难，甚至无法求解。由于这一系列简化，必然导致还不能替代设计经验和试验验证。我们也是基于数值模拟计算的优点，利用它进行先期的探索。

第一节　叶型的选择

螺旋轴流式油气多相混输泵的关键技术上的难点是由于多相混输泵存在气液两相流，机组必须兼顾泵与压缩机两者的性能，即必须设法使气液两相在叶叶、导叶等过流部件中流动、增速和增压时不发生相态分离，气液两相保持均态，气体以小气泡流态跟随液相从吸入口到出口始终保持不发生相态分离，更应避免发生分层流或段塞流，防止泵性能不稳定。

法国石油研究院（IFP）研究人员 Chistian Bratu 和德国 Kaiserslautern 教授 D－H Hellman 教授分别提出一些探索思路，但是可能因为属于核心技术，仅仅报道了简要的思路。

Chistian 和 Hellman 都认为应该在多相混输泵内防止气液两相分离的发生，力争气泡跟随液体均匀地流过叶轮并得到增压。

为了判断相态是否发生分离，两位学者提出了各自的判断准则，Chistian 提出用弗劳德数来判断，当保持泵内流态的弗劳德数大于 2 时，流态为气泡流动，如果弗劳德数小于 2，则流态为分层流动。而 Hellman 则提出用韦伯数来判断流态，并据此提出保持气泡不会被破灭的最大气泡直径 d_{Gmax} 的概念，也就是说若泵内流态超过临界韦伯数，则会产生气液两相分离，或者换一个表达，泵内气泡的直径在任何时刻都小于最大临界气泡直径时可以保持相态不分离。

有关弗劳德数(Fr)的计算式简化如下：

$$Fr = \frac{\rho_G V_G^{\ 2}}{T(C-R-B)}$$

式中 ρ_G ——气相密度，kg/m^3；

V_G ——气相流速，m/s；

T——气层厚度，m；

C——哥氏加速度，m/s^2

R——离心加速度，m/s^2

B——叶轮叶片曲率半径引起的加速度，m/s^2。

我们在研究计算中发现，要确切求算叶轮中从进口到出口，从吸力面到压力面，在不同含气率、不同的转速、不同的油相与气相物性、不同的初始气泡直径等变工况下的 Fr，相当繁琐，所以并不方便于工程实用。

有关临界韦伯数与临界最大气泡直径的计算式如下：

$$We_{临界} = \left[\frac{\rho W r^2 d_{Gmax}}{\sigma}\right]$$

$$d_{Gmax} = \frac{8\sigma}{C_{wl}\rho_L W_r^2}, \mathrm{m}$$

同样，如果想求得在叶轮中不同空间、不同物性、不同工况下的韦伯数与临界最大气泡直径，相当繁琐，因此也并不方便于工程实用。

韦伯数或弗劳德数判断气液分离的研究，虽然在工程上使用不方便，但是对于大学或研究院 ，还是一个很好思路。Chistian 和 Hellman 从气泡受力分析，研究气泡破裂或聚合等理论，提出无论临界韦伯数或弗劳德数都可以作为气泡稳定性判断的依据。

回到具体泵的叶型选择上来，采用目前见到的锥形叶轮图片进行受力分析，进而决定采用什么样的叶型，而从理论上讨论气液两相分离过程中叶轮内部的受力情况，正是叶轮受力分析的重要组成部分，因此下面将对在此状态下的叶轮进行受力分析，并做详细的阐述。

研究表明，泵在输送气液多相混合介质时，气泡的运动状态对泵的性能有很大影响，随着气泡聚集状态的不同可能导致泵内气液两相分离过程的发生，相态分离的发生，将形成能头损失，是导致旋转动力式多相混输泵效率和性能下降的主要原因，因而需要搞清泵

内相态分离发生的机理及影响因素。

泵内气液两相间的相态分离过程，微观上表现为分散在连续流体中的气泡在周围流体的作用下，不断生长、碰撞乃至聚合的过程；宏观上表现为气液两相流体由均匀的扩散流向分层流的转变过程，本节将从这两个方面入手，分析泵内气液两相分离过程。

由以上分析得知：一是径流泵中旋转数 R_o 的真实值范围为 0～0.5，所以径流泵中过流部件处于较大的压力梯度下，与之相比轴流泵较为适合两相输送。二是旋转动力式泵内气液两相在垂直于流动方向的分离与叶轮的旋转角速度和流道曲率半径有关。三是轴流泵垂直于流动方向的分离主要与流道曲率半径有关，当曲率半径 R 足够大时，可以在一定程度上减少气液两相流动在该方向上的分离。

流动方向的分离能量势：

气液在流动方向 s 上的相态分离可由两相的压力梯度差来衡量，当 $\frac{\partial}{\partial s}\left(\frac{U_f^2}{2}-\frac{W_f^2}{2}\right) \gg \frac{\rho_G \partial}{\rho_f \partial s}\left(\frac{U_G^2}{2}-\frac{W_G^2}{2}\right)$ 时，可以表示为式(4-1)：

$$\psi_{sep,s} = \left\{\frac{L}{\rho_f}\left[\left(\frac{\partial P}{\partial s}\right)_f - \left(\frac{\partial P}{\partial s}\right)_G\right]\right\} / W_f^2 = \frac{L}{W_f^2}\frac{\partial}{\partial s}\left(\frac{U_f^2}{2}-\frac{W_f^2}{2}\right) \tag{4-1}$$

由于轴流泵沿流动方向直径变化很小，与径流泵相比，在流动方向上的分离程度较小，但在这个方向的分离是很难避免的。

对叶轮内部相态分离的研究表明：泵内气液两相流动状态可能是分层流或扩散流，气泡的聚合作用在从扩散流向分层流的转化过程中起关键作用，是导致相态分离的主要原因。气液两相间的压力梯度差可以用来衡量气泡相对运动的能量势，它决定了相态分离程度的大小。与径流泵相比，轴流泵中的压力梯度较小，因而其能量势也较小，故不易出现相态分离。

其次，用比扬程分析方法来分析各种类型的泵在多相输送时的性能并比较结果。

式(4－2)可以用来简单地比较各种类型的泵在多相输送时的性能，它是 Furuya 提出的比扬程 h/α_N^2 公式。

$$\begin{aligned} h &= \frac{H_m}{H_f} \\ H_m &= \frac{DP_m}{\rho_m} \\ H_f &= \frac{DP_f}{\rho_f} \\ \alpha_m &= \frac{n}{n_0} \end{aligned} \tag{4-2}$$

式中　DP_m——多相压差；

DP_f——同一转速下液体压差；

ρ_m——混合物密度：

n、n_0——泵轴转速。

当泵输介质为气液两相混合介质时，在叶轮内任意空间点，如果气液两相具有相同的压力梯度，则流动就不会发生分离，事实上由于气液两相具有不同物性和速度，这一点几乎不可能达到。同时两相将具有不同的压力梯度，气泡存在相对运动的能量势，从这个角度来看，可以用空间某点两相间压力梯度差来衡量相态分离程度的大小。基于这一点，国外学者对比分析了径流式、轴流式这两种典型的旋转动力式泵内部气液两相分离的情况。显然比扬程是无量纲的，采用比扬程的分析方法对各种泵在气液两相输送条件下的性能进行分析，结果如图 4-1 所示。从图中可以看到轴流泵较为适合两相输送，而螺旋轴流式多相混输泵又是其中性能最好的一种，所以它代表目前旋转动力式多相混输泵发展的主流方向，海神泵就是很好的证明，并且肯定离心式叶型不适合于油气多相混输泵的设计。

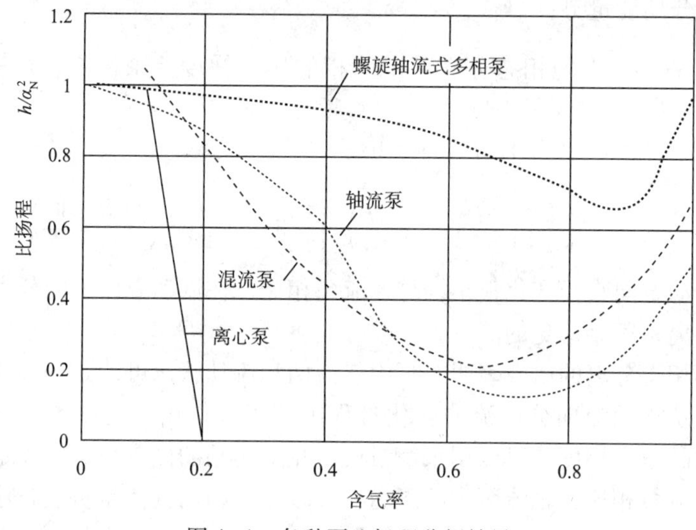

图 4-1　各种泵比扬程分析结果

根据以上分析表明，螺旋轴流式叶轮比较适合混输油气两相流，因此采用这种型式的叶轮，而混流式轴流式尤其离心式都不适合多相流的混输，因此选择螺旋轴流式叶型作为研究的对象。

第二节　气液两相泵内分段不可压流态数值模拟

在选定叶型后，必须对影响这种叶型性能的各种参数进行分析。如果不预先分析这些参数而直接制造样机进行性能的对比，不仅在几何参数的选择上有很大的盲目性，而且样机制造、试验时间和经费会耗费巨大，研究周期也会相应的加长。为此必须采用现有的流体力学计算软件，对气液两相泵内流态进行数值模拟，这是目前前期研究探索阶段很有效的手段，广泛被大学和研究院采用。

数值模拟计算前，需要对叶型的物理模型假设、叶型几何上网格划分、边界条件、数学计算方法的选择、计算精度和收敛系数等进行考虑。

1. 数值模拟求解内容

在数值模拟计算中的重点是求解叶轮各个部位，从入口到出口，从吸力面到压力面，流体的运动轨迹、流速分布、压力和压力梯度的变化、含气率变化规律、不同的冲角对流态的影响，以及考虑气体可压性后最佳液流角的选择等。

我们提出有关叶型设计的主要参数选取后，在数值模拟计算得出结果后，再用相同的数值计算的方法反算法国石油研究院 IFP 叶型性能参数几何尺寸，进行对比分析，判断我们假设和计算的可靠性，最后进行样机优化设计。

2. 物理模型的假设

(1)气液两相流体的流动模型的发展

气液两相流体的流动模型主要经历了均相流模型——漂移流模型——双流体模型的逐步发展。均相流模型简单的将气液两相流看作是均匀的混合物，忽略了两相之间相互作用的许多重要影响，求解结果存在较大的误差。漂移流模型是在均相流模型的基础上，用漂移速度来定义两相之间的相对速度，考虑了流动分布不均匀和相分布不均匀的影响，这一模型由于简单、物理概念清晰，且比较成熟，加之在许多单相流体的研究方法中也可以应用，以及此模型的精度在工程上可以满足要求，因而在工程实际中已应用较多。双流体模型是将气液两相流体单独处理，均看作为连续介质，把两相界面看作为一个运动的边界，同时考虑两相之间的相互作用，这一模型的计算精度较高，不过控制方程多，导致计算时间长且计算结果不易收敛，但随着计算机技术的飞速发展，它逐渐成为目前气液两相流动数值计算的趋向。

(2)湍流模型

对气液两相流动的特性研究的过程中，还有重要的一步就是选择合适的湍流模型并进行数值模拟。

湍流又称紊流，是流体力学中的一个术语，是指流体从一种稳定状态向另一种稳定状态变化过程中的一种无序状态，具体是指流体流动时各质点间的惯性力占主要地位，流体各质点不规则地流动，速度、压强等物理量在时间和空间中发生脉动的流体运动。

早在 20 世纪 80 年代，我们开始借鉴多相流中湍流现象的识别问题进行研究。对于多相流，定性区分湍流类型如下几个类型：雷诺湍流、界面湍流、变形湍流、密集湍流。所谓雷诺湍流，就像在单相流中一样，湍流强度是由波动速度定义的，但别的影响需要加强；界面湍流，是由于在界面上的表面张力不同，当有质量交换时产生；变形湍流是由于气泡的随机运动诱导的；而密集湍流，是由于考虑颗粒或气泡之间的相互作用定义的。

在选择湍流模型都时候我们为了考虑下游的影响，引入湍流量传输方程的湍流模型，包括有一方程模型、两方程模型、$k-\varepsilon$ 模型和 $k-\omega$ 模型。

①一方程模型：该模型不认为湍流黏性系数是常数，代之以传输方程确定它的局部值，因为确定湍流黏性系数最合理的是湍流运动的局部动能 k，所以引入一个确定的 k 传输方程，以此作为传输方程确定湍流黏性系数。

②两方程模型：在这种模型中，描述最大涡大小的长度尺度也是受传输方程的约束的，因为在一个网格产生的涡向下游传输时，它的大小和其初始大小是相关的。但是，对于长度尺度本身的传输方程并不多见，而对于其他量，如湍流耗散将被传输。

③$k-\varepsilon$ 模型：是指湍流动能——湍流耗散模型。这里，不仅湍流动能 k 被传输，并且湍流耗散 ε 也被传输。这是由于涡的大小强烈的依赖于耗散，耗散消灭了最小的涡从而有效的增大了涡的平均大小。即使只能处理各向同性的湍流，$k-\varepsilon$ 模型仍然是迄今为止应用最广的模型，此模型在多相流中非常通用并获得普及。作为两流体模型，它在计算中引入两个附加的传输方程，一个计算湍流动能，另一个计算湍流耗散率。根据这两个变量，第三个方程用来计算湍流黏性系数。在多相流中，这些方程通常只用于连续相。

④$k-\omega$ 模型：这种模型特别适用低雷诺数的流动，它也解湍流动能 k 的传输方程，其中用湍流频率（$\omega = \varepsilon/k$）传输方程代替湍流耗散 ε 的传输方程。

为了考虑 Boussinesq 的涡黏性假设不能正确捕捉的各向异性或旋转流动，对于单独的雷诺切应力的直接求解模型也已实现，有雷诺切应力模型和代数切应力模型。

雷诺切应力模型：这些模型直接实现湍流切应力的传输方程。这些传输方程的精确形式可以从 Navier－Stokes 方程中用解析法获得。但是，这些偏微分方程又包含有许多必须由模型近似而不能直接求解的项，所以这种方法导致湍流模型有 15 个或更多的匹配参数。

代数切应力模型：在这类模型中，通过近似或忽略梯度项，将雷诺切应力模型的偏微分传输方程由代数关系代替。考虑数值效率时，这非常有意义，但只能对有限的情况给出满意的结果。

(3)泵内气液两相流动的理论分析模型

目前有关泵内气液两相流动的理论分析模型主要有：气泡轨迹模型和一维性能预测模型。

气泡轨迹模型是 Minemura 在泡状流模型的基础上，采用有限元的分析方法，假定主流场无黏、有势，通过跟踪气泡在叶轮流场中的轨迹，进行欧拉和拉格朗日坐标系的迭代，并统计得到叶轮通道内空间含气率分布；一维性能预测模型是 Furaya 在 Zaken 的基础上发展了预测气液两相流泵的理论模型，基本思想是基于一维控制容积法，将液相和气相看作均相，最后求解只与流线位置有关的方程。在叶片式泵内气液两相分离过程的研究一文中，采用 $K-\varepsilon-K_p$ 两相湍流模型计算了离心叶轮内两维气液两相湍流。

3. 叶型几何图形上网格划分

关于叶型上计算用网络划分见图 4-2。

整个数值计算的区域由两叶片间通道以及上下游延伸面所组成，如图 4-2 所示。其中 B_1 和 B_2 表示上下游来流截面，B_3 和 B_4 表示两叶片表面，B_5 和 B_6 表示两叶片在上游的延伸面，B_7 和 B_8 表示两叶片在下游的延伸面，B_9 和 B_{10} 表示轮毂和外壳表面。网络数越高越好，一般多在几百万以上。

4. 数值计算方法的选择

在多相混输技术的研究过程中，关键的一点是要了解流体机械如多相混输泵等其内部流动的运动规律。近年来，对流体机械内部流动进行数值模拟计算方法的不断推陈出新。

(1)准三元非黏性流动计算

在流体机械中无黏流动占主要地位，所以可用无黏近似来求解。基于这个原因，早在 21 世纪 40 ~ 60 年代，吴仲华院士就开始预测离心压缩机内部的无黏流动规律，曾于 1952

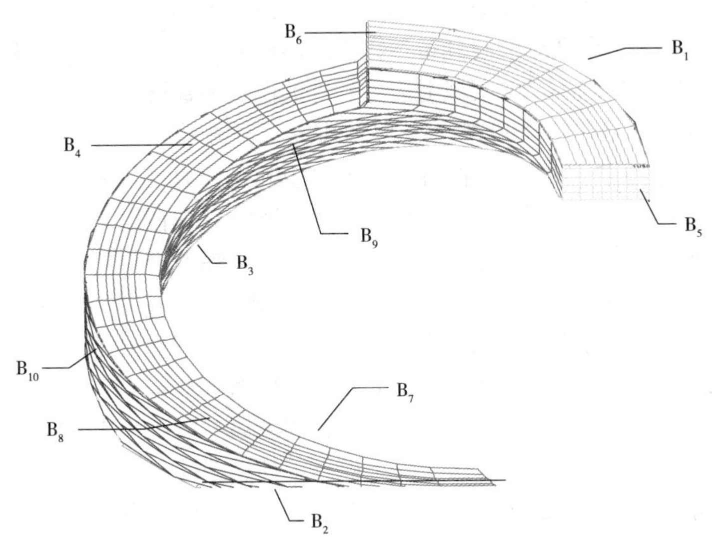

图 4-2　螺旋轴流式叶轮计算区域图

B_1、B_2—上、下游进出口截面；B_3、B_4—相邻两叶片表面；B_3 为正面；B_4 为背面；

B_5、B_6—叶片正、背面上游延伸区；B_7、B_8—叶片正、背面下游延伸区；

B_9、B_{10}—上冠、下环的固壁流面及其延伸区

年提出了 S1、S2 两流面理论，这可谓是流体机械内流计算的极为重要的里程碑，它历经 50 多年的发展至今仍在工业界广为使用。这一模型的具体思路是：把叶轮内复杂的三元流动降维为子午面和任意回转面上的两个二维流动，通过两类相对流面的迭代求解计算流体机械的内部流场。到 20 世纪 70 年代末，关于气动流体机械的 S1、S2 相对流面的无黏数值模拟已发展到相当高的水平，并陆续应用于工业设计中。进入 20 世纪 80 年代后，普遍开始应用两类相对流面理论求解流体机械内部流动问题，目前以准三元非黏性流动计算为基础的三元设计理论已进入到实用阶段。具有代表性的工作有：关于子午面和回转面非黏性流动计算的流线曲率法、有限差分法（FDM）、有限元法（FEM），奇点分布法等。但是在准三维计算中，由于采用了回转面和平均子午流面的假定，会使解的精度受到影响。

（2）考虑黏性的流动计算

其基本思想是把流场划分为不同的区域，在不同的计算区域分别考虑或略去 N－S 方程中的黏性项，主要方法有：考虑死水区的非黏性计算、以边界层理论为基础的主流－边界层组合计算。

虽然流体机械内部流动在很多情况下可处理为无黏流动或用无黏主流与边界层相互作用，不过流体的黏性对于叶轮内部的流动也具有明显的影响，其影响主要表现在固体壁面附近的一层很薄的边界层内，在边界层以外的大部分区域可忽略黏性的影响，因而三维有势流动的假设是可行的，对于亚音（中低）速的流体机械而言，势流计算可以较好地描述其内部流场，同时势流计算也可以同边界层方程迭代求解考虑黏性，因此势流计算是一种较为经济可行的有效方法。

用于求解势流问题的数值计算方法可以分为两类：区域型数值解法和边界型元法。

区域型数值解法主要是有限元方法（FEM）和有限差分法（FDM）等，这些方法的出发

点是把问题的区域划分为许多细小的单元或网格，然后把单元或网格换成等价模型，再联合起来进行全部计算，即把原来的分布参数系统问题转换为集中参数系统问题来求解，其基本思想是用全部或局部满足定义域上边界条件的函数去逼近问题的控制微分方程。

边界元法(BEM)是在综合 FEM 和经典的边界积分方程方法基础上发展起来的一种边界型数值解法，它应用有限元方法的分段插值思想和过程通过数值求解方法求解边界积分方程，并把 FEM 的离散技巧引入经典的 BEM 中，通过一个在定义域内满足控制方程的函数去逼近边界条件，将区域积分化为边界积分，并在边界上进行离散处理，在单元上考虑的函数可以按不同的形式变化，这一点与有限元大致相同，其主要特点如下：一是可以将问题的维数降低一阶，由于边界元方法只需将区域的边界分割为边界单元，使得所考虑的问题降低了一维，因此，与整个区域进行分割的区域型解法相比，具有输入数据少、计算时间短等优点；二是边界元方法只对边界离散，离散误差来源于边界，区域内任意点的相关物理量可由解析式的离散形式直接求得，提高了计算精度；三是求解时要改变内部点的数量和位置非常方便，对于那些只需给出边值的问题，其区域内的物理量可以不必进行计算，提高了计算效率；四是对自由面、无限域的问题该方法尤为适用。

经过多年的努力，边界元法在求解流体力学问题中已取得了一些进展，一般来讲，线性势流问题目前已比较好地解决，我国已有学者用边界元法成功地计算了流体机械转轮中的全三维势流计算以及势流边界层迭代求解了流体机械叶轮中的全三维黏性流动，但总的来说边界元方法在流体机械特别是水泵计算中的应用很有意义。

综上所述，采用三维有势流动的边界元法可作为数值模拟计算的方法。本书之所以采用三维有势流动的边界元法来求解水泵叶轮间的三维有势流动，主要原因有：一是三维有势流动的假设对流体机械转轮设计工况附近内部流场计算是有效的，在此基础上进行的转轮正反问题的计算也已得到实践的检验；二是边界元方法具有降维、精度高等优点；三是计算速度较快，通过两类势函数的求解迭加即可得到结果，不需迭代求解；四是边界元方法可以直接给出叶片表面边界上的压力和速度分布，对于转轮的工程优化设计具有一定意义。

不过，至今流体机械转轮内三维有势流场的理论并没有全部解决好转轮内部的三维有势流场正问题计算问题，如转轮出口边界条件及库塔条件等的处理问题。转轮出口边界条件及库塔条件的合理性和可行性还有待于深一步的研究和实践的检验。对转轮出口区域即转轮下游的流动假设归结起来有如下的三种：下游边界固定，下游环量已知，进行求解；下游边界下游环量均未知，经过迭代求解来确定；下游边界已知，下游环量未知。本书采用第三种假定，通过求解两类满足不同边界条件的势函数，从而得到满足库塔条件的解。

5. 边界条件的考虑

所谓边界条件是指在运动边界上方程组的解应该满足的条件。

对于整个计算区域，按照有势流动计算的一般假设，即绝对运动无旋、相对运动流场定常、流体不可压等等进行相关的计算。

下面给出稳定运动的、转轮内三维有势流动的边界元方程的推导。

基于转轮内绝对运动有势，引入绝对运动的速度势 Φ，即满足：

$$\vec{V} = \vec{W} + \vec{U} = \vec{W} + \vec{\omega} \times \vec{R} = \nabla\Phi \tag{4-3}$$

式中 $\vec{V}$——叶轮内流体的绝对运动速度；

$\vec{W}$——叶轮内流体的相对运动速度；

$\vec{U}$——叶轮内流体运动的圆周速度；

$\vec{\omega}$——叶轮的旋转角速度；

$\vec{R}$——某点离旋转轴线的径向距离；

Φ——势函数。

由连续性方程可得：

$$\nabla^2\Phi = \frac{\partial^2\Phi}{\partial x^2} + \frac{\partial^2\Phi}{\partial y^2} + \frac{\partial^2\Phi}{\partial z^2} = 0 \tag{4-4}$$

由运动方程式：

$$\frac{D\vec{V}}{Dt} = \frac{\partial \vec{V}}{\partial t} + \vec{V}\cdot\nabla\vec{V} \tag{4-5}$$

$$\begin{aligned}\frac{D\overline{V}}{Dt} &= \frac{\partial}{\partial t}(\overline{W} + \overline{\omega}\times\overline{R}) + (\overline{W} + \overline{\omega}\times\overline{R})\cdot\nabla(\overline{W} + \overline{\omega}\times\overline{R}) \\ &= \frac{\partial \overline{W}}{\partial t} + \frac{\partial}{\partial t}(\overline{\omega}\times\overline{R}) + \overline{W}\cdot\nabla\overline{W} + \overline{W}\cdot\nabla(\overline{\omega}\times\overline{R}) + (\overline{\omega}\times\overline{R})\cdot\nabla\overline{W} \\ &\quad + (\overline{\omega}\times\overline{R})\cdot\nabla(\overline{\omega}\times\overline{R})\end{aligned} \tag{4-6}$$

$$\overline{W}\cdot\nabla\overline{W} = \frac{\nabla\overrightarrow{W}^2}{2} - \overline{W}\times\nabla\times\overline{W} = -\frac{\nabla P}{\rho} + \vec{\omega}^2 R - 2\,\overline{\omega}\times\overline{W} \tag{4-7}$$

式中 P——静压；

ρ——流体密度。

因为：

$$\frac{W^2}{2} = \frac{(\omega R)^2}{2} + \frac{V^2}{2} - \omega R V_{\mathrm{U}} \tag{4-8}$$

则可得：

$$\frac{P}{\rho} + \frac{V^2}{2} - \omega R V_{\mathrm{U}} = 常数 \tag{4-9}$$

式中 V_{U}——绝对速度圆周分量。

至此，求解流体机械转轮内的三维势流问题转化为求解一定边界条件下的 Laplace 方程问题。

边界元方程建立的具体思路为：用边界元方法求解式(4-4)，得到叶片表面各单元的速度势函数和沿外法线方向的速度分量，然后利用式(4-9)求解边界单元的压力分布和速度分布；利用区域内任意点的积分离散方程求出内部任意点的势函数以及相应的速度分布，利用式(4-9)求出区域内任意点的压力分布和速度分布，从而得到叶轮机械内部三维速度场和压力场分布状况。

给出不同面的边界条件，为进一步分析泵内的流动情况做准备。由于边界元方法从求解边界单元上的有关问题入手，所以边界条件的确定尤为重要，对于流场势函数 Φ，给出以下边界条件：

(1)上下游进出口面 B_1、B_2

$$V_n\big|_{B_1}=\frac{\partial\Phi}{\partial n}\bigg|_{B_1}\quad \text{in}\quad B_1 \tag{4-10}$$

$$V_n\big|_{B_2}=\frac{\partial\Phi}{\partial n}\bigg|_{B_2}\quad \text{in}\quad B_2 \tag{4-11}$$

(2)叶片表面 B_3、B_4

其相对速度应满足：

$$\overline{W}\cdot\overline{n}\big|_{B_3,\ B_4}=(\overline{V}-\overline{\omega}\times\overline{r})\cdot\overline{n}\big|_{B_3,\ B_4}=0 \tag{4-12}$$

$$\frac{\partial\Phi}{\partial n}\bigg|_{B_3,\ B_4}=(\overline{\omega}\times\overline{R})\cdot\overline{n}=\omega R\sin\beta^* \tag{4-13}$$

式中　β^* ——圆周方向(U 向)和叶片切向之间的夹角。

(3)上游延伸面 B_5 和 B_6

$$\left.\begin{aligned}\Phi\left(Z,\theta_1+\frac{2\pi}{N},R\right)\bigg|_{B_5}&=\Phi(Z,\theta_1,R)\big|_{B_6}-\frac{\Gamma_{in}}{N}\\ \frac{\partial\Phi}{\partial n}\left(Z,\theta_1+\frac{2\pi}{N},R\right)\bigg|_{B_5}&=-\frac{\partial\Phi}{\partial n}(Z,\theta_1,R)\big|_{B_6}\end{aligned}\right\}\ \text{in}\quad B_5\quad B_6 \tag{4-14}$$

式中　N 为叶片数。为满足无旋条件，上游环量 Γ_{in} 应为常数。

(4)下游延伸面 B_7 和 B_8

$$\left.\begin{aligned}\Phi\left(Z,\theta_1+\frac{2\pi}{N},R\right)\bigg|_{B_7}&=\Phi(Z,\theta_1,R)\big|_{B_8}-\frac{\Gamma_{out}}{N}\\ \frac{\partial\Phi}{\partial n}\left(Z,\theta_1+\frac{2\pi}{N},R\right)\bigg|_{B_7}&=-\frac{\partial\Phi}{\partial n}(Z,\theta_1,R)\big|_{B_8}\end{aligned}\right\}\ \text{in}\quad B_7,B_8 \tag{4-15}$$

式中　Γ_{out} 为出口环量，该量未知，不同的流层具有不同的环量值。

(5)上冠 B_9 和下环 B_{10}

$$V_n\big|_{B_9,B_{10}}=\frac{\partial\Phi}{\partial n}\bigg|_{B_9,B_{10}}=0 \tag{4-16}$$

在确定的流动假设下，如何求解两类满足不同边界条件的势函数，使其满足库塔条件的解呢？我们需要对库塔条件进行处理，方法是在参考 Liu Wing – kam 等方法的基础上发展改进得到合适的处理方法。假定：

$$\Phi=\Phi_0+\sum_{i=1}^{k}\alpha_i\Phi_i \tag{4-17}$$

式中

$$\Phi_0\big|C_1D_1=0\qquad \Phi_0\big|C_2D_2=0$$

$$\Phi_i\big|C_1D_1=0\qquad \Phi_i\big|C_2D_2=1 \tag{4-18}$$

C_1D_1、C_2D_2 为第 i 个叶片出口边的正面线和背面线，式中 α_i 相当于出口环量，在叶轮出口满足库塔条件下，即可得到各 α_i。Liu 的假设应用于本文的计算区域时存在两个问题：一是出口区域的假设边界不可能正好在一个流面上，出口环量为一个变数；二是 Liu 的计算中并未计及叶片下游延伸区域。因此，需要在 Liu 的假设之上，假设在叶片出口边及其延伸区域左右两边有：

$$\begin{cases}\Phi_0\big|_R-\Phi_0\big|_L=0\\ \Phi_i\big|_R-\Phi_i\big|_L=1\end{cases} \tag{4-19}$$

这样 α_i 代表出口第 i 个区域的环量，为待求量，通过令叶片正反面对应点的速度或压力相等可以求出。B 面的边界元网格如图 4-3 所示。

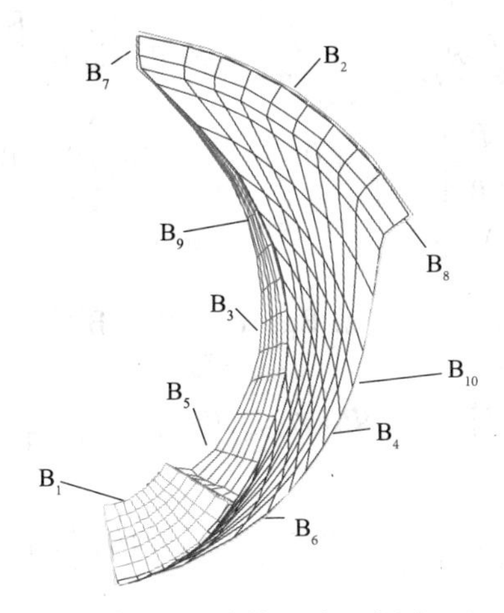

图 4-3　计算区域示意图

B_1、B_2—上、下游进出口截面；B_3、B_4—相邻两叶片表面；

B_3—正面；B_4—背面；B_5、B_6—叶片正、背面上游延伸面；

B_7、B_8—叶片正、背面下游延伸面；B_9、B_{10}—上冠、下环的固壁流面及其延伸面

i 为某一计算流层，在下式中 i 为对应出口边的计算单元节点，$i=1$，2，3，…，k。设流场势函数为：

$$\Phi = \Phi_0 + \sum_{i=1}^{k} \alpha_i \Phi_i \tag{4-20}$$

其中 Φ_0、Φ_i 满足相同的区域控制方程，但分别满足不同的边界条件，即：

$$\nabla^2 \Phi_i = 0 \qquad (i = 0, K) \qquad in \quad V \tag{4-21}$$

Φ_0、Φ_i 的边界条件分别如下：

对于 Φ_0 有：

$$V_n \big|_{B_1} = \frac{\partial \Phi_0}{\partial n}\bigg|_{B_1} \qquad \text{in} \qquad B_1 \tag{4-22}$$

$$V_n \big|_{B_2} = \frac{\partial \Phi_0}{\partial n}\bigg|_{B_2} \qquad \text{in} \qquad B_2 \tag{4-23}$$

$$\frac{\partial \Phi_0}{\partial n}\bigg|_{B_3,B_4} = (\bar{w} \times \bar{R}) \cdot \bar{n} = wR\sin\beta^* \qquad \text{in} \qquad B_3,\ B_4 \tag{4-24}$$

$$\left.\begin{aligned} \Phi_0\left(Z, \theta_1 + \frac{2\pi}{N}, R\right)\bigg|_{B_5} &= \Phi_0(Z, \theta_1, R)\big|_{B_6} - \frac{\Gamma_{in}}{N} \\ \frac{\partial \Phi_0}{\partial n}\left(Z, \theta_1 + \frac{2\pi}{N}, R\right)\bigg|_{B_5} &= -\frac{\partial \Phi_0}{\partial n}(Z, \theta_1, R)\big|_{B_6} \end{aligned}\right\} \quad \text{in} \quad B_5,\ B_6 \tag{4-25}$$

$$\left.\begin{aligned}\Phi_0\left(Z,\theta_1+\frac{2\pi}{N},R\right)\Big|_{B_7} &= \Phi_0(Z,\theta_1,R)\,|_{B_7}\\ \frac{\partial\ \Phi_0}{\partial\ n}\left(Z,\theta_1+\frac{2\pi}{N},R\right)\Big|_{B_7} &= -\frac{\partial\ \Phi_0}{\partial\ n}(Z,\theta_1,R)\,|_{B_8}\end{aligned}\right\}\quad \text{in}\quad B_7,\ B_8 \tag{4-26}$$

$$\frac{\partial\ \Phi_0}{\partial\ n}\Big|_{B_9,B_{10}} = 0 \qquad \text{in}\quad B_9,\ B_{10} \tag{4-27}$$

对于 $\Phi_i(i=1,\ 2,\ \cdots,\ k)$，有：

$$\frac{\partial\ \Phi_i}{\partial\ n}=0 \qquad \text{in } B_1,\ B_2,\ B_3,\ B_4,\ B_9,\ B_{10} \tag{4-28}$$

$$\left.\begin{aligned}\Phi_i\left(Z,\theta_1+\frac{2\pi}{N},R\right)\Big|_{B_5} &= \Phi_i(Z,\theta_1,R)\,|_{B_6}\\ \frac{\partial\ \Phi_i}{\partial\ n}\left(Z,\theta_1+\frac{2\pi}{N},R\right)\Big|_{B_5} &= -\frac{\partial\ \Phi_i}{\partial\ n}(Z,\theta_1,R)\,|_{B_6}\end{aligned}\right\}\quad \text{in}\quad B_5,\ B_6 \tag{4-29}$$

$\Phi_i|_{B7}-\Phi_i|_{B_8}=1$ 在 i 计算层

$\Phi_i|_{B_7}-\Phi_i|_{B_8}=0$ 在非 i 计算层　　　　in　B_7，B_8

$$\frac{\partial\ \Phi_i}{\partial\ n}\left(Z,\theta_1+\frac{2\pi}{n},R\right)\Big|_{B_7} = -\frac{\partial\ \Phi_i}{\partial\ n}(Z,\theta_1,R)\Big|_{B_8} \tag{4-30}$$

经过前一部分的边界元离散处理，可以得到关于两类势函数的边界元方程：

$$[H]\{\Phi_0\} = [G]\{q_0\} \tag{4-31}$$

$$[H]\{\Phi_i\} = [G]\{q_i\} \tag{4-32}$$

分别解这两类方程得到 Φ_0，Φ_i。最终求得的 Φ 应满足库塔条件，即：$\vec{V}|_L=\vec{V}|_R$。

实际转轮内的流动是三维的，理论上应使叶片正背面对应点的所有方向的速度都相等，这在数值处理上存在一定困难。本文参考一般的处理方式，假设转轮出口边沿近似流线切线方向为其主流方向，因此认为出口边沿近似流线的切线速度相等即满足库塔条件。即：

$$\begin{gathered}\frac{\partial\ \Phi}{\partial\ s}\Big|_L = \frac{\partial\ \Phi}{\partial\ s}\Big|_R\\ \left(\frac{\partial\ \Phi_0}{\partial\ s}+\sum_{i=1}^{k}\alpha_i\Phi_i\right)\Big|_L = \left(\frac{\partial\ \Phi_0}{\partial\ s}+\sum_{i=1}^{k}\alpha_i\Phi_i\right)\Big|_R\end{gathered} \tag{4-33}$$

式中，s 为出口主流方向。利用库塔条件，连立 K 个方程求得 α_i。由计算结果看：采用上述方法得到的 Φ_i 通常比 Φ_0 小几个数量级，通过式(4-20)中两类势函数的求解迭加得到 Φ，这样得到的势函数 Φ 基本满足库塔条件。

6. 计算精度与收敛系数的考虑

在数值模拟计算中，首先需要建立物理模型，假设诸如流态不随时间变动，即定常，又如是稳定均匀流动的，是轴对称流动等等。而后对叶轮或导轮几何模型进行网格划分一般越是精密则计算越精确，对于多相混输泵叶轮导轮流场网格大概为 500 万。定常计算中的一个算例的迭代步数大概需要大于 5000 步。对于非定常计算，时间步长一般设置要小于 10^{-4}s，如果模拟实际运行 1s 的情况，就需要迭代 10000 个时间步长。

期间该需要选择合适的计算方法诸如边界元等。模型并输入所需的参数进行计算，使得计算收敛，可得收敛系数和数值模拟结果，此时计算步长越短，则计算精度越高；若计算发散，则需调整部分输入参数，比如网格参数、属性参数等，或者更改计算步长或迭代次数，以使得计算满足收敛要求，从而得到收敛系数和数值模拟结果。

7. 数值模拟计算结果及其分析

(1)从叶片压力面和吸力面上的状态分析

以多相混输泵单级叶轮单通道流场为计算模型，对转速等于4500r/min，流量为$60m^3/h$，对纯液相以及含气率从10%～80%等8个工况进行了数值模拟，模拟出多相混输泵在不同含气率工况下的湍流流场，通过压力、流量以及含气率等流场分布情况，检验其叶轮几何参数设计的合理性。

从相对速度分布、静压力分布、密度分布三个方面分别介绍：

①相对速度分布

由图4-4可以看出，从叶轮入口到出口，相对速度变化均匀，无明显突变，整个流动方向基本与叶片相切，只在叶片出口处存在少量径向速度，这种情况不易造成径向分离，对于两相输送是十分有利的。由叶片吸力面的相对速度分布分析得在吸力面的出口靠近轮毂部位，存在少量的相对速度反向情况，说明这里存在有一定的气液分离情况。

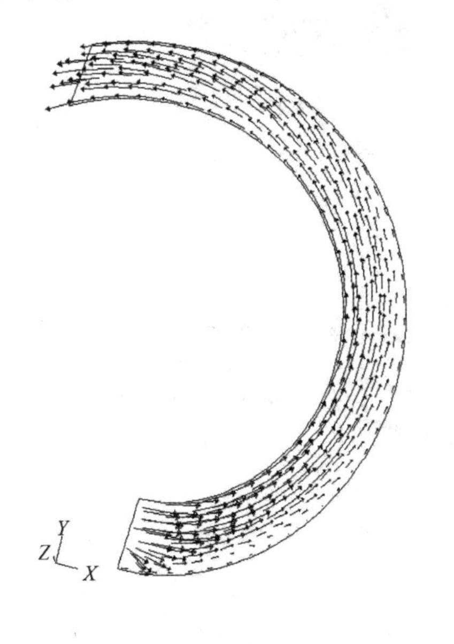

(a)叶片压力面液体相对速度矢量

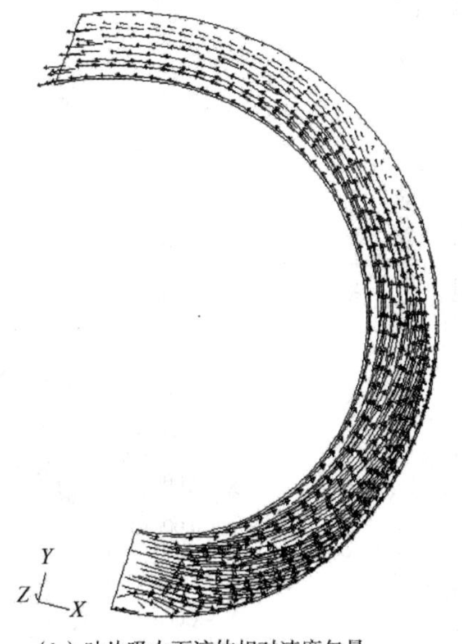

(b)叶片吸力面液体相对速度矢量

图4-4　叶片表面液体相对速度矢量分布($GVF=0.3$)

②静压力分布

由图4-5可以看出，在叶片压力面和吸力面表面进口稍后均有一个相对低压区，这说明模拟的是多相混输泵的抽吸能力；除此区域以外，沿叶片表面，从入口到出口，压力逐渐平缓增加，无明显突变，这样的压力分布不易造成两相分离，对两相输送是十分有利的。图4-6为叶片上3个不同的径向面上，静压力沿翼形的分布图，此图以数据的形式显示了图 4-5 反映的叶轮正反面上的压力分布情况，$r=55$mm 为靠近轮毂处的压力切面，$r=65$mm 为靠近轮缘处的压力切面，$r=60$mm 为中间的压力切面。从入口到出口，吸力面和压力面静压力分布曲线相对光滑。但是，在叶轮轴向高度为 15～20mm 处，吸力面存在一个下凹区，这样的压力分布容易导致气液分离。

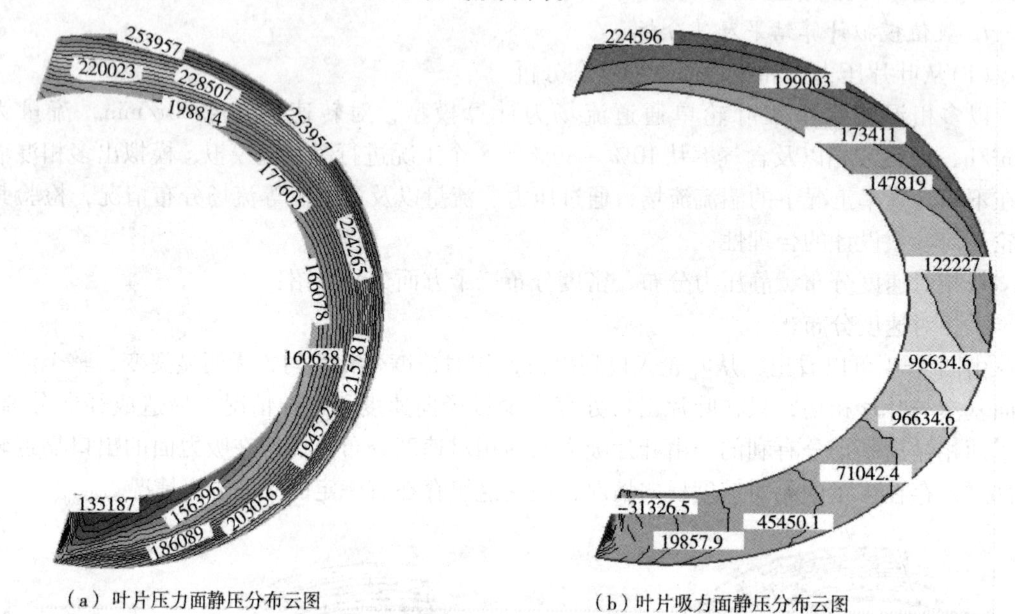

（a）叶片压力面静压分布云图　（b）叶片吸力面静压分布云图

图 4-5　叶片表面静压分布云图（$GVF=0.3$）

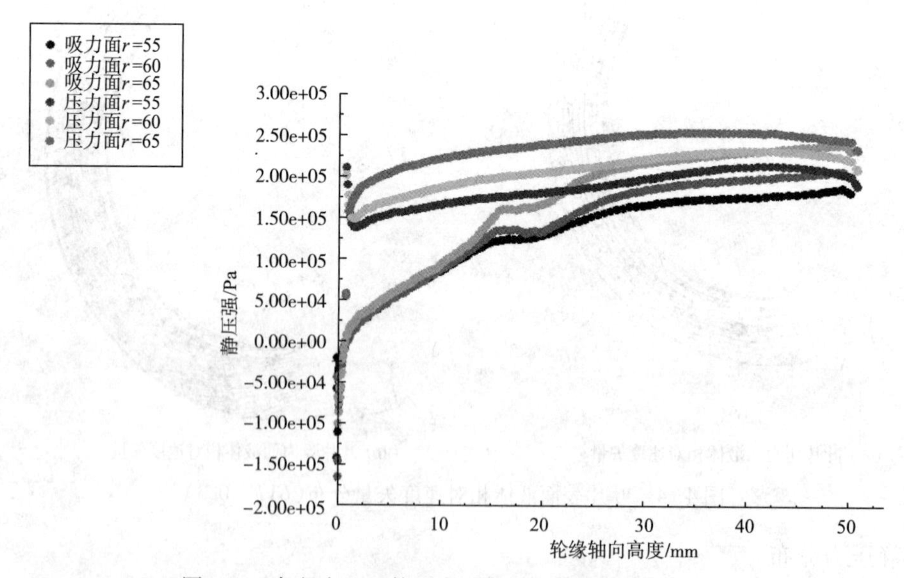

图 4-6　各径向面上静压力沿翼形的分布（$GVF=0.3$）

③密度分布

为了考察流场内部含气率的分布，对计算结果做密度的分布云图，如图 4-7 所示。密度较大的地方含气率低，相反密度较小的地方含气率高。由图可以看出，叶片压力面靠近轮毂处，有一个密度较小的环形区域(此处含气率较高)，接近轮缘处有一个密度较大的区域(此处含气率较低)。叶片吸力面出口，靠近轮毂处存在一个密度较小的区域，这是因为流场转动所产生的离心力使密度较大的液相被甩向轮缘。另外，在图4-7中还可以看到，除轮毂和轮缘处有小部分含气率较大和较小的区域外，其余部分含气率分布相对比较均匀，这说明气液两相在叶轮内部流场中混和较为均匀，满足设计的要求。

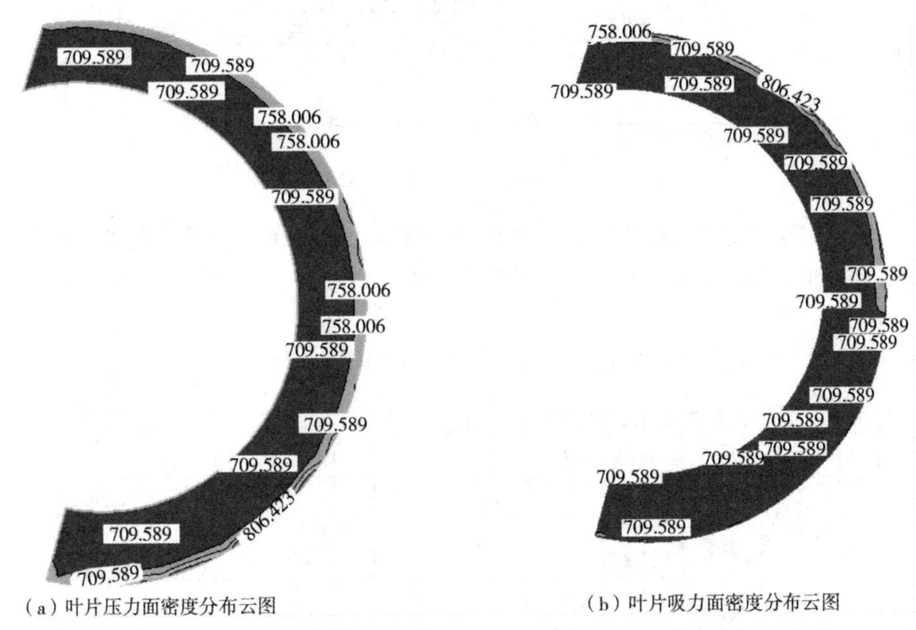

(a)叶片压力面密度分布云图　　(b)叶片吸力面密度分布云图

图4-7　叶片表面密度分布运图($GVF=0.3$)

(2)从叶型内部气泡流动速度和叶轮上压力分布规律分析

取时间步长 $\Delta t = 0.001$ ，气泡初始直径 d_0 分别为0.3mm、0.4mm、1.0mm进行相关的计算。

①气泡运动轨迹

以 $Z-\theta$ 平面，以 $d_0=0.3$mm为例的气泡运动轨迹投影，如图4-8所示。

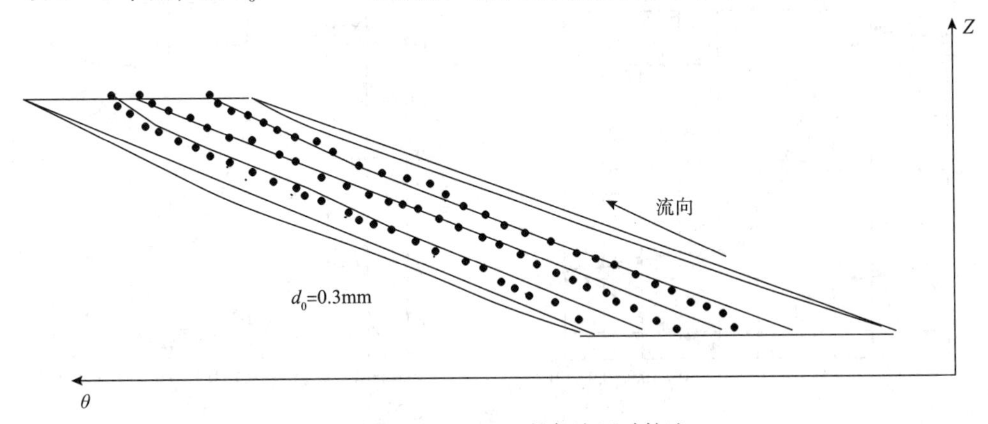

图4-8　$d_0=0.3$mm的气泡运动轨迹

不同初始直径的气泡运动轨迹，如图 4-9 所示。

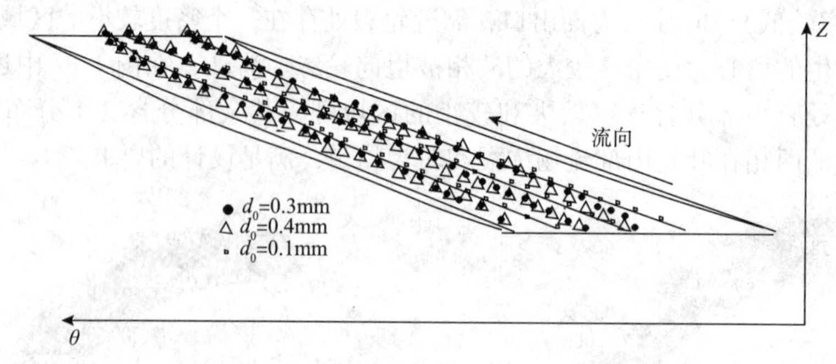

图 4-9　不同初始直径的气泡运动轨迹

如上两图表明，气泡进入叶轮后，基本沿流线运动，仅在后半部分向吸力面偏移。即在轮缘吸力面部位可能容易产生气泡聚集导致发生两相分离，当气泡初始直径大于 0.1mm 时，偏移程度增加。

②不同叶型中气泡在叶轮中速度分布(图 4-10 和图 4-11)

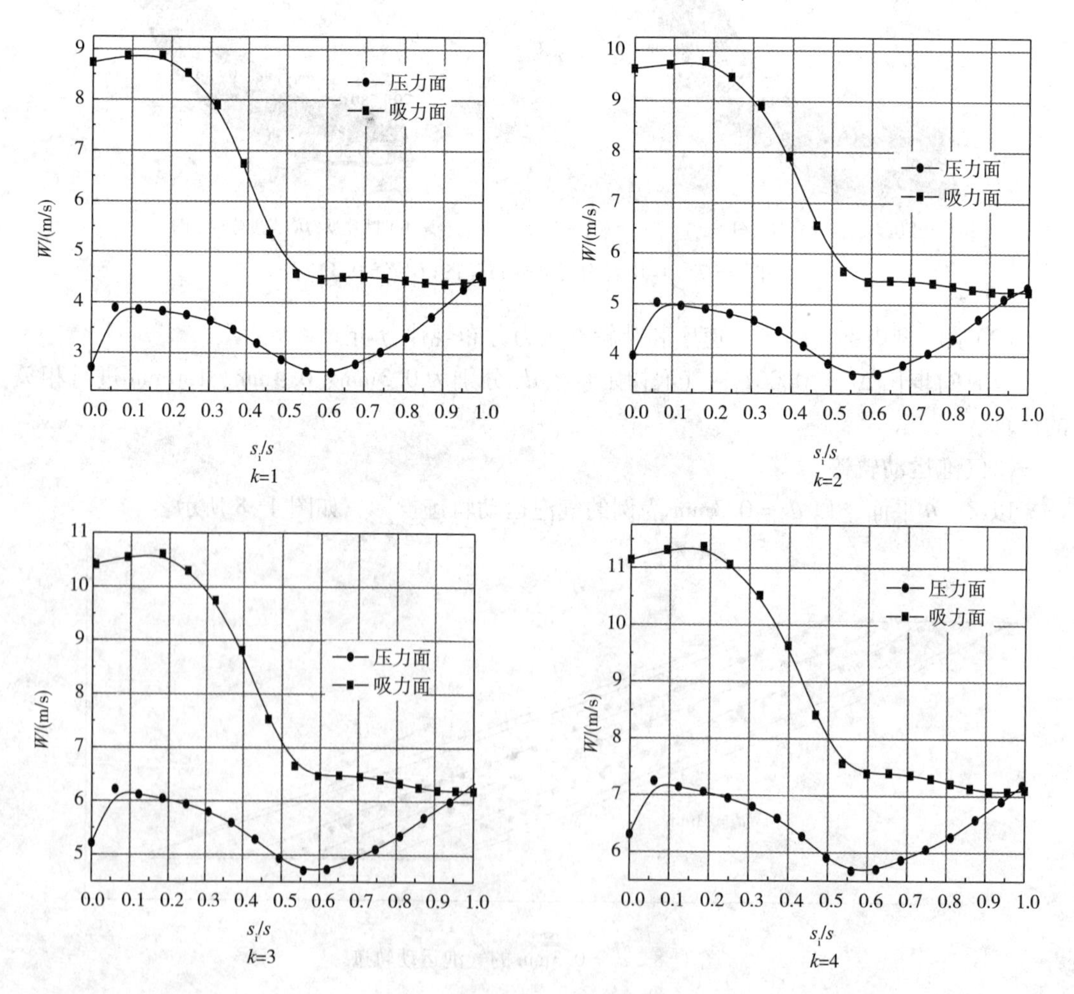

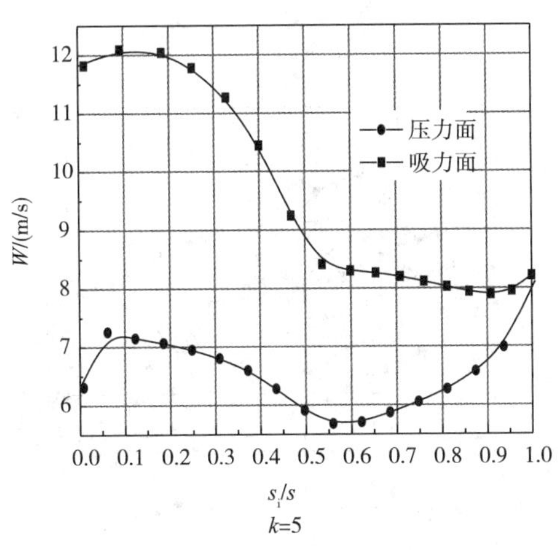

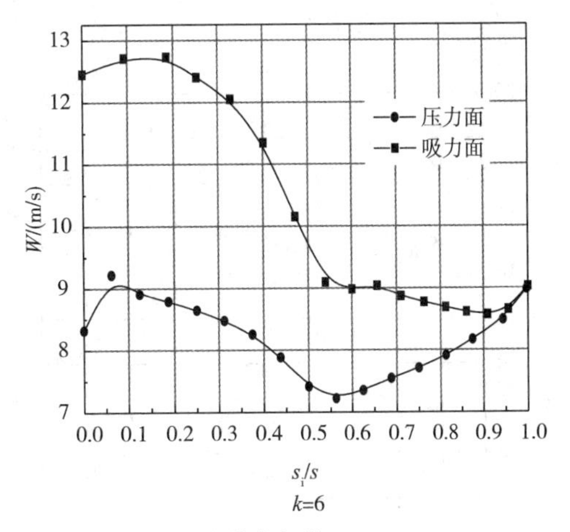

图 4-10 A 叶型下相对速度沿近似流线翼形弦长的分布规律

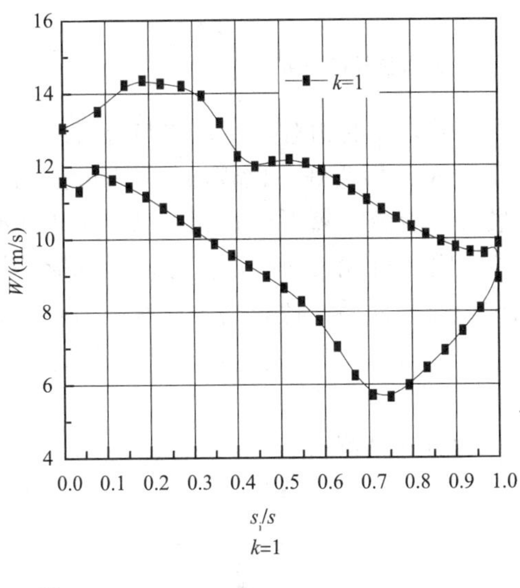

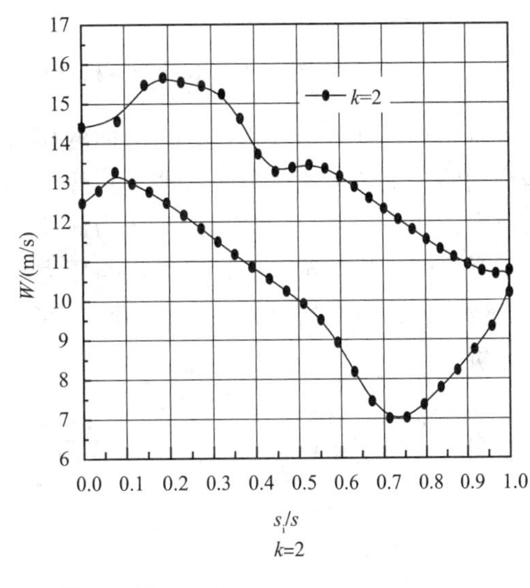

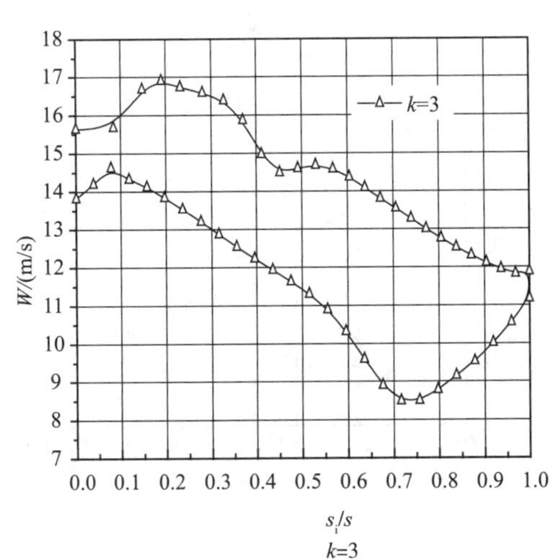

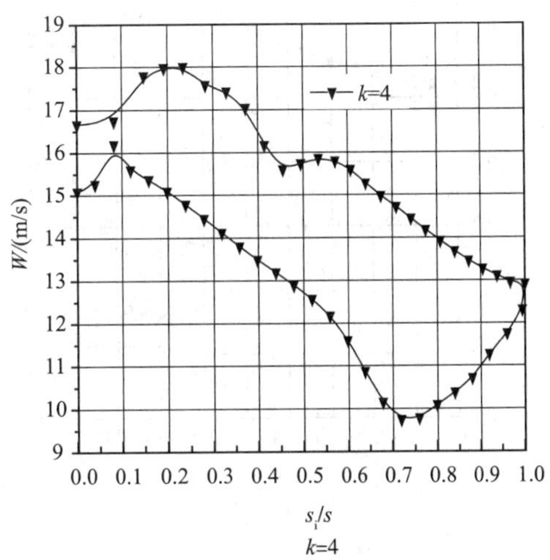

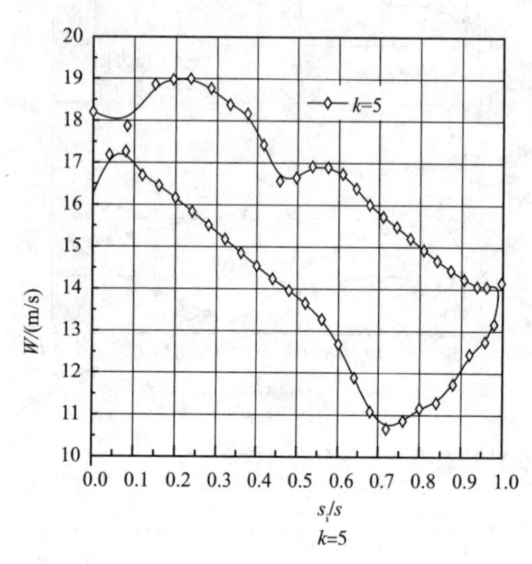

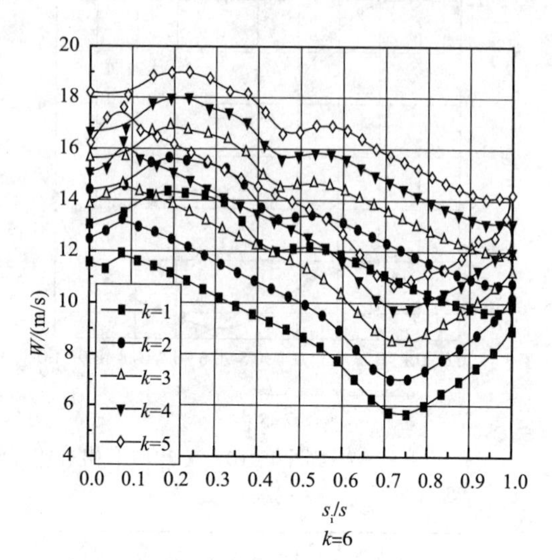

图 4-11　B 叶型下相对速度沿近似流线翼形弦长的分布规律

从相对速度分布上来说，压力面的相对速度低于吸力面的相对速度，这与势流的假设是相同的。从图上速度分布表明 B 叶型上速度分布比 A 叶型要好，比较均匀。A 叶型的相对速度，从叶轮入口，吸力面与压力面速度相差最大，沿流线翼形弦长相差减少。B 叶型的相对速度，从叶轮入口，吸力面与压力面速度相差比 A 叶轮要小，而且沿流线翼形弦长都比较均匀，但在拐点，在弦长 40% ~45% 处出现畸形，而后又比较均匀，其原因有待深入分析。

③叶轮内压力分布

图 4-12 与图 4-13 分别为 A、B 两个叶型的压力分布情况。

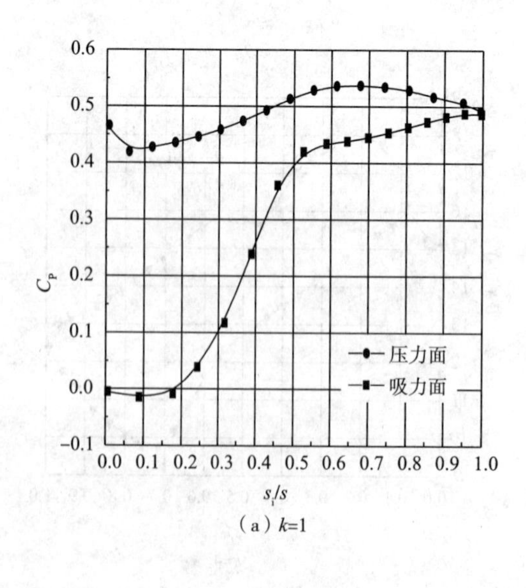

（a）k=1

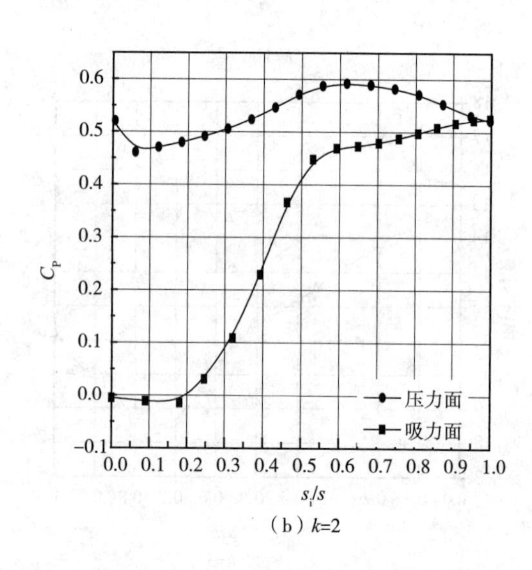

（b）k=2

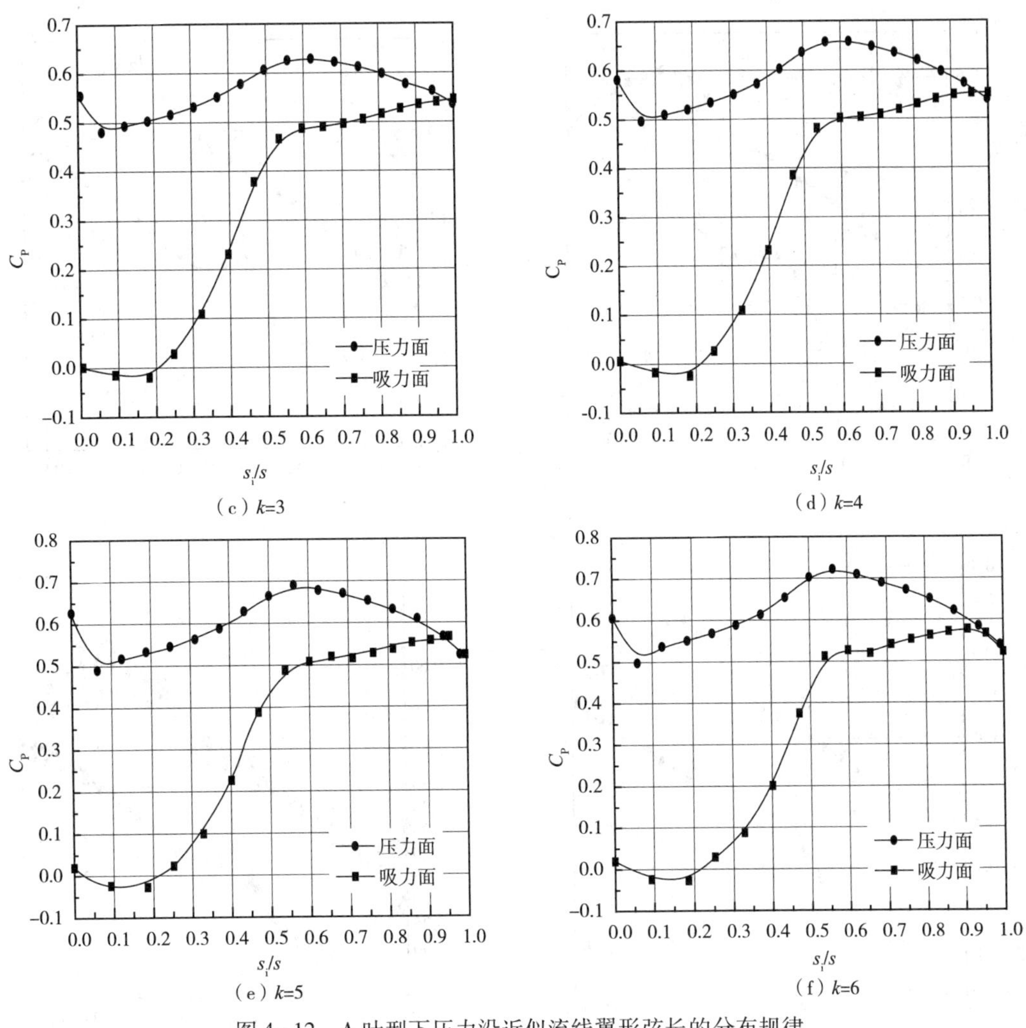

（c）k=3　（d）k=4

（e）k=5　（f）k=6

图 4-12　A 叶型下压力沿近似流线翼形弦长的分布规律

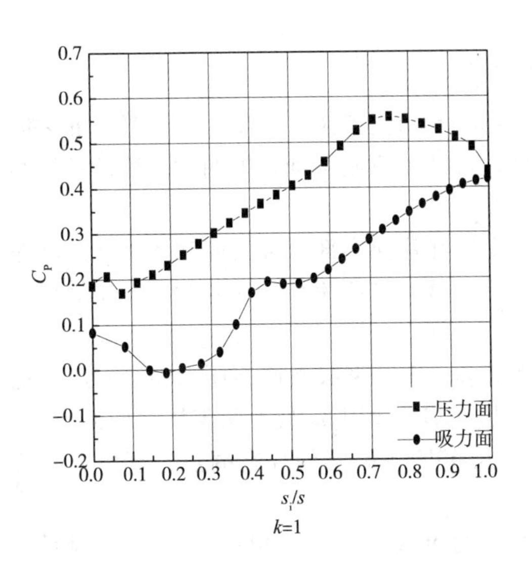

k=1

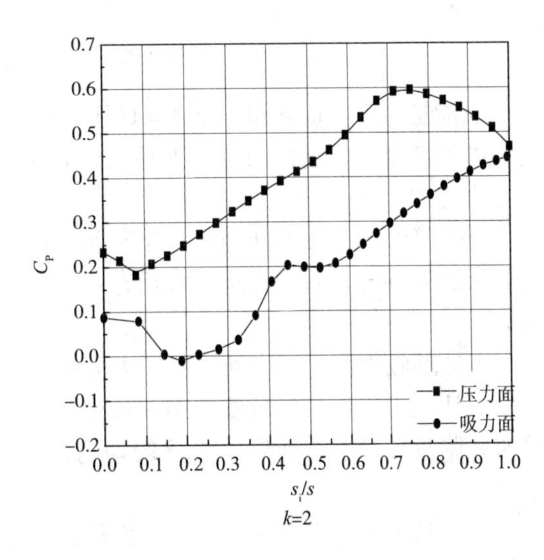

k=2

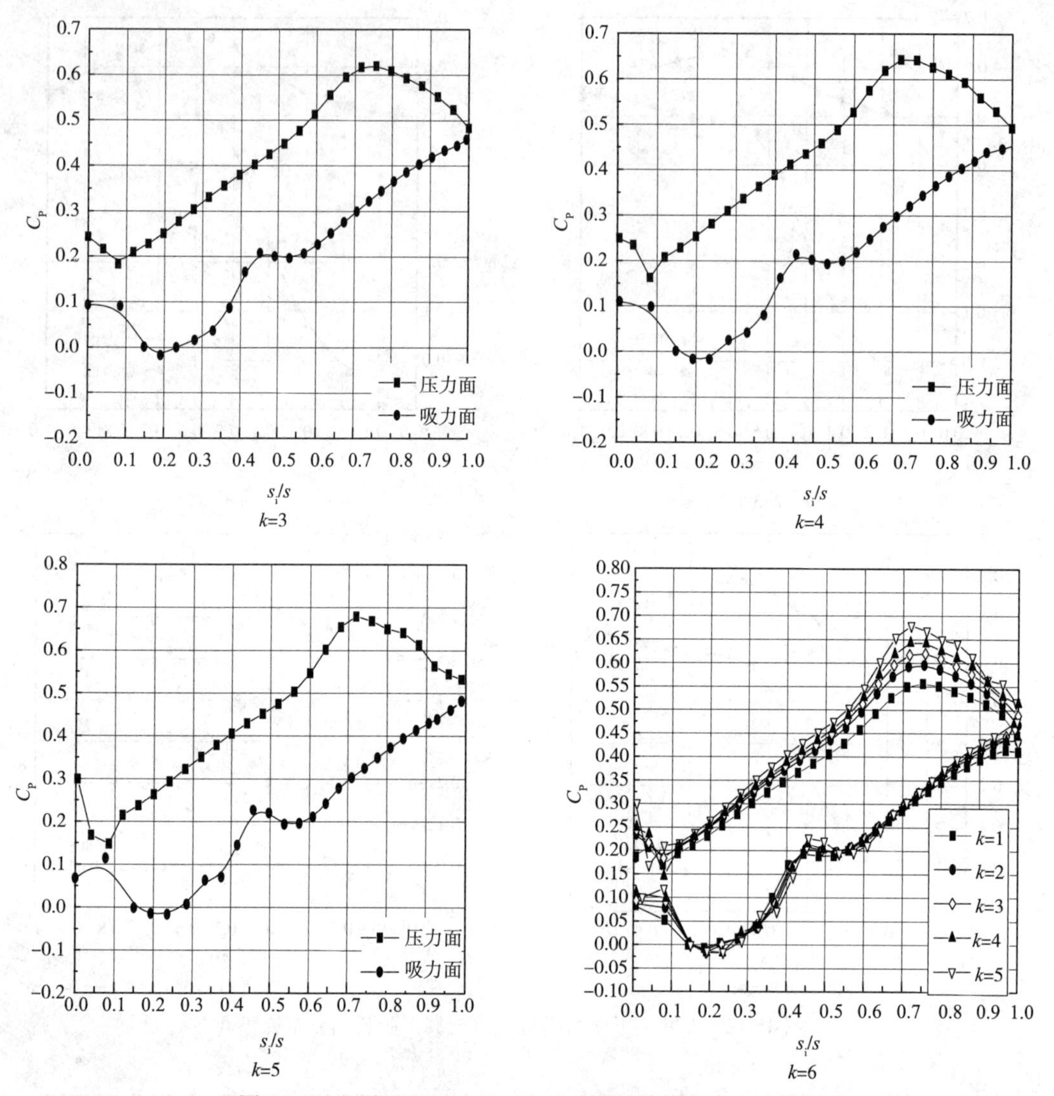

图 4-13　B 叶型下压力沿近似流线翼形弦长的分布规律

从能量特性方面来讲，从 $k=1$（下环流面）到 $k=6$（上冠流面），压力面和吸力面之间的压差逐渐增大，这是因为从下环到上冠叶片的圆周速度不断增加，说明此方法的计算结果是合理的。

从计算结果看，A 叶型叶片属于前负荷型，即在叶片前半部分吸力面和压力面之间压差较大，且在叶片吸力面进口以后存在一个低压区，这与前负荷型叶片的载荷分布规律相吻合。

A 叶型吸力面与压力面之间压力分布比 B 叶轮差，A 叶型吸力面与压力面之间压差在吸入口比较大，而后沿流线翼型弦长逐步减少，但在 B 叶型中，吸力面与压力面的压力，除吸入附近比较小，而后一直比较均匀，但在弦长 40% ~45% 处存在畸点，其原因有待探讨。

并且从图中我们还可以看出：大约在翼形弦长的 50%，压力面相对速度呈增加趋势，这主要是由于试验所用的叶轮轮毂具有一定的锥度即(半锥角)，整个计算区域为一略带收缩的通道，所以在叶道的后一部分区域速度有一定程度的增加。

图 4-14 与图 4-15 分别表示 B 叶型在 $R-\theta$ 与 $Z-\theta$ 的压力分布情况，可以看到在轮缘附近靠近叶轮吸入口压力分布不均匀。

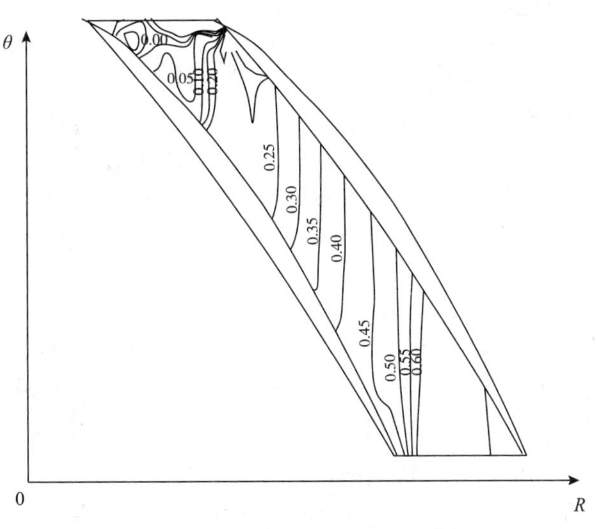

图 4-14　在 $R-\theta$ 流面上的压力分布图

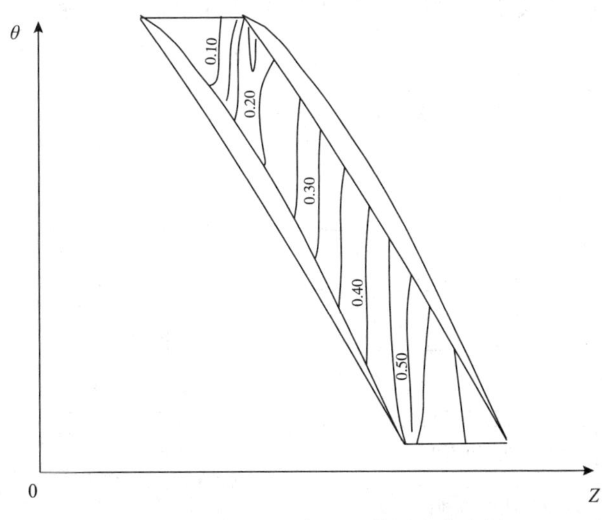

图 4-15　在 $Z-\theta$ 流面上的压力分布图

(3)含气率分布规律分析

采用气泡轨迹模型作为理论分析的模型，用近来发展迅速的边界元计算方法对离心叶轮和螺旋轴流式叶轮进行主流场的计算。边界元划分的计算区域如图 4-16 所示，它使得所考虑的问题降低了一维，通过分析泵内气泡以及气泡群的运动规律，从而得到螺旋轴流式多相混输泵叶轮内部两相流动的规律。

那么如何用气泡轨迹模型的分析计算叶轮内气泡的运动情况呢?

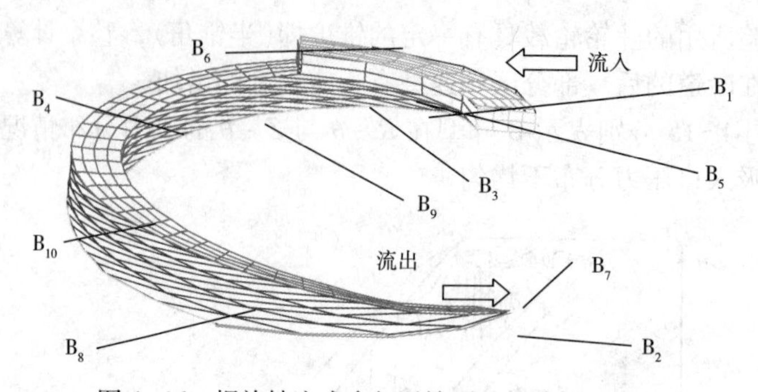

图 4-16　螺旋轴流式多相混输泵叶轮计算区域图

B_1、B_2—上、下游进出口截面；B_3、B_4—相邻两叶片表面；

B_3 为正面；B_4 为背面；B_5、B_6—叶片正、背面上游延伸区；

B_7、B_8—叶片正、背面下游延伸区，B_9、B_{10}—上冠、下环的固壁流面及其延伸区

采用拉格朗日方法，跟踪气泡在流场中的运动轨迹。在一定的时间步长下，计算不同时刻气泡在流场中所在的位置。假设一批气泡从入口释放开始，到最后一个气泡运动到出口的时间为 t。多批气泡以一个时间间隔 h 释放，则在时间 t 内这些气泡分别运动到流道中的不同位置，而在计算当中计算一批气泡，其他气泡的运动轨迹与它们相同，只是在时间上相差一个时间间隔 h，统计由多批气泡产生的含气率。通过主流场方程计算含气率变化带来的流场变化，判断如不满足条件，按照新计算得到的流场计算气泡轨迹（从入口到出口的整个轨迹），计算含气率，判断，重复上述过程直到满足条件。流程图如图 4-17 所示。

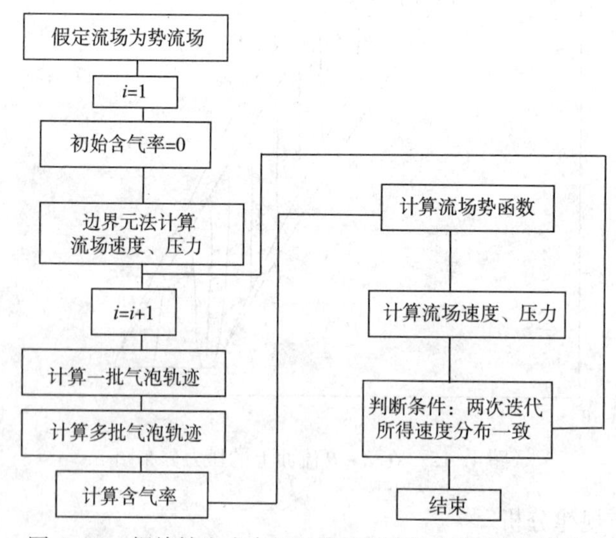

图 4-17　螺旋轴流式多相混输泵气泡轨迹模型计算框图

计算步骤：一是假设流场中每点位置的密度（即含气率）已知，计算出速度、压力场；二是假设流场已知，计算气泡的轨迹，计算结果是空间含气率分布，是通过计算流场中每一点的液相和气相动量交换得到的；三是根据空间含气率的分布重新计算流场中速度、压力，得到新的流场；根据计算所得的流场再计算空间含气率。进行迭代过程直到满足两次

迭代所得的速度分布结果一致后才可以结束迭代过程。

这样就可以完成整个计算的过程。利用边界元法求解叶轮主流场的压力、速度、压力梯度；通过分析气泡的受力，在拉格朗日坐标系中建立气泡的基本运动方程，利用上述方法进行求解微分方程组，并最后统计得到含气率的空间分布。

在气泡的整个运动过程中，不可避免的会发生气泡碰撞壁面的情况，在出现这种情况下我们应该如何处理呢？此时的空间含气率又该如何计算呢？

由于气体的密度远远小于液体的密度，所以在叶轮入口释放的气泡在径向向轮毂移动，并很快与其相撞。而从叶轮通道内空间含气率分布可以看出，在靠近轮缘区域几乎没有气泡存在。因此，我们只讨论气泡与轮毂相撞的情况。气泡与压力面或者吸力面碰撞的情况处理与此类似，令其法向速度为零，取其切向速度为碰撞之后的速度。

求解碰撞点速度需要进行相应的坐标变换，如图 4-18 所示。从图中我们可以看出，当气泡运动到轮毂壁面上，并假设碰撞点为 $P(r,\ \theta,\ Z)$。根据我们的假设，碰撞到叶轮壁面之后气泡不发生变形、破碎，那么碰撞之后气泡的速度按下式进行坐标变换来计算。

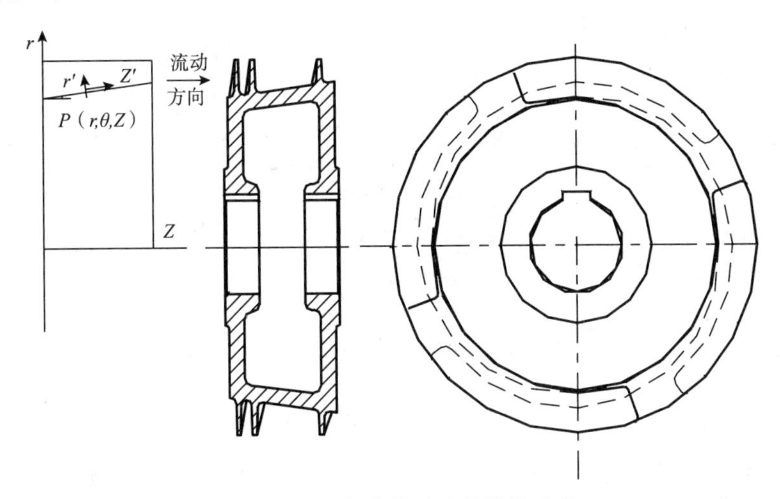

图 4-18 坐标变换及叶轮结构示意

将 $r-Z$ 坐标系的速度变换到 $r'-Z'$ 坐标系：

$$V_{r'} = -V_Z \cdot \sin\gamma + V_r \cdot \cos\gamma$$

$$V_{Z'} = V_Z \cdot \cos\gamma + V_r \cdot \sin\gamma$$

$$V_{u'} = V_u$$

令碰撞到壁面之后的法向速度为零，保留切向速度，则 $V_{r'} = 0$ 。将 $r'-Z'$ 坐标系的速度变换回 $r-Z$ 坐标系：即 $V_r = -V_{Z'} \cdot \sin\gamma$ ，$V_Z = V_{Z'} \cdot \cos\gamma$ 和 $V_u = V_{u'}$

求解碰撞点坐标需要判断跟踪气泡的轨迹是否超出叶轮计算区域，我们取与轮缘相撞点作为跟踪气泡的轨迹坐标（通过一系列的插值和判断）。

将初始截面划分成若干小区域，在每个网格中心释放一个气泡。以每一个小区域的中点作为气泡的初始位置，计算所有不同位置释放的气泡的运动轨迹。本文计算中气泡是按照 $k_1=1,\ 2,\ \cdots,\ 7$；$k_2=1,\ 2,\ \cdots,\ 7$ 的 7×7 点阵来释放。图 4-19 所示为 7×7 的气泡释放位置图。

按照叶轮的计算网格的划分，将叶轮计算区域分为若干小的三维计算单元。如果假定气体含气率的变化是等温的，则泵叫轮内任意位置的含气率可近似定义为单元内所有气泡和单元本身的体积之比，即：

$$\alpha = \sum_{k=1}^{k} \frac{1}{6}\pi d_k^3 / V \tag{4-34}$$

式中 k——叶轮中单元体内气泡总个数：

V——单元体体积。

为了便于比较，在本书的计算中，叶轮流道内含气率的分布用相对进口含气率来表示：

$$\overline{\alpha} = \frac{\alpha}{\alpha_m}$$

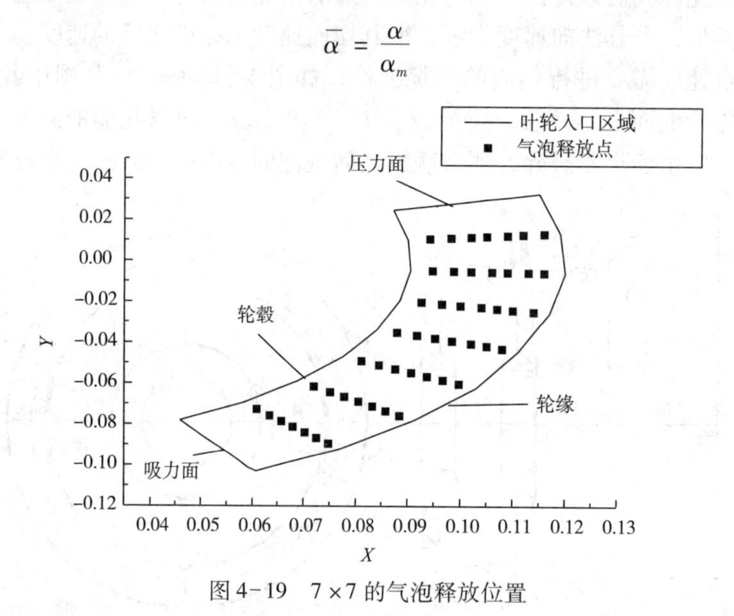

图 4-19　7×7 的气泡释放位置

[例]假设进行三维计算的叶轮参数为：流量 $Q=50\text{m}^3/\text{h}$，扬程 $H=22.5\text{m}$，转速 $n=1500\text{r/min}$。数值计算的参数为：气泡的初始直径 $d_0=0.25\text{mm}$、0.5mm，计算步长 $h=0.0001\text{s}$。

如图 4-20、图 4-21 所示分别是当 $k_1=1$，$k_2=1$ 时，在气泡的初始直径为 $d_0=$

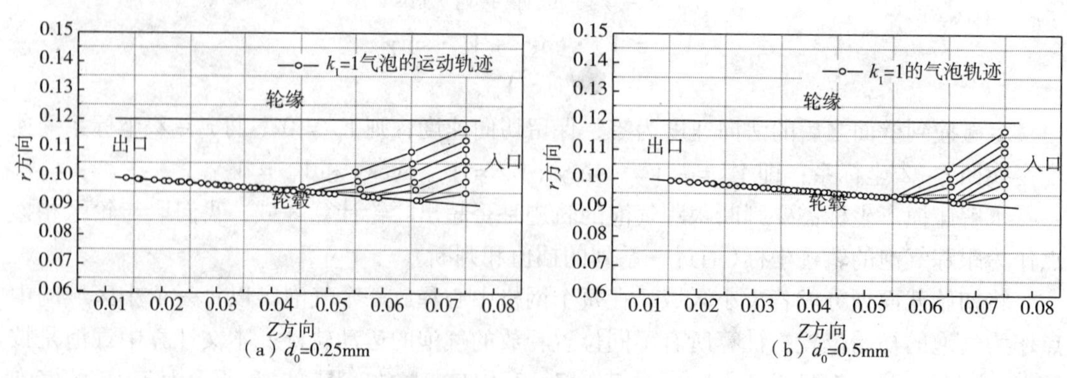

图 4-20　气泡在 $r-Z$ 平面内的运动轨迹

0.25mm、0.5mm 的情况下，每隔 0.005s 画出的气泡运动轨迹。从 $r-Z$ 图中可以看出，气泡在进口释放以后，很快运动到轮毂面上。这是由于与液相相比，气泡密度小，受离心力的影响，轻相向旋转中心运动。而在靠近轮缘边缘区域几乎没有气泡存在。从 $r^{\theta}-Z$ 图中气泡有向吸力面靠拢的趋势，但基本上是沿着近似流线运动。

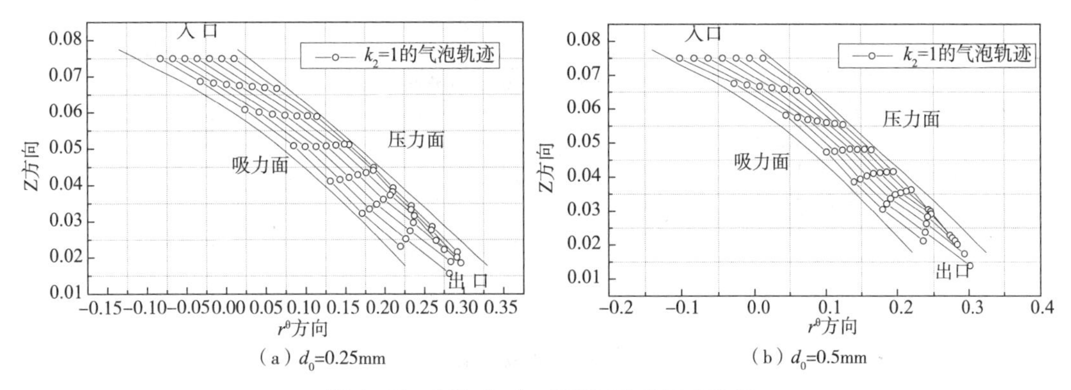

（a）d_0=0.25mm　　（b）d_0=0.5mm

图 4-21　气泡在 $r^{\theta}-Z$ 平面内的运动轨迹

图 4-22 给出了气泡的初始直径为 $d_0=0.25$mm、0.5mm 的情况下，在轮毂面上的含气率分布。图中颜色的深浅代表了含气率的高低。从图中可以看出：气泡在叫轮入口释放之后，靠近吸力面的气泡有向压力面运动的趋势，到接近叶轮轮 1/3 处之后，吸力面的含气率明显增加，说明气泡向吸力面靠近运动；其次是从图中我们可以看到在靠近叶轮进口 1/3 处，气泡有聚集现象，由下气液两相密度相差很大，液相密度远远大于气相密度，气泡在进口到 1/2 叶轮流道的距离内，都碰撞到轮毂上，造成在叶轮的进口后局部区域气泡发生聚集，形成高含气率区。

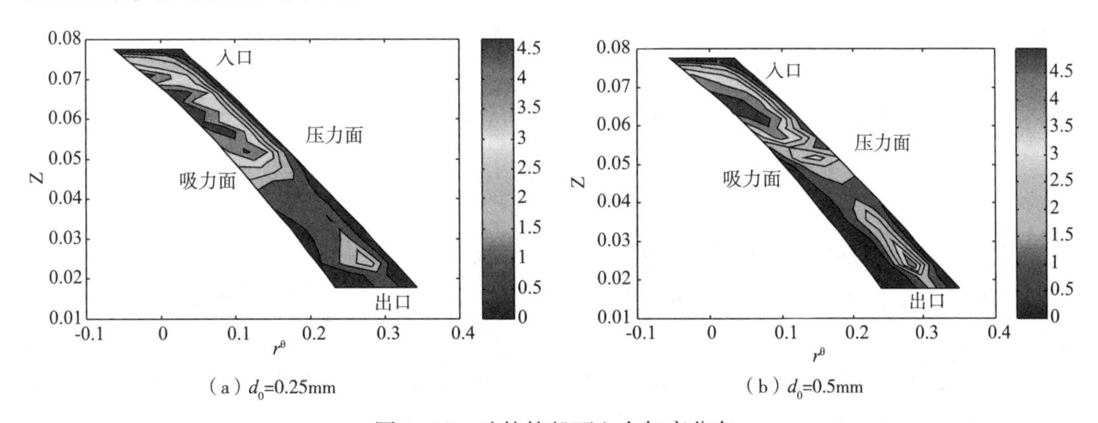

（a）d_0=0.25mm　　（b）d_0=0.5mm

图 4-22　叶轮轮毂面上含气率分布

含气率的变化主要是由于气泡发生聚集。虽然气相的可压缩性使气泡直径缩小会引起含气率下降，但是由于气泡增多带来的含气率增加远远大于由于气泡直径缩小引起的含气率下降，所以在叶轮流道的某个区域，含气率可以达到入口含气率的 6 倍或更高。从图 4-23 中可以看出气泡在整个运动过程中直径的变化并不是很大。

从计算结果来看，气泡通过叶轮流道的时间不尽相同。越是靠近轮缘的气泡通过叶轮的时间越短，越是靠近吸力面通过叶轮的时间越短，如图 4-24 所示。而直径大的气泡较百径小的气泡通过叶轮的时间要长。

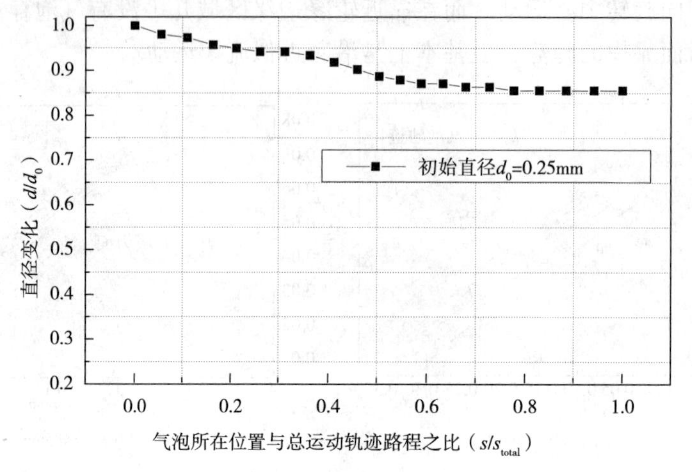

图 4-23　在运动中直径的变化(入口中心释放点)

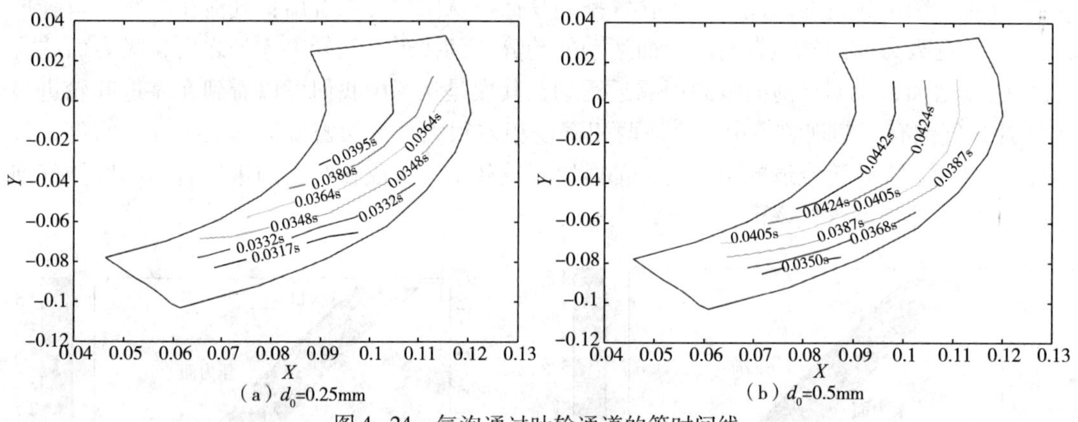

(a) d_0=0.25mm　　(b) d_0=0.5mm

图 4-24　气泡通过叶轮通道的等时间线

(4)进口冲角对叶片载荷影响分析

图 4-25 ~ 图 4-28 分别给出冲角为 8°和 0°时，沿翼形弦长的载荷分布情况和相对速度的分布情况。

从计算结果来看，不同进口冲角对叶片前部载荷的分布有很大影响(沿翼形弦长 50%左右)。当冲角过大时，吸力面前部出现明显的负压区，且前部载荷较大，整个载荷分布明显不均匀。当冲角较小时，如冲角等于 0°时，如图 4-28 所示，吸力面入口处压力明显高于压力面的，在吸力面前部将出现负的压力梯度，这样当泵在气液两相工况下运行时，这一区域可能成为气泡聚集区。再对其他入流条件下叶片载荷分布进行计算，结果表明，冲角选取不能太大，也不能太小。

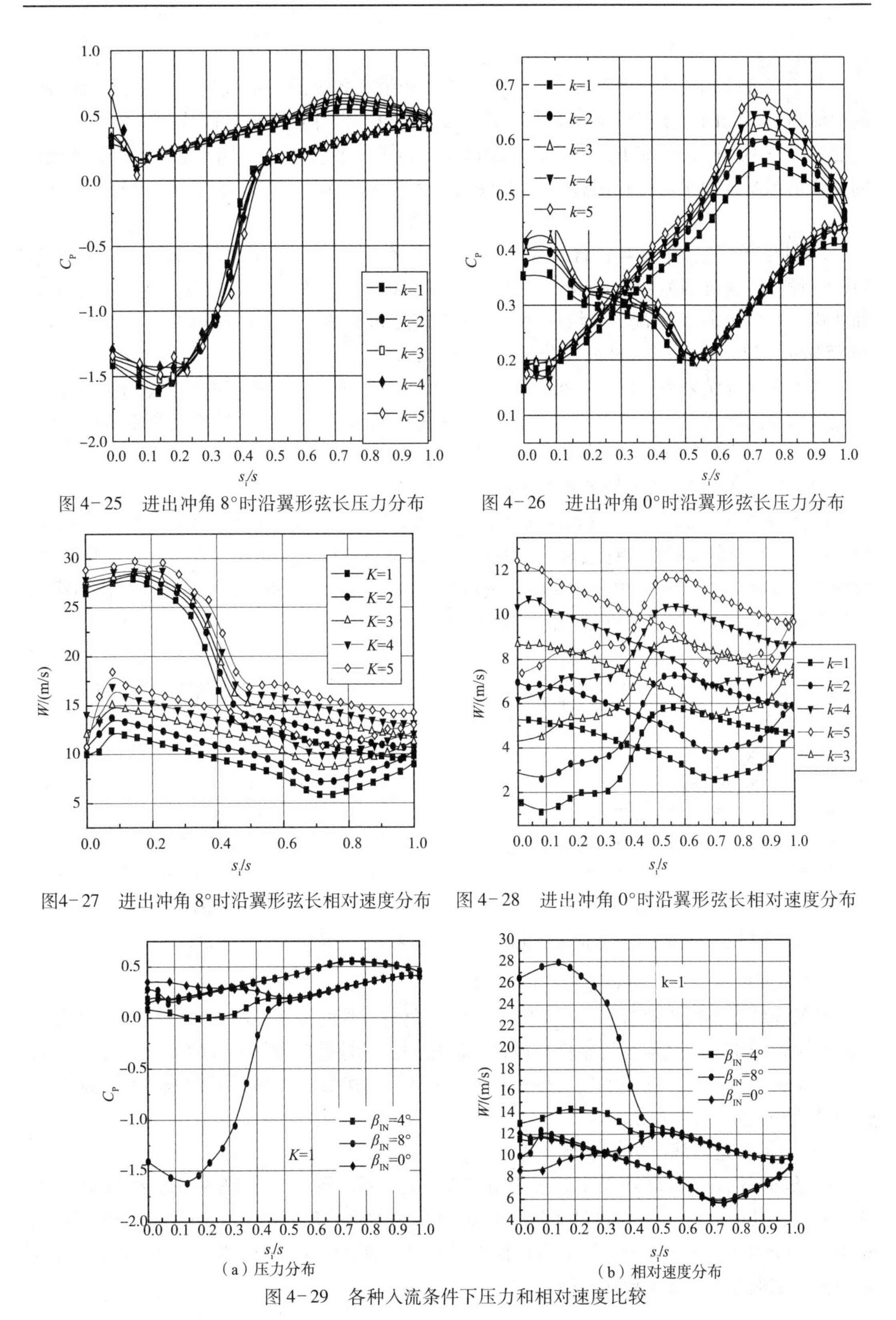

图 4-25 进出冲角 8°时沿翼形弦长压力分布

图 4-26 进出冲角 0°时沿翼形弦长压力分布

图4-27 进出冲角 8°时沿翼形弦长相对速度分布

图 4-28 进出冲角 0°时沿翼形弦长相对速度分布

(a) 压力分布

(b) 相对速度分布

图 4-29 各种入流条件下压力和相对速度比较

(5)叶型内部液流角

鉴于气液两相流体在多级转轮中气相逐级受压缩，各级的体积流量在变化，因此各级的液流角是不同的，在偏离设计工况时实际液流角也和设计点不同，而从制造角度看，不可能各级按不同叶片角加工，为此必须探讨在不同压力不同含气率不同转速下各级液流角的变化情况及其变化是否在工程上可以接受的范围内。本章采用直接计算方法逐级进行计算。

[例]年产液量 30 万吨，含水量 50%，含气率 75%，进口压力 0.2MPa，进口温度 35℃。设计转速分别为 4500r/min、3000r/min，在扬程系数和流量系数分别为 0.18、0.21 和 0.0556、0.0553 的情况下，设计得叶轮轮缘速度和轮缘直径分别为 39.9m/s、52.39m/s 和 254mm、222.33mm，导叶外径分别是 254mm、222.33mm。

以上面设计结果为例得到多级泵各级液流角的分布曲线。从不同的压力、不同的进口含气率和不同转速下三个方面各级液流角的变化，说明这三种情况对各级液流角的影响。图中横坐标代表级数 m，纵坐标代表液流角。

(1)不同的入口压力对液流角的影响

P_{rin}代表泵的入口压力。每条曲线代表不同入口压力下，液流角一级数的关系。图 4-30、图 4-31 分别表示在设计结果下，其他运行条件与设计工况相同，只是入口压力波动，分别为 0.2MPa、0.3MPa、0.4MPa 时，进口平均直径相对液流角 β'_1 与级数 m、出口平均直径相对液流角 β'_2 与级数 m 变化规律曲线。

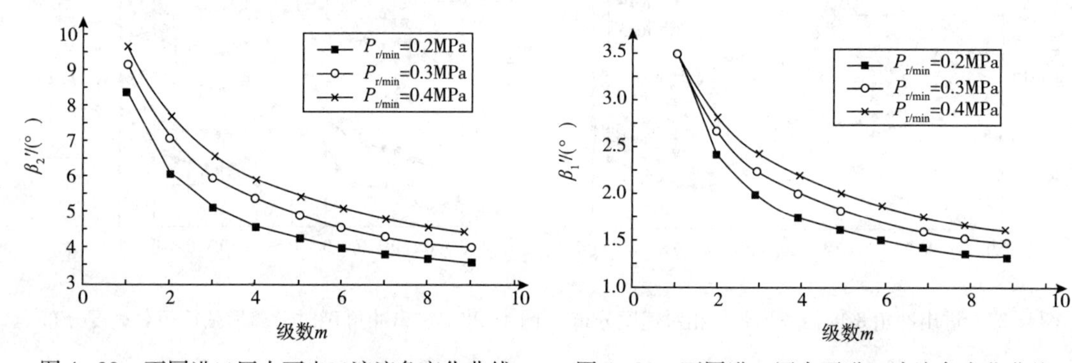

图 4-30　不同进口压力下出口液流角变化曲线　　图 4-31　不同进口压力下进口液流角变化曲线

(2)不同的进口含气率对液流角的影响

每条曲线表不同进口含气率(GVF)下，液流角与级数的关系。图 4-32、图 4-33 分别表示在设计结果下，其他运行条件与设计工况相同，只是进口含气率发生变化，分别为 0、25%、50%、75% 时，进口平均直径相对液流角 β'_1 与级数 m，出口平均直径相对液流角 β'_2 与级数 m 变化规律曲线。

(3)不同转速对液流角的影响

每条曲线代表不同转速 N 下，液流角与级数的关系。图 4-34、图 4-35 分别表示在设计结果下，其他运行条件与设计工况相同，只是泵的运行转速不同，分别为 4500r/min、4000r/min、3500r/min 时，进口平均直径相对液流角 β'_1 与级数 m、出口平均直径相对液流角 β'_1 与级数 m 的变化规律曲线。

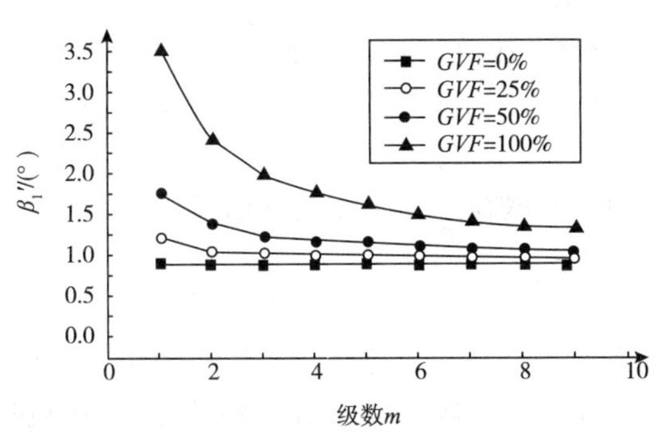

图 4-32 不同进口含气率下进口液流角变化曲线

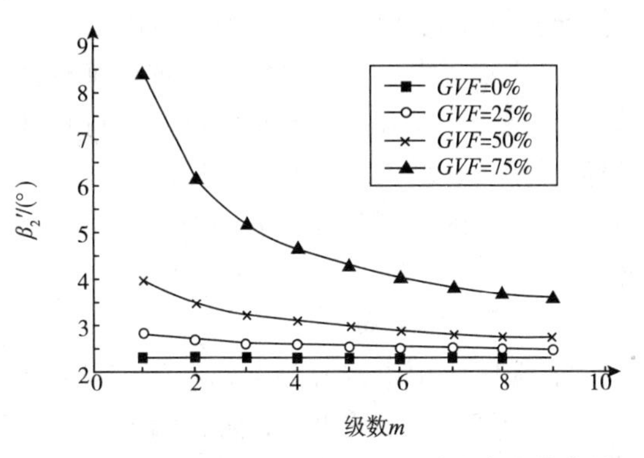

图 4-33 不同进口含气率下出口液流角变化曲线

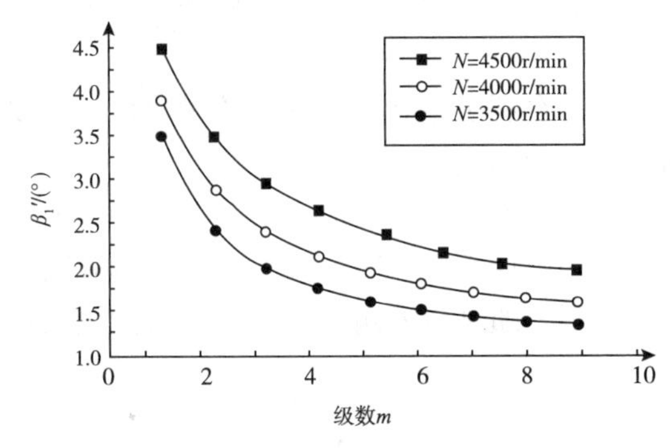

图 4-34 不同转速下进口液流角变化曲线

图 4-35 不同转速下出口液流角变化曲线

8. 数值模拟结论对指导设计的启示

从气泡在叶轮中流态变化、运动轨迹、叶轮中含气率变化以及液流角变化等多角度的数值模拟计算得出的启示，可以归纳如下；

(1)气泡在叶轮中的速度分布和叶轮的压力分布

每个翼弦出口边正背面压力、相对速度基本相等，较好地满足了库塔条件，这说明三维有势流动的边界离散方程的计算方法同样适合于螺旋轴流式叶轮的流动计算。

①气泡进口后很快运动轮毂面上，并向吸力面靠拢。

②随着气泡受到叶轮增压气泡直径变小引起含气率有所减少，但是气泡数量却有所增多。

③气泡通过叶轮的时间方面。靠近轮缘的气泡通过时间较短，靠近吸力面的气泡通过时间较短。这都有利预防气泡的聚集，但是大直径气泡通过叶轮时间较长一些。

④气泡直径越小，对应雷诺数越小。在气泡直径在 0.4μm 之下，气泡在整个运动过程中都是球状，但是气泡大于 0.5μm 后气泡则是椭圆状了。

⑤靠近压力面轮毂侧气泡很快会偏离流道中流线，而靠近吸力面气泡则可以很好地跟随流线流出叶轮。

⑥在高速时候，由于惯性力作用，气泡容易向压力面偏移。同时吸力面出口处属于低压区，气泡则会靠拢吸力面。

⑦由于最高含气率多在进口 1/3 或 1/2 处，此处含气率可能达到进口处 3 ~ 5 倍，如

果叶轮设计能在此处打碎气泡，可能会减少气液两相的分离。

⑧气泡越大，高含气率区域越靠前，容易造成整个流道气液两相分离。

⑨适当增加叶轮和导轮数目，有利流道中流体剪切作用，气泡的尺寸可降低，但是流道流动阻力将增大，需要慎重权衡。

⑩大气泡对气液两相分离有一系列不利影响，所以在泵的工艺流程前端需要添加均化器。

(2)含气率分布

在实际应用中，需要考虑到气泡的碰撞、分离和聚合，通常尽量使气液两相混合均匀，减少气泡聚合的机会，防止相态分离；在此基础上，如果能兼顾使气泡从靠近轮缘和吸力面的位置坐标处混入，并且尽量地打碎气泡，则更容易使气泡通过叶轮通道。

叶轮流道中的含气率分布非常不均匀，并且在靠近轮毂的进口位置，局部含气率可达入口含气率的6倍或更高。

通过对不同几何结构的叶轮进行含气率的计算，有利于达到叶轮叶片的优化设计，要求含气率的分布尽量均匀，使泵工作在一个相对稳定的工况下。

(3)进口冲角对叶片荷载的影响

根据计算结果，对在现有原始翼形基础上进行的设计而言，冲角取4°时，整体载荷分布较为均匀，这种分布情况尤其对两相输送较为有利。随进口冲角的增加，吸力面最低压力点前移，叶片前端载荷增加。

(4)液流角的选择

螺旋轴流式叶轮导轮水力设计中，设计点的液流冲角在4°~5°为佳，超过8°则叶片中压力面和吸力面间的负荷不均匀加重。

由分析我们得出如下的启示：

①当叶轮运行在设计工况点下时，液流角与设计点的叶片角及两者之间的冲角符合推荐的最佳设计值，此时叶轮内发生气液两相分离的可能性最小，有利于两相输送。

②由于气相在混输中受到压缩，多级泵中后续各级的液流角是不同的，越往后级液流角与叶片角及两者之间的冲角也越偏离最佳设计点。

③在各级增压固定的假设下，逐级算下来多级泵中每级压缩比逐渐变小，气体的受压缩程度变小，液流角的变化趋缓。

④设计中应按各级液流角不同进行设计，但从制造与经济性角度不可能加工众多模具，为解决矛盾，采取折中办法。在多级泵设计中对整机多级叶轮，采取分为若干段。同一段中各级叶轮的液流冲角保持不大于4°~5°。

⑤在运行时，由于地层压力波动入口压力将随之波动，在改变进口压力下，各级液流角变化趋势相似，但进口压力上升时，液流角偏离值偏小。当入口压力在0.2~0.4MPa波动时，由于体积流动随入口压力波动而变化，液流角也随之波动，当大致波动在2°左右时，即液流的冲角将随入口压力的波动而偏离设计点的最佳冲角，泵的性能尤其效率将变差。

⑥转速变化，单元级的增压将改变，液流在各级的受压程度将变化，液流角也随之改变，即运行转速如偏离设计转速，液流的冲角也将偏离设计点的最佳冲角而影响泵的性能及效率。

⑦当含气率为0时，各级的液流角是不变的，符合纯液时的特点含气率越高，液流角变化趋势越陡，有可能造成相态分离越早。

⑧4500r/min与3000r/min两种不同转速设计结果对比表明，转速升高，叶轮尺寸减小，单元增压能力增加。另从实验结果还表明，转速升高有助于提高所输送混合介质的含气率，以及多相混输泵效率提高。

油气多相在泵内叶轮导轮中气相，即气泡运动状态对泵性能有重要影响。气泡的形成、聚合、破碎等都会导致气液两相的分离，伴随着相态的分离，泵的流态发生不稳定流动、段塞流发生、能耗增大、机组振动、效率下降等一系列问题将接踵而来，所以探索泵内气液两相如何分离的机理，给出抑制两相分离的途径。

总之，采用数值模拟计算的研究，越来越成为现代旋转流体机械改进性能的有效工具。比直接制作样机进行反复实验，是快好省的一个途径，更重要的是可以容易给出优化参数的启示。

当然数值模拟计算，由于求解方程，需要简化物理模型，调整边界条件，以及在计算精度收敛系数等等调整，和实际叶型有差别，最终还需要通过实验来验证和修正。

数值模拟计算的方法很多，各位学者各有偏爱，同时近来商业软件发展也很有成效。本文本章本节是选用的是三维、有势，并假设进口是无旋、对称，采用边界元分析方法，并且是自已编制的程序。

第三节 基于分段但是可压缩的数值模拟计算

如上模拟计算多是基于分段不可压模型进行分析的。本节则考虑到多级压缩时候，气体压力总要升高，气体总会受到压缩，体积总要缩小，为此按照可压进行一些探索。

基于漂移模型的基本理论，考虑多相输送泵中气体的可压缩性，建立了多相混输泵三维、多级可压缩数值计算模型，对在气相可压缩下螺旋轴流式多相混输泵内流场进行探索性研究，着重研究多相增压、含气率、多相混输介质密度等关键参数随着压缩单元级数的变化规律。

模型的假设：

①气体为理想可压缩气体，符合理想气体控制方程；

②气液两相分别具有各自的速度，允许两相之间存在速度滑移；

③流场中气液两相互相贯穿，混合均匀，对于一个控制体每一相都具有各自的体积分数；

④多相混输泵入口为均匀的泡状流。

物理模型建立如下：

(1)控制方程

考虑到多相混输泵中气液体系的运动特点，气相可压、气液两相互不相溶，但允许两相之间互相穿透并且混合均匀，因此采用漂移流模型计算多相输送泵中的气液两相流动。通过求解混合相的质量守恒、动量守恒、能量守恒以及第二相的体积分数方程获得各相的运动信息。

①质量守恒方程：

$$\frac{\partial}{\partial t}(\rho_m) + \nabla \cdot (\rho_m \bar{v}_m) = 0 \tag{4-35}$$

式中 $\bar{v}_m$ 和 ρ_k——质量平均速度和混合密度；

α_k——第 k 相的体积分数。

$$\bar{v}_m = \frac{\sum_{k=1}^{2} \alpha_k \rho_k \bar{v}_k}{\rho_m}$$

$$\rho_m = \sum_{k=1}^{2} \alpha_k \rho_k$$

②动量守恒方程：

$$\frac{\partial}{\partial t}(\rho_m \bar{v}_m) + \nabla \cdot (\rho_m \bar{v}_m \bar{v}_m) = -\nabla p + \nabla \cdot [\mu_m (\nabla \bar{v}_m + \nabla \bar{v}_m^T)] + \rho_m \bar{g} + \bar{F} + \nabla \cdot \left(\sum_{k=1}^{2} \alpha_k \rho_k \bar{v}_{dr,k} \bar{v}_{dr,k}\right) \tag{4-36}$$

式中 $\bar{F}$——体积力；

$\mu_m = \sum_{k=1}^{2} \alpha_k \mu_k$——混合相的黏度；

$\bar{v}_{dr,k}$——第二相 k 的漂移速度：

$$\bar{v}_{dr,k} = \bar{v}_k - \bar{v}_m$$

③能量守恒方程：

$$\frac{\partial}{\partial t} \sum_{k=1}^{n} (\alpha_k \rho_k E_k) + \nabla \cdot \sum_{k=1}^{n} [\alpha_k \bar{v}_k (\rho_k E_k + p)] = \nabla \cdot (k_{eff} \nabla T) + S_E \tag{4-37}$$

式中，k_{eff}是有效热传导系数，$k_{eff} = k + k_t$。S_E 是源项，包含了所有的体积热源。需要注意的是：对于可压缩相，$E_k = h_k - \frac{p}{\rho_k} + \frac{v_k^2}{2}$；对于不可压缩相，$E_k = h_k$. h_k 是第 k 相的显焓。

④第二相 p 的体积分数方程：

$$\frac{\partial}{\partial t}(\rho_p \bar{v}_p) + \nabla \cdot (\alpha_p \rho_p \bar{v}_m) = \nabla \cdot (\alpha_p \rho_p \bar{v}_{dr,p}) \tag{4-38}$$

(2)湍流模型方程

多相混输泵内的流动为旋转流动，流线弯曲程度较大，因此选择在一定程度上考虑了湍流各向异性效应的 RNG $k-\varepsilon$ 模型封闭控制方程组，湍动能和湍动能耗散率的输运方程如下所述：

$$\begin{aligned} &\frac{\partial}{\partial t}(\rho_m k) + \nabla \cdot (\rho_m \bar{v}_m k) = \nabla \cdot (\sigma_k \mu_{eff} k) + G_{m,k} + \rho \varepsilon \\ &\frac{\partial}{\partial t}(\rho_m \varepsilon) + \nabla \cdot (\rho_m \bar{v}_m \varepsilon) = \nabla \cdot (\sigma_\varepsilon \mu_{eff} \varepsilon) + C_{1\varepsilon} \frac{\varepsilon}{k} G_{m,k} - C_{2\varepsilon} \rho_m \frac{\varepsilon^2}{k} \end{aligned} \tag{4-39}$$

几何模型及网格划分：以螺旋轴流式多相混输泵为研究对象，首先建立多相混输泵五级压缩单元的几何模型，如图 4-36 所示。网格划分后的计算模型如图 4-37 所示，总网格数为 4370717。

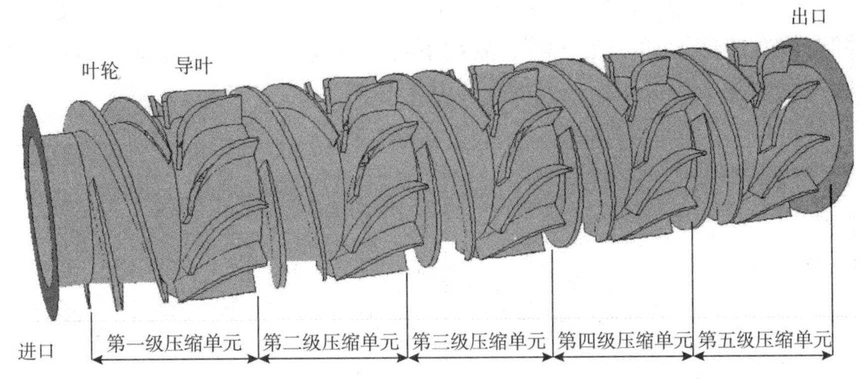

图 4-36　多级压缩单元几何模型

图 4-37　多级压缩单元计算模型

边界条件：由于计算过程中考虑了气相的压缩性，入口和出口分别采用压力进口和压力出口边界条件。叶轮区域内的流体采用旋转坐标系，转速设为叶轮的转速，旋转方向与叶轮旋转方向相同；叶轮叶片、叶轮轮毂与叶轮轮缘均设为壁面边界，其中叶轮叶片和叶轮轮毂相对于旋转坐标系的速度为零，即与流体以相同的转速旋转，轮缘设为固定壁面。进口段和导叶区域设为静止坐标系，该区域内的壁面设为无滑移壁面，采用壁面函数法确定固壁附近的流动。

模拟结果及讨论：压力随着级数的变化。

(1)纯水工况模拟结果

图 4-38 所示为转速 4500r/min、流量为 $50m^3/h$ 下，各级压缩单元内的静压力分布云图。从图中可以看出，从多相混输泵入口到出口压力逐级增加，各级之间的压力梯度变化均匀。

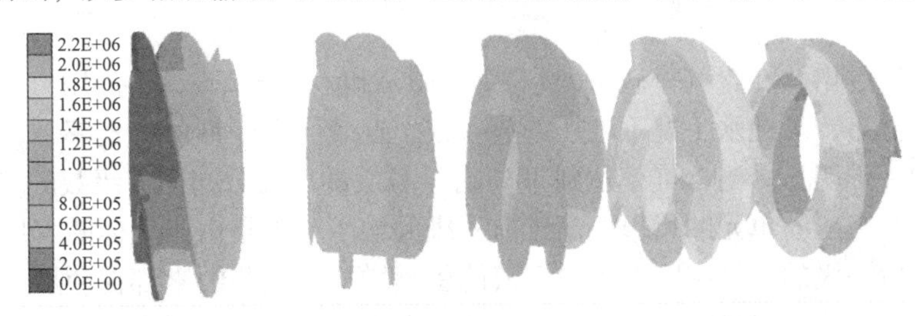

图 4-38　各级压缩单元压力分布云图

图 4-39 所示为不同流量下各级压缩单元内静压力变化。从图中可以看出，在纯水工况下增压随着级数线性增加，在不同的流量下各级压缩单元压力占总压的比也是线性变化，表明在纯水工况下各级压缩单元的增压基本相同。

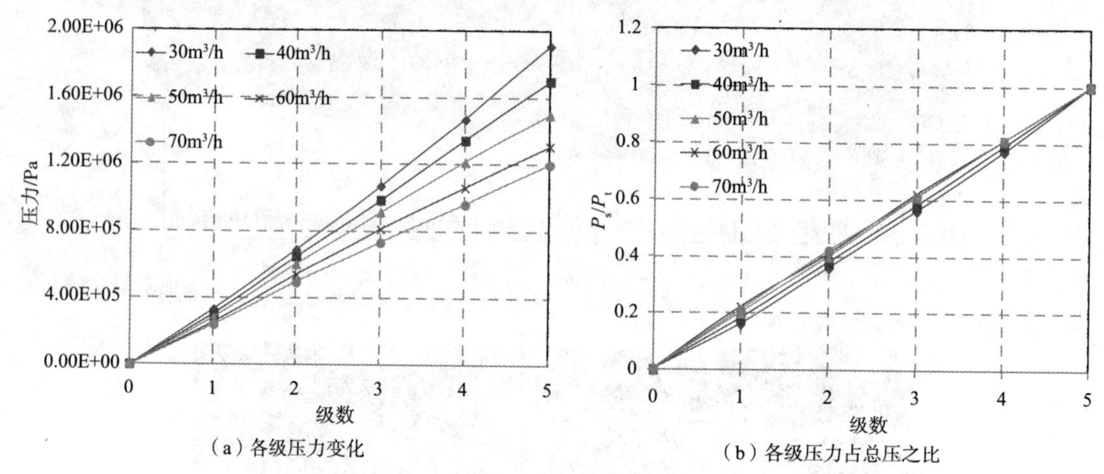

（a）各级压力变化　　（b）各级压力占总压之比

图 4-39　纯水工况下各级压力分布

（2）混输工况

图 4-40 所示为转速 4500r/min，总体积流量为 70m^3/h，不同含气率下各级压缩单元静压分布。

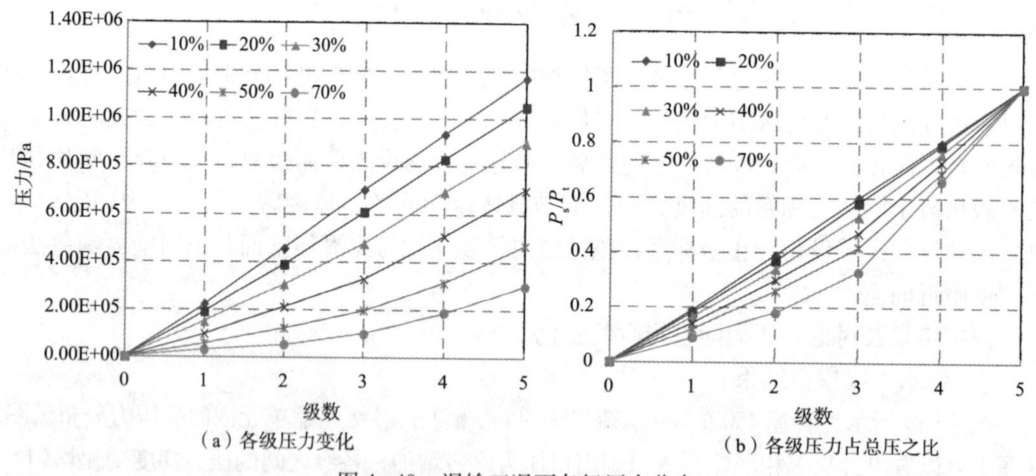

（a）各级压力变化　　（b）各级压力占总压之比

图 4-40　混输工况下各级压力分布

从图中可以看出，在含气率较低时（$GVF=10\%$ 和 $GVF=20\%$），静压力分布随着级数的增加呈线性分布，与纯水工况下增压趋势一致。这表明在较低的含气率下，气体的压缩性对增压影响并不明显。当含气率达到 30% 时，各级的压力分布随着级数的增加不再呈现线性变化，后一级压缩单元的增压要高于前一级的增压。这是由于气体随着压力的增加而被压缩，导致后一级的含气率降低、混合液的密度增加，这些因素都促使后一级的增压高于前一级的增压。这一趋势随着含气率的升高变得更加明显，表明在高含气率下，气体的压缩性变得更加明显。

图4-41所示为10%、30%、50%、70%四个含气率下增压随着级数变化的拟合结果。可以看出，含气率低于30%时，增压随着级数的变化呈线性关系。当入口含气率*GVF*≥30%时，多相混输泵的增压随级数不再线性变化，而是与级数呈二次函数关系。

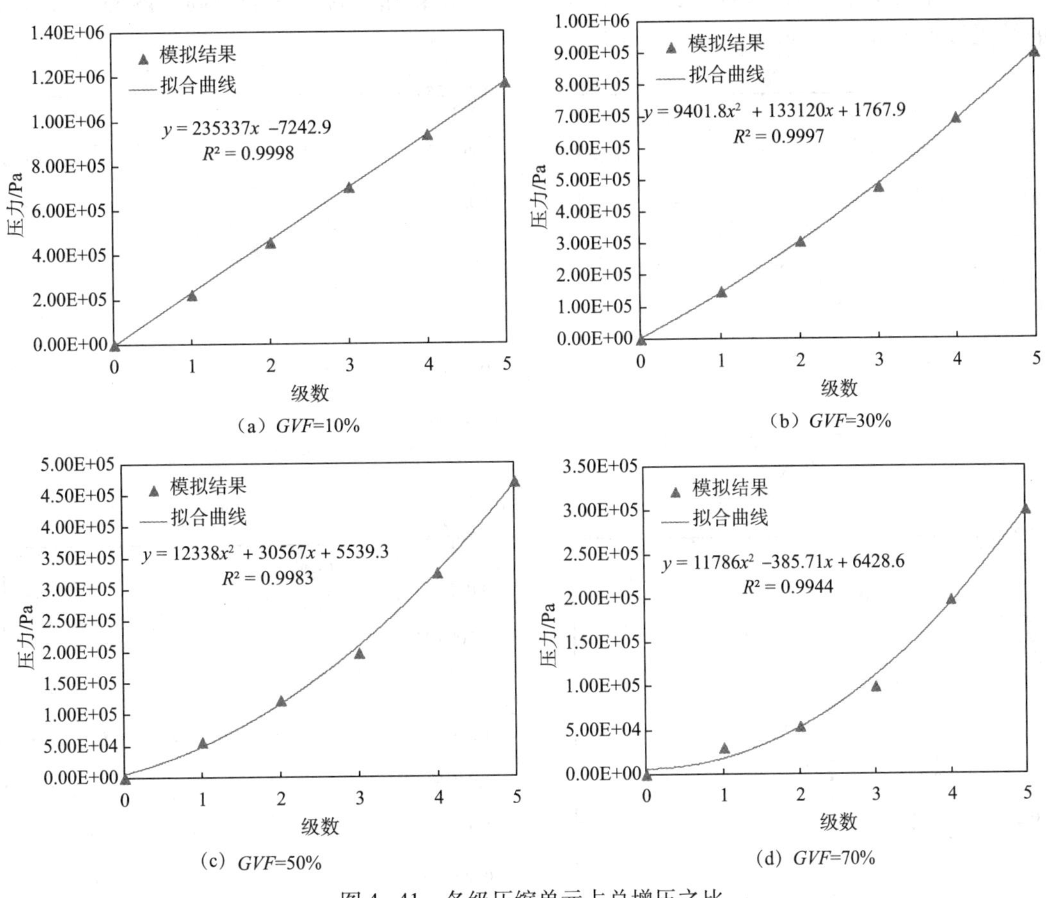

图4-41　各级压缩单元占总增压之比

表4-1中所示为各级压缩单元的增压占总增压的比。可以看出，在含气率为10%和20%时，各级压缩单元的增压约占总增压的20%；随着含气率的提高，各级压缩单元的增压比随着级数明显提高；在含气率为30%、50%和70%时，第五级的增压是第一级增压的1.47倍、2.75倍和4.10倍，压力随着级数的增幅大大提高。

表4-1　各级压缩单元占总增压之比

级　数	压　比					
	GVF = 10%	*GVF* = 20%	*GVF* = 30%	*GVF* = 40%	*GVF* = 50%	*GVF* = 70%
1	0. 19	0. 18	0. 17	0. 14	0. 12	0. 10
2	0. 20	0. 19	0. 18	0. 16	0. 14	0. 10
3	0. 21	0. 21	0. 19	0. 17	0. 16	0. 13
4	0. 20	0. 21	0. 22	0. 26	0. 25	0. 26
5	0. 20	0. 21	0. 25	0. 27	0. 33	0. 41

为了对比气体压缩性对多相混输泵性能的影响，图4-42所示为多级模拟时考虑气体可压缩性和不考虑气体可压缩性预测的结果。从图中看出，两种模拟方法在较低的含气率条件下，相差较小；在高含气率下，可压缩模拟结果显示每级的增压随着级数逐渐递增，而不可压缩模拟结果则表明每级的增压基本维持恒定；随着含气率的升高，两种方法所得的结果逐渐增大。

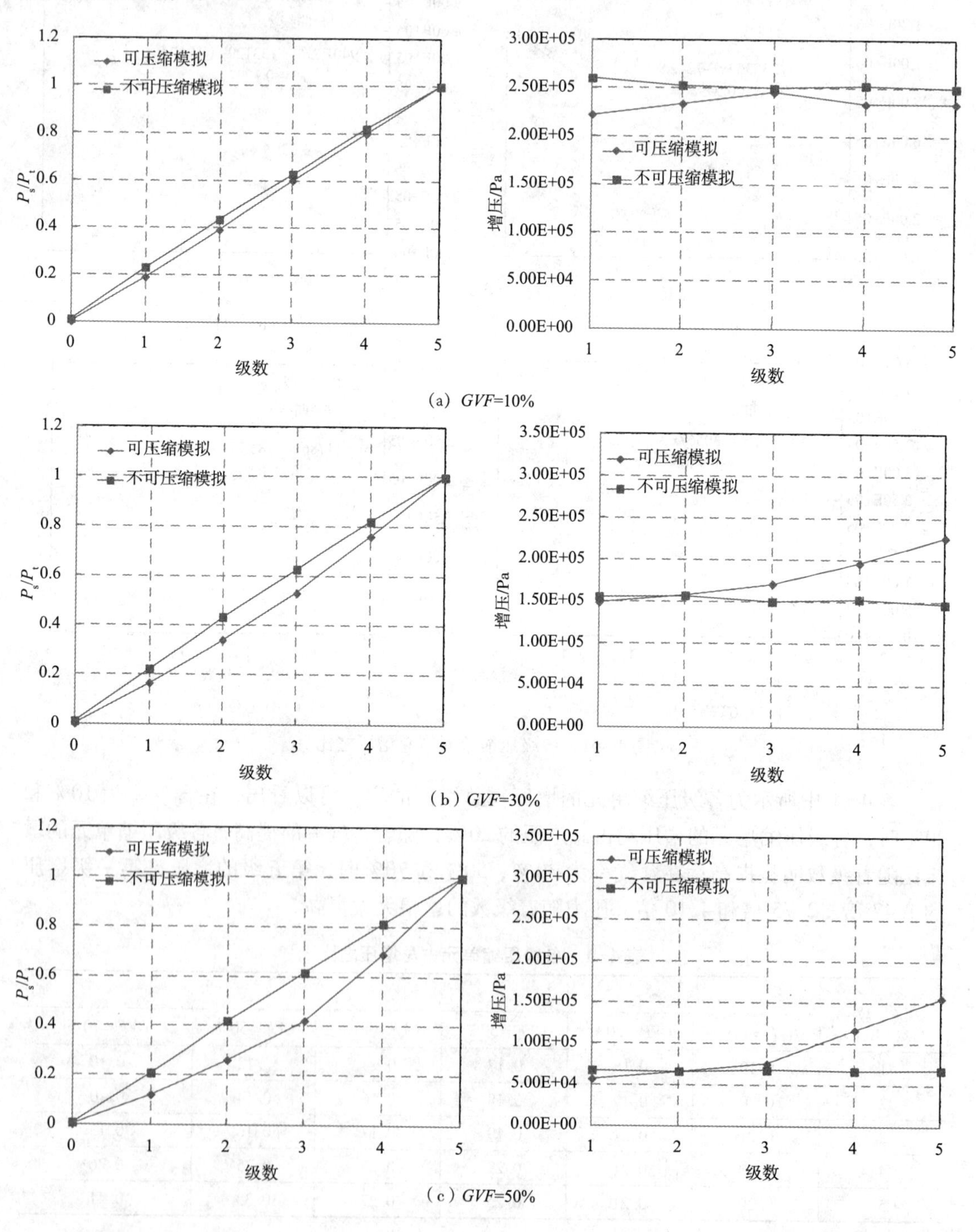

(a) *GVF*=10%

(b) *GVF*=30%

(c) *GVF*=50%

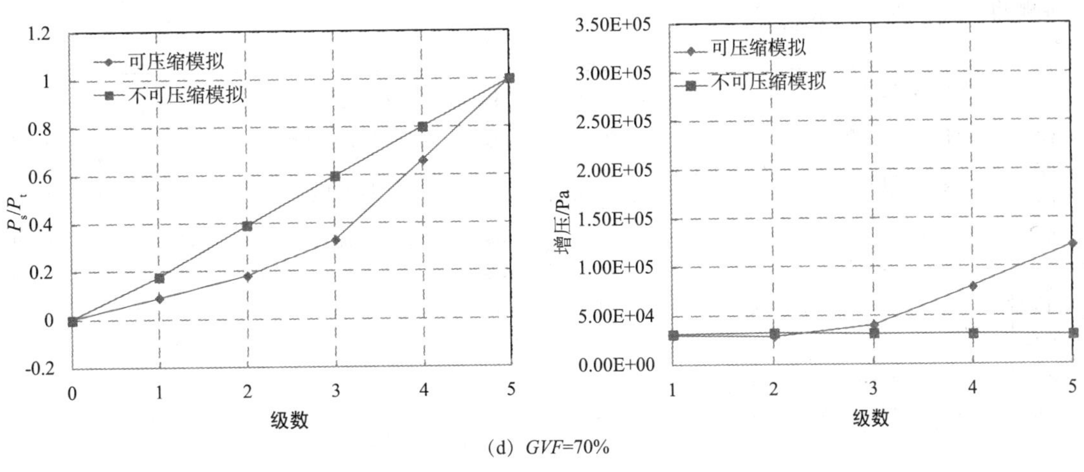

(d) GVF=70%

图 4-42 两种模拟方法预测的增压对比

表4-2 所示为在不同含气率下，两种模拟方法预测的增压结果，这里将两者的误差定义为：

$$\Delta = \frac{P_{com} - P_{non-c}}{P_{com}} \times 100\% \tag{4-40}$$

式中 P_{com}——多级可压缩模型预测的增压；

P_{non-c}——不可压缩模拟预测的增压。

表 4-2 不同含气率下的增压对比

	GVF			
	10%	30%	50%	70%
P_{com}/Pa	1173069	912471	472665	301725
P_{non-c}/Pa	1158497	762379	335496	154875
Δ/%	1.24	16.45	29.02	48.67

从表中可以看出，在 GVF = 10% 时，两种模拟方法预测的增压结果基本一致，误差仅为 1.24%。当含气率达到 30% 时，两者的误差达到 16.45%，此时各级压缩单元的压力不再是线性增加，由于气体被压缩，导致后一级的增压高于前一级的增压。随着含气率的进一步升高，两者之间的误差随之增大，在 GVF = 70% 时，误差达到 48.67%。因此，当含气率 GVF≥30% 时，对多相混输泵内多相流的模拟就必须要考虑气体的压缩性，否则会导致模拟结果与实际结果产生较大的偏差。

(1) 含气率随着级数的变化

图 4-43 所示为在考虑气体压缩性和不考虑气体压缩性时，两种模拟方法所得的各级压缩单元的含气率变化。在不考虑气体压缩性时，各级之间含气率维持在入口含气率的值。考虑气体压缩性时，在入口含气率为 10% 时，在流道内含气率随级数的增加线性递减。当 GVF≥30% 时，含气率随着级数呈二次函数递减。和压力变化类似，在较低的含气率条低于 30% 时，两种模拟方法的差别并不明显。随着入口含气率的升高，两种模拟方法

预测的含气率差值增大。

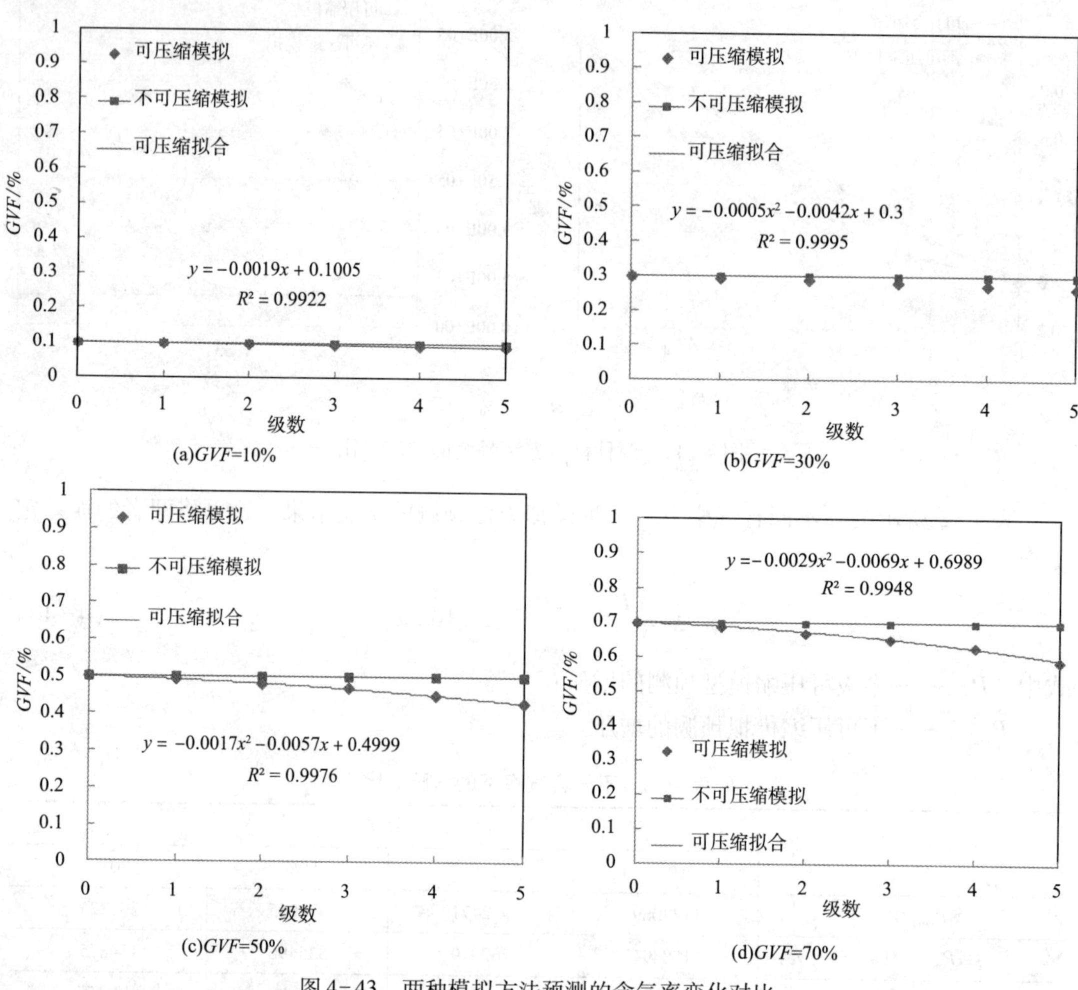

(a)*GVF*=10%　(b)*GVF*=30%　(c)*GVF*=50%　(d)*GVF*=70%

图4-43　两种模拟方法预测的含气率变化对比

(2)混合物密度随着级数的变化

混合物的密度是影响多相混输泵输送性能的一个重要参数，其表达式为：

$$\rho_{MIX,P} = GVF \times \rho_{G,P} + (1 - GVF) \times \rho_L \tag{4-41}$$

混合物密度主要取决于液相在混合液中所占的体积份额，即与含气率成反比例关系。通过含气率随着级数的变化规律，可以推断在考虑气体压缩性时，混合物密度随着级数的增加而增加。

通过与不可压缩模拟方法所得结果对比，如图4-44所示，发现当入口 *GVF*≥30%时，混合物密度与级数同样存在二次函数关系。

按照分段但可压缩数的值模拟计算得到启示如下：

对比多级可压缩模拟与不可压缩模拟方法对比发现，当含气率 *GVF*≥30%时，油气多相混输泵的增压随着压缩单元级数的增加不再是线性增加，而是与级数呈二次函数变化，与不可压缩模拟增压结果对比，两者误差为16.45%，并且误差随着含气率的升高进一步增大。

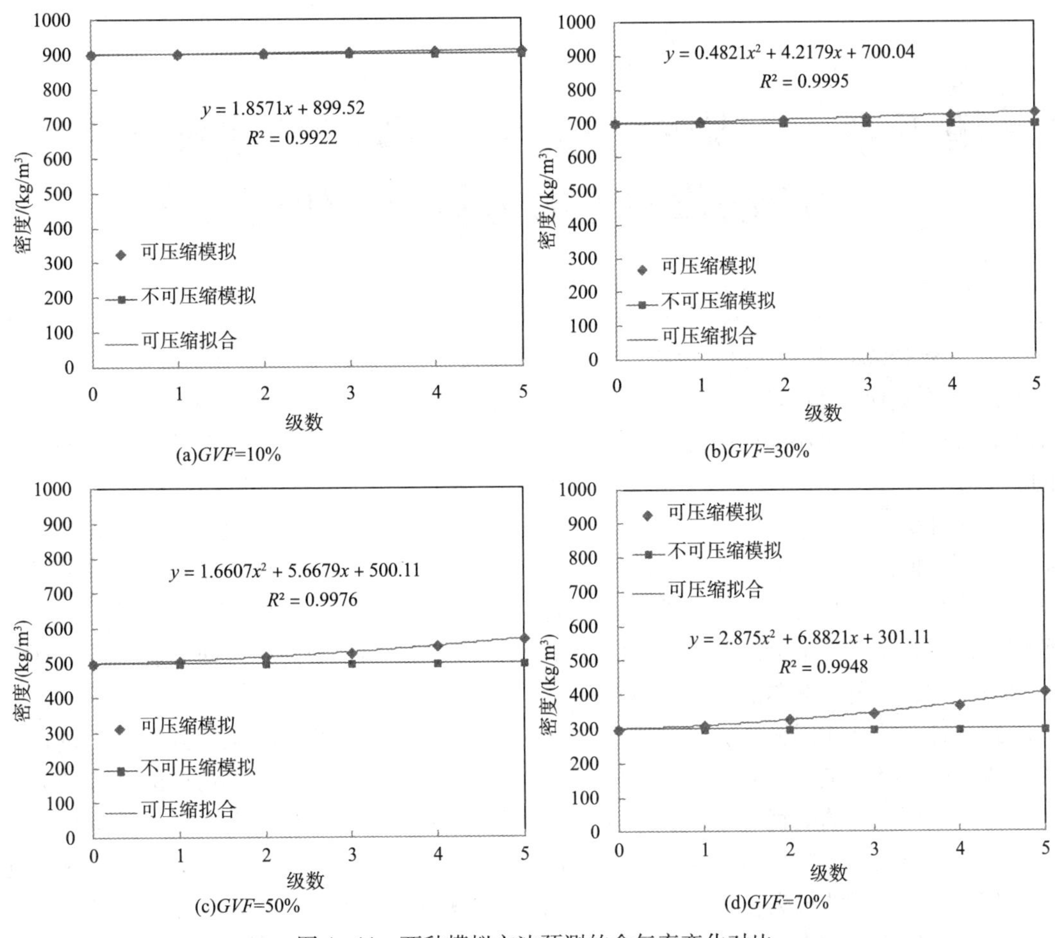

图 4-44　两种模拟方法预测的含气率变化对比

当含气率 $GVF \geqslant 30\%$ 时，各级压缩单元出口含气率随级数呈二次函数递减。模拟发现入口含气率为 10% 时，经过五级压缩后，出口含气率下降了 0.9 个百分点；当入口含气率为 70% 时，经过五级压缩单元后，含气率下降了 11 个百分点。混合物密度随级数变化趋势与含气率的变化趋势相反。

所以在多级压缩时候，如果笼统都按照不可压计算，是不完善的。由于气体体积缩小，密度升高，必然导致液流角和叶片进口处角度不一致，引起流动冲击。将要引起流动分离，阻力提高、效率下降。

但是每一级叶轮导叶都要变动，一旦出现来流不是常数。又有液流角和叶片角不一致，同时每一级叶轮几何尺寸角度都不同，制造困难大成本高。在工程上不妨还是考虑采用分段不可压设计。如三级 或五级为一段，使用同一叶轮。下一段再用新的叶轮和导轮。就可以兼顾到各方的利弊。

一般按照可压缩模型设计的叶轮入口液流角 ，每一段大约升高 2°，逐段都要采用新的叶轮入口角。对于大型螺旋轴流式多相混输泵。如果严格按照可压缩模式进行设计，当然叶轮导轮的叶型会和流态比较一致，流动分离会减轻，机组效率会提高运行稳定性会提高。但是每级叶型都在变化，制造以及费用等需要全面权衡。

第五章　螺旋轴流式油气多相混输泵叶型流动设计(水力设计)初探

1. 螺旋轴流式油气多相混输泵流动设计的含义

因为气液多相混输泵所输送的介质是油、气、水的多相混合介质，不同于单相泵中的水力设计，也不同于压缩机中的气动设计，所以称之为流动设计。螺旋轴流式多相混输泵的流动设计是指多相流动状态下叶轮、导叶、压出室和吸入室等过流部件的流道形状设计。由于螺旋轴流式多相混输泵最终是用来输送油、气、水，所以其流道形状应和单相泵有所不同，但因为目前还没有关于这种新型增压装置的流动设计方法的报道，可供参考的资料也十分有限，加之考虑到气液多相混输泵与单相泵的区别主要在于输送介质不一样，所以可以在一定程度上借鉴单相泵的设计方法，并兼顾泵内气液两相流动特点(相态分离)来进行设计，这是本章总的设计思路。

螺旋轴流式多相混输泵流动设计方面的研究工作是整个多相混输泵的开发研制过程中十分重要的一环，最终目的在于建立一套适合多相混输泵的流动设计方法。流动设计的根本任务是根据给定的扬程、流量、进口状态参数等设计参数，设计出具有良好能量特性的流道形状。流动设计应该满足如下三点要求：一是在两相输送情况下，尽量避免或减少气液两相分离所造成的损失，保证一定条件下两相输送的正常进行；二是应使泵内各种损失最小，具有较高的效率，即优化过流部件设计；三是应保证要求的特性曲线。

对处于开发初期的气液多相混输泵而言，满足所有的设计要求很难，整个设计过程是一个不断探索、不断完善、不断发现问题、逐步解决问题的过程。本书所述仅仅是前期设计工作中的一部分，重点解决的问题是保证一定进口含气率条件下两相输送的正常进行，在以后的工作中需要进一步进行优化设计，不断完善设计方法和设计思路，最终得到满足上述所有要求的多相混输泵设计方法。

2. 螺旋轴流式油气多相混输泵设计方案的确定

在考察了现有的各种型式的油气多相混输泵的基础上，可以总结出它们的设计思路主要分为如下：

(1)在相应型式的常规液体泵的基础上，考虑介质中含有气体成分进行改型设计，如螺旋轴流式多相混输泵、双螺杆式多相混输泵或单螺杆多相混输泵等；

(2)在相应型式的常规单相气体压缩机的基础上，考虑介质中含有液体进行改型设计，如湿式压缩机等；

(3)在某些极限情况下，如含气率很低或很高时，参照单相泵或压缩机来设计。

在将常规的液体泵改型成为油气多相混输泵的过程中，不同型式的多相混输泵采取的方式不尽相同，主要针对各自不同的特点、存在的问题而展开。对于双螺杆式多相混输泵而言，面临的主要问题是解决腔体内的泄漏问题，所以它主要通过对螺杆型线进行专门设计和对螺杆的精密加工，减少高压侧向低压侧的泄漏，从而保证含气率较高时，仍能达到较好的增压。在旋转动力式多相混输泵的设计中，面临的主要问题是发生在泵内的气液两相之间的相态分离。理论分析和来自国外现场的资料都充分说明，在各种类型的旋转动力式多相混输泵中螺旋轴流式多相混输泵在避免气液两相分离和油气水多相输送方面具有优良性能，但对于我们来说，首先面临的问题是如何设计这样一种新型的多相增压装置。

对螺旋轴流式多相混输泵内典型多相流动状态参数的研究分析表明，由于气体具有压缩性，多相混输泵内各级叶轮所处的流动状态并不相同，所以各级叶轮内的多相流动状态参数也不相同，而且即使在同一叶轮内各个不同的截面的状态参数也在不断变化，在实际的运行过程中，其内部参数的实际变化过程将更为复杂，目前还没有较为成熟的描述，所以在设计中需要考虑由于多相流体压缩性而引发的一系列问题。针对这一问题本书尝试性地提出两种可能的考虑多相流体压缩性的途径：一是采用分段不可压的设计方案；二是参考轴流压缩机的某些设计思路，在多级多相混输泵的设计中采用适当的通流截面形式，在一定程度上考虑多相流体的压缩性。

3. 分段不可压的设计方案

从理论上讲，对于螺旋轴流式多相混输泵，应根据其各级的不同的运行条件逐级设计，随着气体压缩，体积变小，每级的外形尺寸，每级叶片液流角都要变动。但这无疑增加了设计制造工作的复杂性，这是因为工业用多相混输泵，通常流量较大，增压要求较高，所以级数也较多。

分段不可压的设计方案具体思路是：在每一段中级数只在三五级之内，在多级螺旋轴流式多相混输泵的整机设计中采用多段式结构，如果整机为 15 级，每段为 5 级，整机就分为三段。这样做有如下的优点：一是简化了整个多相混输泵每段的设计和制造。不同段之间外形尺寸不同，同一段内各压缩单元一般选择相同的外形尺寸，只在某些参数的选取上进行调整；二是在一定程度上，增加产品的互换性，简化加工工艺；三是在一定程度上考虑了由于气体压缩性所引起的多相流体的压缩性，不过在同一段内压差较小的情况下，可以忽略多相流体的压缩性。这是由于为了保证多相输送的正常进行，避免相态分离的发生，通常螺旋轴流式多相混输泵各级叶轮是偏向是轴流式所以每级增压值不是很高，所以在同一段内压差较小的情况下，气液分离不太严重。所以忽略多相流体压缩性是可行的；四是此设计方案可以防止气团在前段叶轮间滞留，计算和实验研究都表明，采用分段式结构时，液流通过叶片前后段之间的间隙由压力面流向吸力面，从而防止气团在前段叶轮间滞留；五是可以实现分段冷却。由于多相混输泵的运行条件极不稳定，必须适应从全气到全液各种恶劣工况，考虑到多相混输泵内气体体积含量较高或在全气状态运行时，特别是当进口压力较低时，总压比较大，将引起显著的温升，应当考虑冷却问题，所以在多相混输泵的设计中应采用多段式结构，以期实现分段冷却。

总之，分段不可压的设计方案的具体实现方法是：同一段内各压缩单元的设计中，按照相同的叶轮、导叶的设计，不同段则是不同的叶轮和导叶。在泵的总体整机则是不同段的组合，达到整机设计。

4. 通流部分可能的结构形式

多相流体在多级多相混输泵内的流动基本是连续的稳定流动，与压缩机中的情形相类似。由于多相流体压缩性的存在，一般沿着流动方向逐级地轴向分速会略有下降，经压缩以后多相介质混合密度增加，所以通流面积应当是逐级减小的。多相流体的这种流动特性即它所具有的压缩性，应该在具体设计中有所体现，这样才能符合多相流动的基本规律，保证多相混输泵的正常运行。为此，参考轴流式压气机通流截面结构设计方法，给出以下四种可供参考的方案，反映在子午剖面上，通道的流动型式归纳为以下几种设计方案：

(1)等外径方案

如图5-1(a)所示，这种方案的特点是各级的外径不变。它的最大优点在于各级外径上都能达到最大圆周速度，而在平均直径和轮毂上，从第一级到最后一级，圆周速度逐渐增大，如果 ΔW_U 不变，则可逐级增加压比，从而减少轴向尺寸和总级数，泵壳的结构和加工也比较简单。缺点是由于平均直径和轮毂直径是逐级增加的，对于流量小、压比高的多相混输泵而言，会导致末级叶片高度迅速减少，增加高压级二次流损失，效率降低。总的来说，由于加工工艺比较简单，又有上述优点，所以这种方案在轴流式压缩机中应用较多。

(2)等内径方案

如图5-1(b)所示，在这种方案中，各级的叶片根部直径和圆周速度是相同的。因此各级的加功量分配不可能相差太大，级数将会增多，轴向尺寸将会加大，通道外径和平均直径逐渐缩小，高压级的叶片高度会增加，级的流动性能容易得到保证，转子加工相对容易。在固定式轴流压缩机中应用较多。

(3)等平均直径方案

如图5-1(c)所示，这种方案的特点介于前两者之间，由于壳体和转子的结构比较复杂，所以较少采用。

(4)混合型方案

如图5-1(d)所示，这种混合型方案可同时兼顾级的加工量和效率两个方面，当总压比较大，级数较多时，常被采用。低压级采用等外径方案，可增加各级加功量和压比，高压级采用等内径方案，改善后级叶片的工作性能，提高效率。混合型的目的是想集中较多的优点，改进多级多相混输泵的性能。

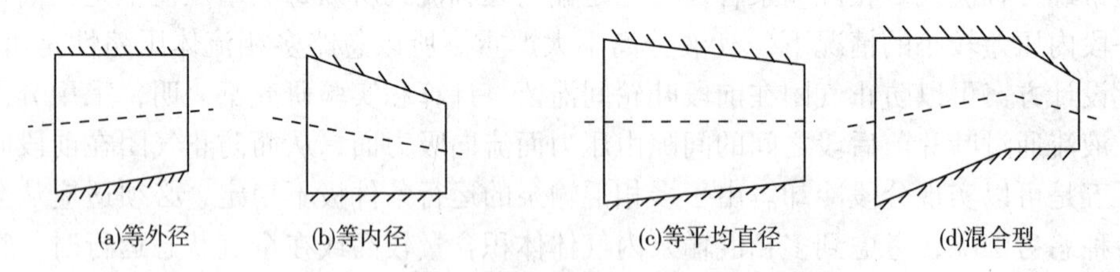

图5-1　多相混输泵子午剖面可能的通道形式

以上四种方案的比较是针对轴流压缩机中的使用情况而言的，螺旋轴流式多相混输泵中具体采用哪种方案还有待于实验的检验。

上述两种处理多相流体压缩性的方法并不相互抵触，可以结合使用。在螺旋轴流式样机的设计中，考虑到压比较低、流量较小，故与之对应的样机级数也比较少，为了制造方便，没有考虑通道形式的变化和多相流体压缩性问题。

5. 螺旋轴流式油气多相混输泵中压缩单元的设计

螺旋轴流式多相混输泵主要由以下几部分组成：过流部件(压缩单元)，轴向力平衡装置，冷却系统，密封系统，轴承支撑系统。此外动力装置传动方式、泵入口处的均化器也非常重要。下面就重点对压缩单元的设计进行介绍。

压缩单元是螺旋轴流式多相混输泵中的最关键部分，是多相混输泵增压性能的关键部件，如图 5-2 所示。每级增压单元有一个叶轮和导叶组成。

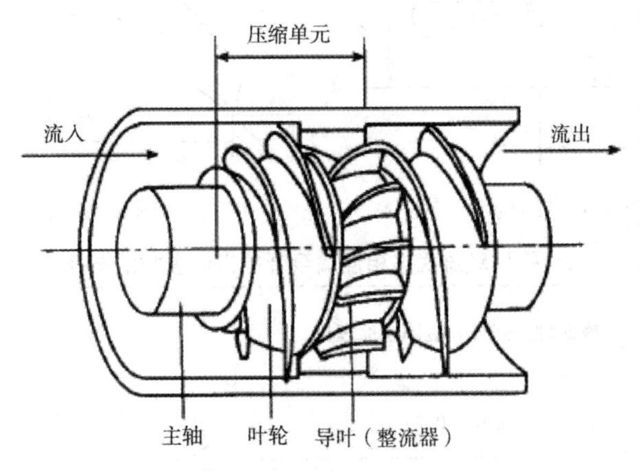

图 5-2 压缩单元结构示意图

第一节 叶轮设计

由于多相混输泵输送的介质为气液混合物，获得增压的关键在于过流部件内不形成大的滞留气团，不发生相态分离，因此在多相混输泵叶轮的设计中同时借鉴了轴流式的叶型和诱导轮的叶型的设计方法，并考虑多相输送的特殊性予以改进。为了保证能实现增压和气液不发生分离，调整了相关的结构参数，如尽量增大流道曲率半径、减少单元级的增压值、提高抽吸能力等，在一定程度上减少了相态分离造成的损失，保证了两相输送的正常进行。螺旋轴流式多相混输泵叶轮的结构如图 5-3 所示，采用这种结构的优点在于它有很长的方形通道，因此就具有较大的流道曲率半径，可以在一定程度上避免或延缓相态分离的发生；它采用开式或半开式的结构设计，可以输送含砂介质。

叶轮几何结构的主要参数有：轮缘直径 D_t、轮毂进口直径 d_{h_1}、轮毂出口直径 d_{h_2}、轮毂轴向长度 H(见图 5-3、图 5-4)、轮缘进口安装角 β_1、轮缘出口安装角 β_2、轮毂半锥角 γ、叶片数 Z、叶片间节距 t、叶片展开图弦长 L、叶栅稠密度 σ、叶片导程 S、叶型最大厚度 δ、翼型、进口轮毂比 h_{tr}、流量系数 ϕ_i、原始翼形的基本参数等。这些参数不是孤立的，而是相互影响、相互依赖、相互制约的。

叶片几何结构参数选取的合理与否，对叶轮的流动性能具有决定性的影响作用。合理的几何结构设计可以有效地防止气液两相分离，是保证两相输送的必要条件。表 5-1 给出了螺旋轴流式多相混输泵各参数的选取范围。

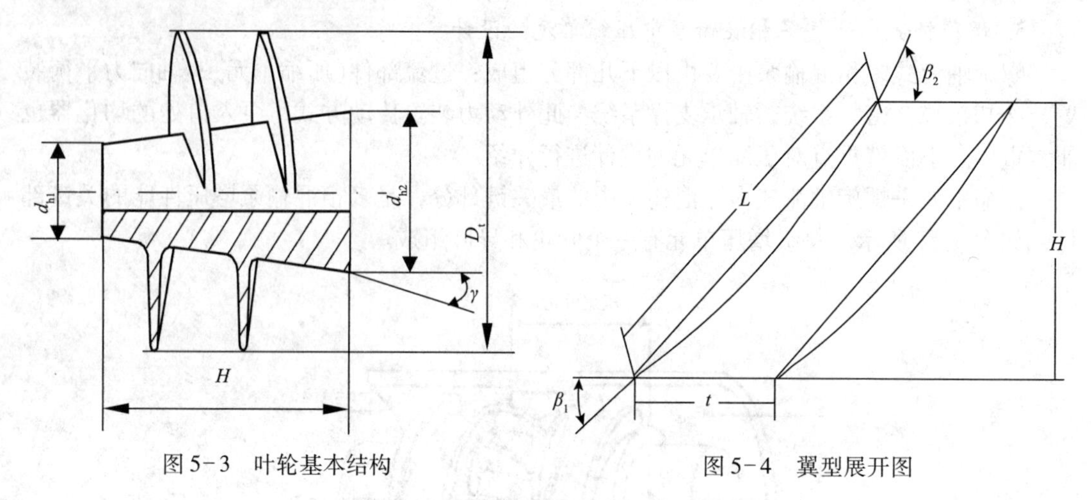

图 5-3　叶轮基本结构

图 5-4　翼型展开图

表 5-1　螺旋轴流式多相混输泵叶轮设计参数的选择范围

叶轮主要结构参数	螺旋轴流式多相混输泵原理机	备　注
扬程系数 ψ_i	0.18～0.25	保证一定增压，与流量系数协调确定泵进口尺寸
轮缘长径比 S_L	0.25～0.4	
流量系数 ϕ_i	0.01～0.15	必须兼顾确保两相输送和外径要求
进口轮毂比 h_{tr}	0.70～0.88	与比转速有关，随比转速的减小而增大，综合考虑各因素
轮毂半锥角 γ	8°～12°	
叶栅稠度 σ	1.8～2.5	与叶片数有关，随叶片减小而减少
叶片进口安装角 β_1	4～10°	
叶片进口冲角 $\Delta\beta_1$	3°～10°	通过实验确定最佳值设计时建议 4°
叶片数 Z	3～4	
叶片最大厚度 δ_{max}	轮缘处(0.07～0.3)L_y	厚度越薄越好，但应满足强度要求
出口修正角 $\Delta\beta_2$	1°～3°	
轮缘径向间隙	0.2～0.3mm	尽可能减小，但应考虑结构、安装、运行等方面要求
叶片角 β	8°～15°	
叶片倾斜角	0°～6°	

下面对叶轮的各个设计参数做详细的说明。

1. 扬程系数 ψ_i、流量系数 ϕ_i

扬程系数 ψ_i 表征叶轮增压能力的大小，$\psi_i = gH_i/U_t^2$，

即在一定的转速条件下，ψ_i 越大，U_t 越小，相应的径向尺寸 D_t 也越小，所以扬程系数是决定多相混输泵叶轮尺寸的主要参数。在多相混输泵的设计中扬程系数的选取十分重

要，扬程系数高，叶轮的增压能力就强，但也可能因此导致气液两相分离。

流量系数 $\phi_i = V/U$

2. 轮缘外径 D_t

由扬程系数所确定的叶轮直径，应保证满足相应的流量系数要求。对多级多段式多相混输泵而言，由于多相流体体积不断压缩，后段(级)叶轮直径较前段(级)要小。

3. 轮毂比 h_{tr} 和轮毂进口直径 d_{h_1}

轮毂用来固定叶片，在结构和强度上应保证安装叶片的要求。从流动性能的角度来看，减少轮毂比 h_{tr} 可以减少流动损失，增加过流面积，但随着轮毂比 h_{tr} 的减小，叶片扭曲程度会增加，当偏离设计工况时，会造成流体的流动紊乱，在叶轮出口产生二次流，高效区变窄。

图5-5为叶片的轮毂、中间和轮缘三个截面的速度三角形，对应于图中(a)、(b)、(c)。设计时因为圆周速度 $U_c > U_b > U_a$，为了保证各截面具有相同的扬程，则绝对速度圆周分量 V_U 必须满足 $V_{U2c} < V_{U2b} < V_{U2a}$，结果安装角 $\beta_c < \beta_b < \beta_a$。轮毂比越小，各流线之间的角度差越大，叶片越扭曲。当流量小于设计流量时，轴面速度减小，各流线之间由于液流角的变化不等，引起叶轮进口紊乱。另外在这种情况下，$V'_{U2c} > V'_{U2b} > V'_{U2a}$，与设计工况的变化趋势相反，并且 $V'_{U2c}R_c > V'_{U2b}R_b > V'_{U2a}R_a$，破坏了 V_UR 沿半径的分布规律，将在叶轮进出口产生二次流。所以在多相混输泵原理机的设计中通常取较大的轮毂比。轮毂比 h_{tr} 确定后，即可根据 $d_{h1} = D_t \times h_{tr}$ 来确定进口轮毂直径，在设计中还应考虑相应流量系数范围。

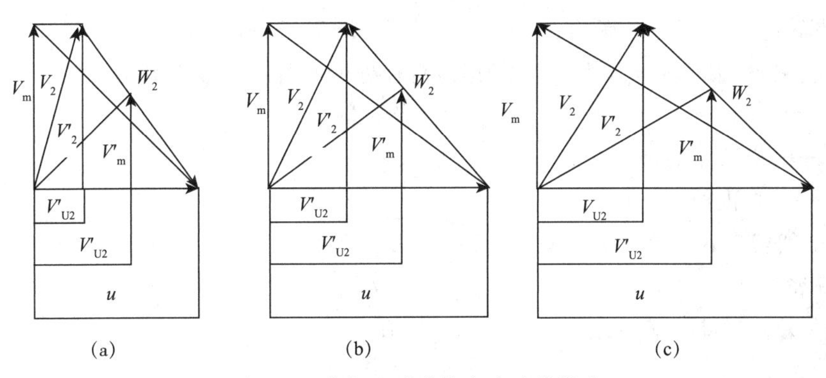

图5-5　轮毂比对叶轮内流动的影响

4. 进口流量系数 ϕ_{in}

流量系数 $\phi_i = V_{m1}/U_t$ 是一个对泵组效率影响较大的参数，也是确定多相混输泵叶轮的主要参数之一。对于某一特定翼型，其对应的流量系数均有一个最佳范围，对于某一特定叶轮，进出口处总体积流量、泵轴转速和叶轮进口尺寸(D_t、d_{h_1})确定后，即可确定 ϕ_{in}。

5. 轮毂半锥角 γ 和轮毂出口直径 d_{h_2}：

在螺旋轴流式多相混输泵原理机的设计中，借鉴轴流泵和诱导轮的设计思想，采用锥形轮毂，主要考虑如下三点：一是可以增加进口通流面积；二是可以在一定程度上减少叶片扭曲和出口处二次流损失；三是在轮缘外径一定时，整个通道为渐缩形，这样在气液两相输送时，可以避免由于气体压缩、流量减少引起的轴面速度降低。

轮毂半锥角 γ 与轮毂出口直径密切相关，见式(5-1)：

$$\gamma = \tan[(d_{h_2} - d_{h_1})/(2 \times H)] \tag{5-1}$$

确定轮毂半锥角 γ 后，根据式(5-1)确定叶轮出口轮毂直径 d_{h_2}。

6. 叶轮轴向长度 H 和轮缘长径比 S_L

叶轮轴向长度 $H = S_L \times D_t$，与叶片包角、翼形弦长、叶栅稠度 σ 相关，轴向长度 H 小，叶道短，叶片扭曲程度增加，沿翼形弦长压力梯度增加，容易造成流动分离；轴向长度 H 大，则叶道长，在其他参数一定的条件下，叶栅稠度增加，水力损失也会增加。所以存在一个最优的选值范围，叶轮轴向长度 H 的选取受到叶栅稠度 σ 的限制。

7. 进口安装角 β_1 和冲角 $\Delta\beta_1$

翼形中线在前缘的切线与叶栅前端额线之间的夹角为轮缘进口安装角 β_1。

$$\beta_1 = \beta'_1 + \Delta\beta_1 \tag{5-2}$$

式中 β'_1——进口相对液流角；

$\Delta\beta_1$——进口冲角。

进口冲角直接影响叶片负荷的大小，冲角大则最低压力点部位前移，吸入性能变坏，冲击损失增加。从两相输送的角度来看，取较小的冲角可以改善泵在两相输送条件下的性能，但冲角的选取还必须保证增压的要求，所以不能太小。

在设计中，首先确定外缘处叶片进口安装角 β_{y1}，然后根据径向导程相等的原则 $d\tan\beta_1$ = 常数，确定其他直径处叶片进口安装角 β_1。

8. 叶轮出口安装角 β_2 和修正角 $\Delta\beta_2$

先计算轮缘出口相对液流角 β'_2'，之后根据式(5-3)确定轮缘出口安装角 β_{y2}，以此为基准确定，按照 $d\tan\beta_2$ = 常数，确定其他直径处的叶片出口安装角 β_2。

$$\beta_{y2} = \beta'_{y2} + \Delta\beta_2 \tag{5-3}$$

式中 β'_{y2}——出口相对液流角；

$\Delta\beta_2$——修正角。

9. 叶栅稠密度 σ、叶片节距 t、翼形弦长 L、叶片数 Z

叶栅稠密度
$$\sigma = L/t \tag{5-4}$$

翼形弦长
$$L = \frac{H}{\sin\beta} \tag{5-5}$$

叶片节距
$$t = \frac{D \times \pi}{Z} \tag{5-6}$$

叶栅稠密度 σ 是表征叶栅特性的主要无量纲化参数。叶栅稠密度 σ 大，则说明叶道长，这样可以保证沿翼形方向压力增加平缓，即具有较小的压力梯度，在气液两相输送中不易导致气液两相间的流动分离，即相态分离的发生，所以在一定程度上选择较大的叶栅稠密度有利于两相输送。叶片数 Z 影响叶栅稠密度 σ 的大小，随着叶片数的减小，叶片节距 t 增加，由于叶片不宜过长，因而叶栅稠密度 σ 减小；若叶栅稠度 σ 过大，反而会增加轴向长度和流动损失，制造也比较困难。

10. 叶片角 β 和导程 S

叶片角 β 的大小会影响叶片吸入能力和传递能量的能力，叶片角通常取 8°~15°。螺旋轴流式多相混输泵原理机设计中，叶片的工作面一般为阿基米德螺旋面，因为这种叶片易于加工(阿基米德螺旋面，即过轴线且与轴线成一定角度的直线，绕轴做等速旋转运动，并沿轴线前进时所形成的螺旋面)。无论采用等螺距或变螺距的设计，为了铸造和加工，沿叶片表面各半径处的径向导程应相等，即满足：$d\tan\beta_2$ = 常数。

11. 叶尖间隙 Δt

叶尖间隙 Δt 是叶轮和导流套之间的半径间隙，如果间隙过大，将导致流经间隙的泄漏增加，对进口主流的干扰增加，致使叶轮外缘产生回流，损失增加。因此在加工时应保证导流套和叶轮的同心度。同时根据制造、安装质量和运行的要求，必须留有一定的径向间隙。

12. 叶片最大厚度 δ、相对厚度 $\bar{c}$ 和叶片倾斜角 θ

为使多相混输泵具有较好的输送气液两相介质的性能，在强度允许的前提下，叶片厚度越薄越好。从强度的角度考虑，叶根受力大，相对厚度 $\bar{c}$(或 δ)应大些，叶尖受力小些，$\bar{c}$(或 δ)可小些。

此外从叶根到叶尖减小 δ，可使叶片的离心力有所减少，所以在设计中沿叶高方向按直线规律变化。设计时可采用图 5-6(a)所示的结构，即叶尖(轮缘处)厚度很薄，应进行打磨，而叶根稍厚一些，其倾斜角 θ 应不大于6°，轮缘部分修圆，以往的经验表明这样可以减少间隙绕流，如图 5-6(b)所示。

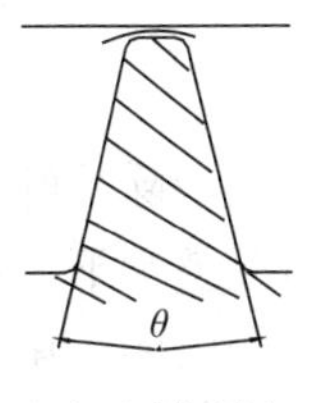

(a) 叶片倾斜角

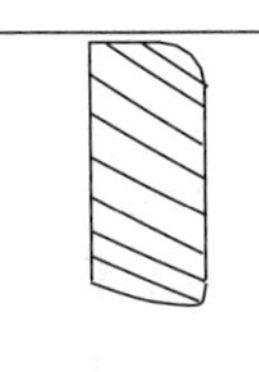
(b) 修圆外缘

图 5-6　叶片轴面投影

在叶轮的设计中，还应考虑以下三个问题：

(1)采用变螺距设计

为了保证气液两相输送的正常进行，同时又要产生较高的增压，以实现对气液两相混合介质的泵输要求，在叶轮的设计中应采用变螺距结构形式。

$$H = An^2 - BnQ - KQ^2 \tag{5-7}$$

式中

$$A = 1.82 \times 10^{-4} D_P^2 \tag{5-8}$$

$$B = 6.8 \times 10^{-3} D_P^2 / F_m S \tag{5-9}$$

$$K = 0.554 D_P^2 / (F_m S)^2 \tag{5-10}$$

F_m、S 和 D_P 分别表示轴面流道面积、导程和计算直径。

$$F_m = 0.785 D_t^2 (1 - Rd^2)(1 - z\delta_m / S) \tag{5-11}$$

$$S = \pi D_t \tan\beta \tag{5-12}$$

从式(5-7)中可以看出，实际扬程随导程的增加而增加，因此较为理想的设计应采用变螺距设计，这样既可以保证两相输送的正常进行，又可得到较高的增压值，当然变螺距给加工带来一定麻烦。

(2)同一泵内前后段(级)叶轮按照不同的设计原则进行设计

工业用分段式多级泵的设计中，前后段或级叶轮应分别遵循不同的设计原则。首级叶轮设计的主要目的是保证两相输送，这是因为叶轮首级叶轮进口处总体积流量较大，气体体积含量较高，容易发生气液两相相态分离，所以在它的设计过程中各参数的选取应相对保守。而在后级叶轮的设计中，则应以增压为目的，在设计参数的选取中应予以注意。这样前后段或前后级分别选取不同的设计原则进行设计，可以在一定程度上改善泵的总体工作性能。

(3)原始翼形优化

翼形的设计和优化设计是改善多相混输泵内气液两相分离现象、提高多相输送性能的有效途径。根据单相泵设计经验，在各种叶型参数中叶片的最大相对厚度 $\bar{c}$ 及其位置 e、原始翼形的厚度分布规律等对泵的水力性能或压缩机的气动性能影响较大，$\bar{c}$ 大意味着叶型型面曲率大，对流场的扰动大；$\bar{c}$ 太小，会使叶型太薄，带来叶片强度和振动以及工艺上的问题。e 小，意味着最大厚度靠近前缘，前缘附近流体加速快，同时较小的 e 可使叶背上最大速度点离后缘较远，扩压段压力梯度较小，因而不易产生脱流。通常亚音速原始翼形 e 一般取 0.3 ~0.4，对于多相混输泵而言，如何取值还不能确定，但在多相混输泵设计中应考虑基本翼形的优化设计问题。

第二节　导叶设计

普通导叶的作用是消除从叶轮里出来的液体的旋转运动，并将旋转运动的动能转化为压力能，将流体方向调整为下一级叶轮的要求的入流方向。在螺旋轴流式多相混输泵原理机中，导叶还有一个特殊的作用，一方面随扩压过程的进行，气体被压缩，另一方面导叶的多个叶道强制分流并剪切破碎叶轮出口形成的气团，即导叶还可以在一定程度上调整气液两相流体的流动状态，为下一压缩单元的正常工作提供保证，在螺旋轴流式多相混输泵中导叶也称之为整流器。

1. 导叶水力模型选型

(1)物理模型

使用改进型的一维两相控制体模型来分析叶片式气液多相混输泵的内部流动。该模型如图 5-7 所示。

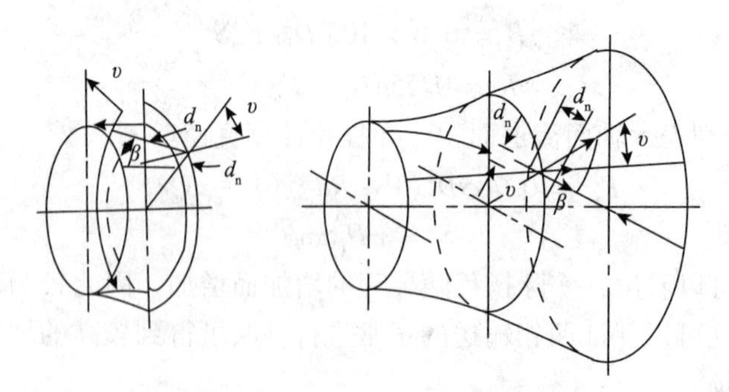

图 5-7　一维两相控制体模型示意

假设气体和液体作一维流动且流动方向相同；两相之间存在速度滑差。这样，导叶内的气液两相流应满足：

$$q_{ml} = \rho_l A(1 - \alpha) v_{Rl} \tag{5-13}$$

$$q_{mg} = \rho_g A \alpha v_{Rg} \tag{5-14}$$

$$\rho_g v_{Rg}\frac{dv_{Rg}}{dl_s}+\frac{\rho_1}{2}\left[v_{Rg}\frac{dv_{Rg}}{dl_s}-v_{Rl}\frac{dv_{Rl}}{dl_s}\right]=-\frac{dp}{dl_s}+\rho_1 C_d(v_{Rl}-v_{Rg})\left|v_{Rl}-v_{Rg}\right| \tag{5-15}$$

$$\frac{q_{ml}^2}{\rho_1(1-\alpha)A^2}\left[\frac{1}{1-\alpha}\frac{d\alpha}{dl_s}-\frac{1}{A}\frac{dA}{dl_s}\right]-\frac{q_{mg}^2}{\rho_g A^2}\frac{1-\alpha}{\alpha^2}\left[\frac{1}{\alpha}\frac{d\alpha}{dl_s}-\frac{1}{A}\frac{dA}{dl_s}\right]+\frac{\rho_1}{2}\left\{\left[\frac{q_{mg}^2}{\rho_g\alpha A}\right]^2\left[\frac{1}{\alpha}\frac{d\alpha}{dl_s}-\frac{1}{A}\frac{dA}{dl_s}\right]\right.$$
$$\left.+\left[\frac{q_{ml}^2}{\rho_1(1-\alpha)A}\right]^2\left[\frac{1}{(1-\alpha)}\frac{d\alpha}{dl_s}-\frac{1}{A}\frac{dA}{dl_s}\right]\right\}=\frac{3}{8}\rho_1 C_d\left[\frac{q_{mg}^2}{\rho_g\alpha A}-\frac{q_{ml}^2}{\rho_1(1-\alpha)A^2}\right]\times\left|\frac{q_{ml}^2}{\rho_1(1-\alpha)A^2}-\frac{q_{mg}^2}{\rho_g\alpha A}\right| \tag{5-16}$$

式中　A——流线过流截面积，m^2；

C_d——阻力系数；

q_m——质量流量，kg/ s；

p——静压，Pa ；

l_s——流线长度，m；

v_R——叶轮内相对流速，m/ s；

α——沿导叶流线的含气率；

β——流线与叶轮子午面的夹角，(°)；

γ——子午面流线与轴向的夹角，(°)；

ρ——密度，kg/m^3；

下标 l、g——表示液相、气相状态。

求解式(5－13)～式(5－16)，可得 v_{Rl}，v_{Rg}，α 及 p 沿流线的分布。对给定的泵设计工况，一般应选用有较低含气率 α 与较高增压 Δp 的水力设计方案。若用 α 和 Δp 难以确定方案优劣，可引用气液多相混输泵综合性能指标 λ 作为选型的又一依据。认为 λ 值大者为优选方案，$\lambda=\alpha_i$。$\Delta p=p-p_i$，n 为正实数；下标 i 表示泵进口参数。

(2)导叶的 6 种方案选型

导叶的主要作用是：

①消除叶轮出口流体速度环量，实现降速增压。

②将流体方向调整为下一级叶轮要求的入流方向。

③导叶多个通道强制分流并剪切破碎叶轮出口形成的气团，调整气液两相流体流动状态，保障下一级叶轮正常工作。

导叶的6组导叶设计方案几何参数如表 5-2 所示。

表 5-2　6 组导叶几何参数对比

方　案	1	2	3	4	5	6
轮缘进口安装角 ω_i/(°)	18	20.2	21	20.5	22	17
轮缘出口安装角 ω_o/(°)	85	85	85	85	85	85
出口轮毂比 S_h	0.5	0.6	0.7	0.6	0.5	0.6
半锥角 * Ω/(°)	－15	－21	－17	－18	－16	－14
叶片数 Z'/个	17	17	17	17	17	15

* 半锥角负号表示从导叶进口到出口截面直径是逐渐减小的。

图 5-8 给出了按式(5-22)～式(5-25)通过数值模拟计算。得到的 6 组导叶内含气率

α 沿流程的分布；图 5-9 给出了导叶内静压 p 沿流程的计算结果；图 5-22 给出了 6 组导叶内 λ 沿流程的分布。

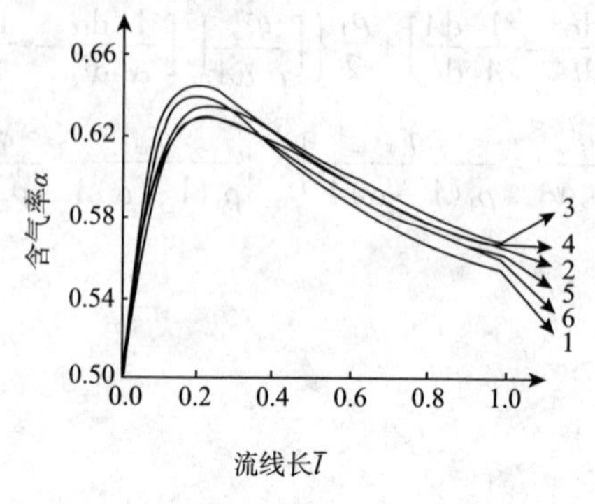

图 5-8　导叶内含气率沿流程的分布

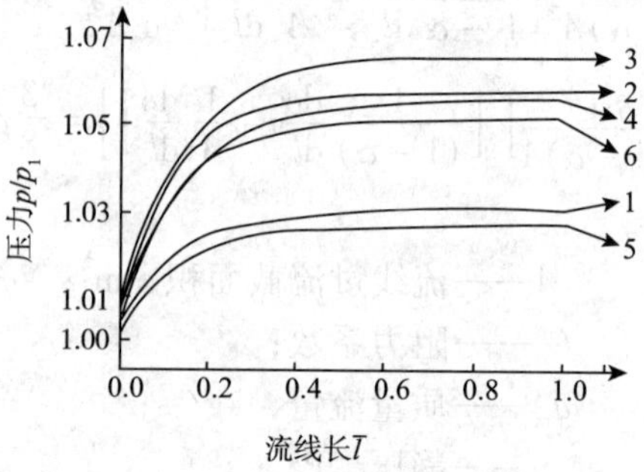

图 5-9　导叶内压力沿流程的分布

图中横坐标为导叶量纲 1 的流线长，$\bar{l} = l_s/l$，l 为导叶内流程的总长；纵坐标作了量纲为 1 的处理，$\bar{p} = p/p_i$，p_i 为导叶进口的静压。由图 5-9 可知，方案 1 内的含气率最低，即滞留的气团最少，发生相态分离的可能性较小；方案 3 内的含气率最高，因此，发生相态分离的可能性较大。由于各方案含气率很接近，因此，不能单纯从含气率来评价方案的优劣。由图 5-10 可见，方案 1、5 内的增压最小。方案 3、2 有较强的增压能力，导叶内的含气率数值居中，并且在出口段略有下降，表明这两种方案可以优先考虑。

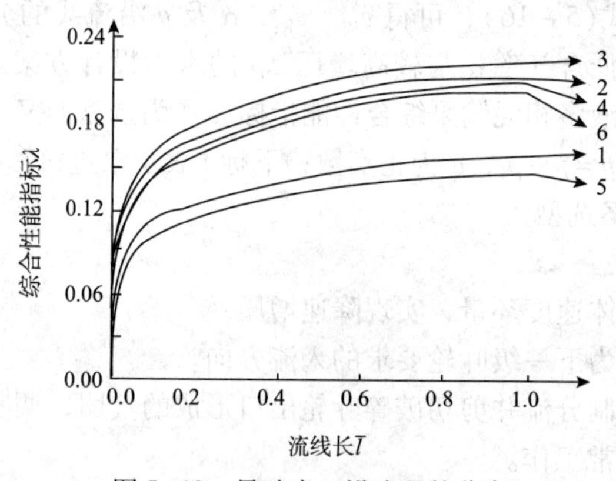

图 5-10　导叶内 λ 沿流程的分布

从图 5-10 的综合性能指标可以看出，6 组导叶设计方案大体上可分为 3 个等级，第 1 级为方案 3；第 2 级为方案 2、4、6；第 3 级为方案 1、5。方案 3 虽然含气率最高，但增压能力最强，而且其含气率和其他方案相差很小，所以优于其他方案；方案 2 含气率和增压指标都不错，综合指标较高；虽然方案 1 内的含气率最低，是以增压很小为代价获得的，因此其综合指标偏低；方案 5 由于增压最低，虽然含气率指标较好，但还是属于劣等方案。这些数值模拟计算结果可以为设计提供有益的参考。

根据叶轮结构参数和出口管的结构，确定导叶的主要结构参数。导叶结构基本设计参数的选取范围及原则如表 5-3 所示。

表 5-3　导叶基本设计参数的选取范围及原则

参　数	目前多相混输泵导叶取值选择	备　注
轮缘直径 D_t	与叶轮 D_t 相同	
导叶轮毂进口直径 d_{h_1}	与叶轮出口直径 d_{h_2} 相同	
导叶出口直径 d_{h_2}*	与叶轮进口直径 d_{h_1} 相同	
叶片数 Z	10 ~ 25(与叶轮叶片数互质)	轴流泵一般取：5 ~ 10 低比转速的泵取较多的叶片数
导叶与叶轮轴向间距	$(0.05 \sim 0.1)D_t$ 海神泵取为 3mm	间隙过大易造成水力损失间隙太小，易产生运行不稳定
导叶体扩散角 θ*	6° ~ 10°(应更小一些)	轴流泵：6° ~ 10°
进口冲角 Δα	3° ~ 5°(叶片挠度不大，可取 0°)	
叶片轴向高度 e	$e = (0.3 \sim 0.4)D_t$ 与叶片数 Z 和 L/t 有关	在轴流泵中增加叶片数，缩短导叶长度，效果较好

在选取导叶结构参数时有两个需要说明的问题：一是关于导轮出口直径的选取问题。在多段或多级泵的设计中，导轮的出口直径应与下一级叶轮的进口直径相同，以保证整个流道的光滑过渡，具体数值应根据多相混输泵子午面结构而定。二是关于导叶扩散角的取值问题。当导轮进出口直径确定后，一般应保证在所给出的取值范围内。对于气液多相混合流体来说，扩压过程带来压力增加的同时，也导致多相流体体积的减少，所以合理地选择扩散角是一个十分重要的问题。

(3)导叶设计

导叶的设计方法主要有流线法、圆弧法和升力法。而流线法应用最广，是一种主要的设计方法。本书导叶的设计采用的是流线法。流线法设计导叶的大致程序分为如下七步：

①首先根据导叶设计的结构参数绘制导叶轴面投影图。

②确定分流线。在设计中取轮缘处、进口平均直径处、轮毂处三条流线。导叶的实际流面为锥面，展开面为扇形，为了简化设计本书用圆柱面代替。

③计算出各流面导叶的进、出口安放角 α_3、α_4。由进口速度三角形(见图 5-11)可以得到进口安装角 α_3。

$$\tan\alpha'_3 = \frac{V_{m3}}{V_{u3}\Psi_3} \tag{5-17}$$

$$V_{m3} = \frac{Q}{\frac{\pi}{4}(D^2 - d_{h_1\text{平方}})} \tag{5-18}$$

$$\Psi_3 = 1 - \frac{Z \times S_{u3}}{D_3\pi} \tag{5-19}$$

$$S_{u3} = \frac{S_3}{\sin\alpha'_3} \tag{5-20}$$

$$V_{U3} = V_{U2}R_2/R_3 \tag{5-21}$$

$$\alpha_3 = \alpha'_3 + \Delta\alpha \tag{5-22}$$

式中 V_{m_2}——导叶进口轴面速度；

ψ_2——叶片进口排挤系数；

D_2——计算流面进口直径；

S_{U2}——导叶进口圆周方向速度；

S_2——计算流面进口处流面厚度；

α_2——导叶进口安装角

V_{U2}——导叶进口圆周速度，按 $V_U R$ = 常数确定；

$\Delta\alpha$——冲角。

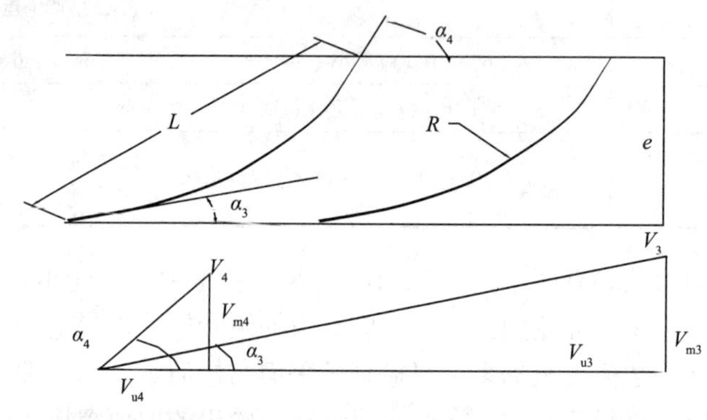

图 5-11 进出口速度三角形

根据式(5-17)~式(5-22)，通过迭代求解即可确定叶片进口安装角 α_3 和排挤系数 ψ_3。

叶片的出口角 α_4，因为考虑有限叶片数的影响应大于90°，以保证流体法向出口，所以目前一般取 $\alpha_4 = 90°$ 或 $\alpha_4 = 80° \sim 90°$ 之间选取。

④确定叶栅稠密度 σ。

叶栅稠度 $\sigma = L/t$ 和相邻叶片间叶道的扩散角有关，见式(5-23)。扩散角一般取6°~10°，不得超过12°。通常先参考有关资料选择 σ，然后校核扩散角在合适的范围内即可。

$$\sigma = \frac{1 - \sin\alpha_3}{2\tan(\varepsilon/2)} \tag{5-23}$$

⑤确定导叶高度 e

导叶高度 e 与翼形弦长 L、进出口角 α_3、α_4 的关系见式(5-24)。

$$e = L\sin\left(\frac{\alpha_3 + \alpha_4}{2}\right) \tag{5-24}$$

⑥确定叶片骨线半径 R

叶片骨线可以在保证进出口角的情况下用任意曲线画出，也可根据式(5-25)确定。

$$R = \frac{L}{2\sin\left(\frac{\alpha_4 - \alpha_3}{2}\right)} = \frac{e}{\cos\alpha_3 - \cos\alpha_4} \tag{5-25}$$

⑦选择翼形在圆弧骨线上加厚

小泵可以用等厚叶片，在工艺可能的条件下，厚度越薄越好，叶片进口边应修圆，尾部修尖。

2. 螺旋轴流式油气多相混输泵设计中基本设计参数的确定方法

多相混输泵的研制和开发最终是为了应用于现场生产。应用于油田现场的多相混输泵的基本设计参数需要根据目标油田的油藏状况、输送的距离以及地形、地貌来确定，如图5-12所示。

在单相泵的设计中给出泵的设计流量、设计扬程(压差)，选定设计转速，就可以根据已有的设计资料完成泵的设计任务，但是在多相流泵的设计中，仅仅给出以上设计参数是远远不够的，常常还需要给出以下的基本参数：总液量 Q_L、含水率 *WC*、进口处或标准状态下的含气率(*GVF*)或气液比(*GLR*)、进口压力(P_{IN})、进口温度(T_{IN})、出口压力(P_{OUT})，然后根据上述参数进行设计计算。

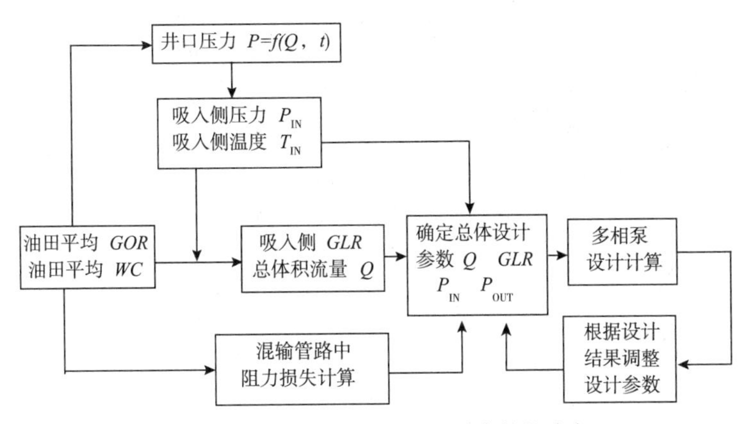

图5-12 多相混输泵设计设计参数的确定

由于各个油井的实际工况千差万别，若将原先实验室样机照搬到各个油井，将会出现运行不平稳、泵效率偏低等情况。因此我们应根据各个油井的具体情况来确定泵的设计参数，包括泵轴转速、设计流量、扬程等，并根据我们已取得的泵叶轮和导叶选型的研究成果来设计翼型，最后设计出泵的总体结构。

本章采用螺旋轴流式多相混输泵的设计方案，利用相似理论确定新叶轮的轮缘直径等几何参数，并根据翼型优化的相关成果和气液混输的特点，适当调整一些几何参数，以期在最大含气率、增压能力和效率等性能指标上比原先实验室样机有所提高。

本章设计的多相混输泵是在原先实验的两代样机的基础上改进的，具体表现为如下三个方面：一是实验研究表明，在纯水时多相混输泵满足相似定律，故新设计的螺旋轴流式多相混输泵用相似定律来确定叶轮、导叶的主要尺寸，通过实验测量得到；法国石油研究院出版的《管道输送、泵和计量》中也认为，可以用相似定律来预估和评价气液多相混输泵性能。二是采用了本章提出的设计思路和试验数据相互验证所获得得翼型优化启示，来选择和确定泵叶轮和导叶的翼型主要结构参数；三是新设计泵设计转速为4500r/min，这是建立在相关结构不断得到改进和完善的基础上的，因此和1500r/min转速样机相比，有了较大突破。

下面介绍螺旋轴流式多相混输泵设计中遇到的几个具体问题。

(1)多相混输泵外形尺寸的确定

多相混输泵的结构特别是叶轮和整流器的水力直径由多相混输泵进口处总流量和进口含气率确定，如果容积流量和进口含气率增大，则应采用较大直径的叶轮，叶轮直径的增加有助于提高压差，因为流量大小与直径的立方成正比，而压差则与直径的平方成正比。

(2)多相混输泵级数的确定

多相混输泵的级数通常由进口含气率、进口压力和进出口压差决定。当进出口压差要求较高时，采用多级泵将会极大地提高多相混输泵的性能。图 5-13 给出级数对多相混输泵性能影响的曲线。

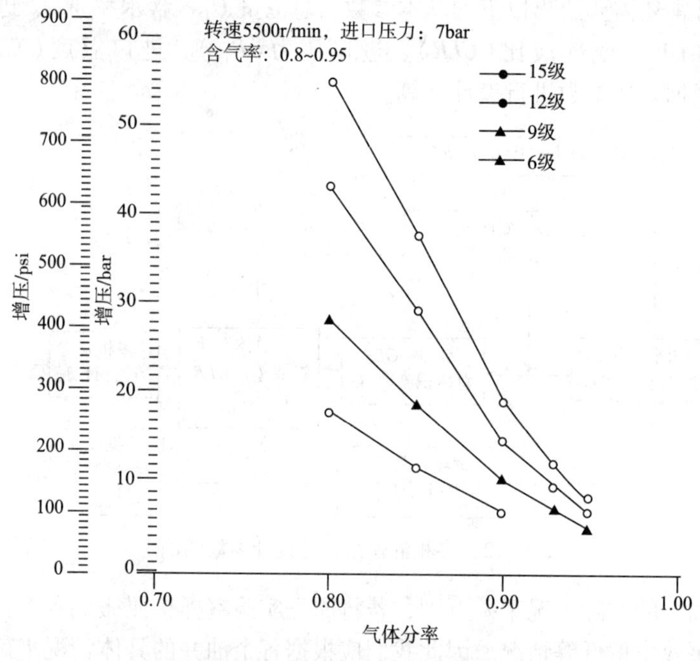

图 5-13　级数与多相增压之间的关系

(3)压比的分配

在气体压缩机的设计中，压比的分配以总功最小为原则，一般实行等压比原则进行分配。在多相混输泵的设计中，由前面的分析可知，多相流体从上一级流向下一级，随泵输过程的进行，从泵的进口到出口，各单元级的进口压力不断升高，后级叶轮的增压性能一般较前级叶轮好，所以在多段式设计中，一般后一段压差较前段大，在同一段内，后级叶轮的压差较前级大，具体如何合理分配压比还有待于进一步探讨。

由 $\Delta T = T_0[(\varepsilon)^{\frac{n-1}{n}} - 1]$ 可以看出压比与温升之间的关系，因此在设计中需要考虑到分段冷却，并且由于原油中气体成分多为天然气等易燃物品，所以在设计中合理地分配各段压比、防止温升超过油品闪点值，就显得尤为重要。

其基本设计参数见表 5-4。

表 5-4　基本设计参数

序　号	项　目	计算公式	单　位
1	转速	N	r/min
2	轮缘直径		mm
3	扬程系数	$\varphi_i = \dfrac{gH_i}{U^2\left(\dfrac{1+h_{tr}^2}{2}\right)}$	
4	轮缘长径比	$s_L = \dfrac{h_t}{D_t}$	
5	出口流量系数	$\varphi_i = \dfrac{V_{m1}}{U_t}$	

所设计的叶轮三维模型图如图 5-14 所示。

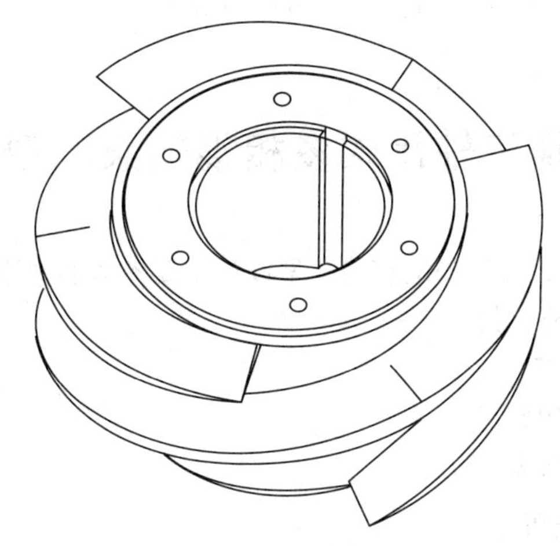

图 5-14　叶轮三维模型图

多相混输泵导叶设计参数的选择范围见表 5-5。

所设计的导叶三维模型如图 5-15 所示。

表 5-5　多相混输泵导叶设计参数

参　数	多相混输泵导叶取值方法
轮缘直径 D_t	与叶轮 D_t 相同
导叶轮毂进口直径 d_{h_1}	与叶轮出口直径 d_{h_2} 相同
导叶出口直径 $d_{h_2^*}$	与叶轮进口直径 d_{h_1} 相同
叶片数 Z	10 ~ 25
导叶与叶轮轴向间距	$(0.05 \sim 0.1)D_t$，海神泵取为 3mm
导叶体扩散角 θ^*	6° ~ 10°
进口冲角 $\Delta\alpha$	3° ~ 5°
叶片轴向长度 e	$e = (0.3 \sim 0.4)D_t$ 与叶片数 Z 和 L/t 有关

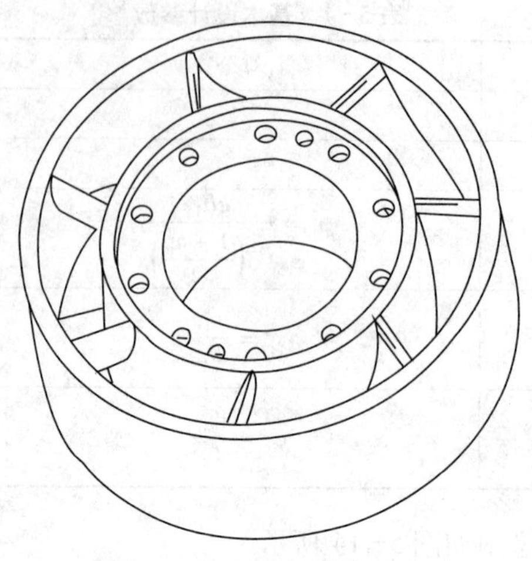

图5-15　导叶三维模型图

第三节　螺旋轴流式多相混输泵叶型设计小结

归纳上述探讨的体会，提出一组有关叶型设计主要参数的选用范围。

(1)叶轮叶型设计主要参数

扬程系数：0.18～0.25

流量系数：0.11～0.015

轮缘长径比：0.25～0.4

进口轮缘比：0.7～0.88

轮缘半锥角：8°～12°

叶栅稠密度：1.8～2.5

叶片进口角约10°；

叶片进口冲角约4°；

叶片数：4片或5片。

(2)导轮叶型主要设计参数

导轮叶片数约10～15，并和叶轮叶片数必须互为质数

导轮扩散角：6°

进口冲角：4°～6°

导轮进口包角：250°～280°；

导轮轮毂直径和叶轮一致；

导轮出口直径和叶轮一致。

按此设计参考参数，我们设计并制造了样机，因实验室无法采用天然气和油进行实验，所以在实验室采用空气和水进行实验。实验结果和设计预计值基本吻合。而后我们又用本设计方法反算法国石油研究院P300型号的油气多相混输泵运行参数。即流量300m^3/d，含水

量 60%，进口气液比 12，进口压力 3MPa，出口压力 5MPa，转速 6000r/min。

反算验证结果如表 5-6 所示。

表 5-6　反算验证结果

参　数	轮毂直径/mm	扬程系数	流量系数
法国 IFP	232	0. 2285	0. 0147
中国石油大学(北京)	230	0. 2230	0. 0156

反算验证表明，误差在小数点以下，所以中国石油大学(北京)所探讨的设计方法是可信的，可以为设计提供借鉴。

当然进一步提高螺旋轴流式油气多相混输泵的含气率和效率，尽管对中小流量、低比转速泵有很大难度，这是后续研究的重要课题。参考低比转速轴流泵，低比转速变螺距诱导轮等设计思路，不妨进行研究和探讨。

在制造上，叶轮和导叶如果按照可压缩性数值模拟计算方法，各级液流角都在变化，这可采用三维打印技术进行制造，也是比较精密的又可行的思路之一。适合我国中小型的螺旋轴流式多相混输泵(如图 5-16 所示)总会成为油气田的新型装备。

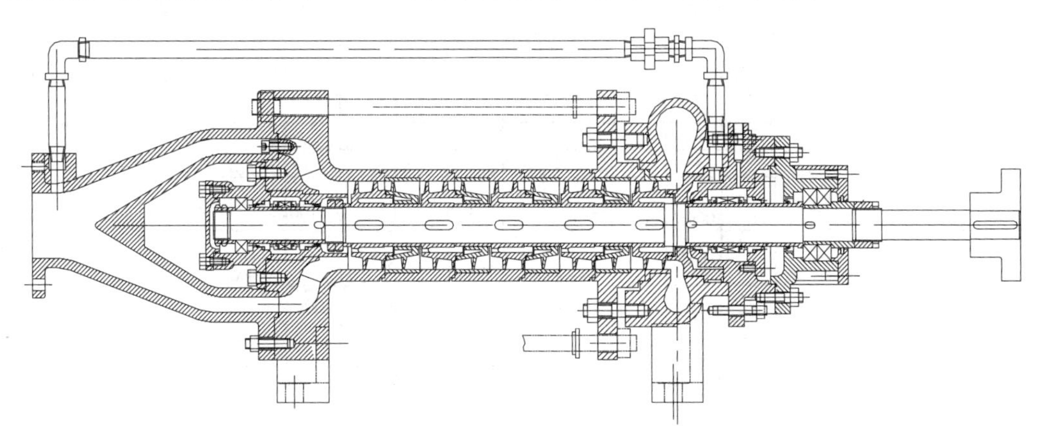

图 5-16　卧式螺旋轴流式油气多相混输泵样机

样机试验在石油大学实验室和河南油田等现场，都进行过多年、多次，在实验室获得的数据和设计预计很一致。但是在现场试验，由于现场仪表精度差，出现和实验室数据有偏差。但是有一点可以肯定，本结构可以达到混输目的，没有发现段塞流。在现场由于工艺流程需要改造，由于投资原因和生产不能停顿，还有待进一步协调。

附图： 年产 80 万吨和 120 万吨多相混输泵性能预测

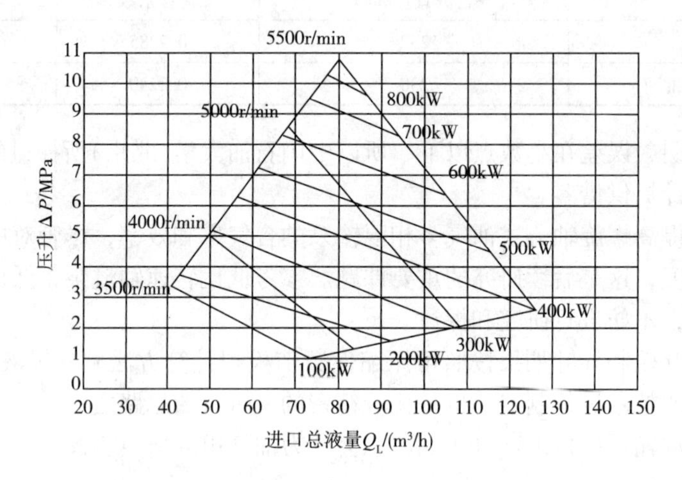

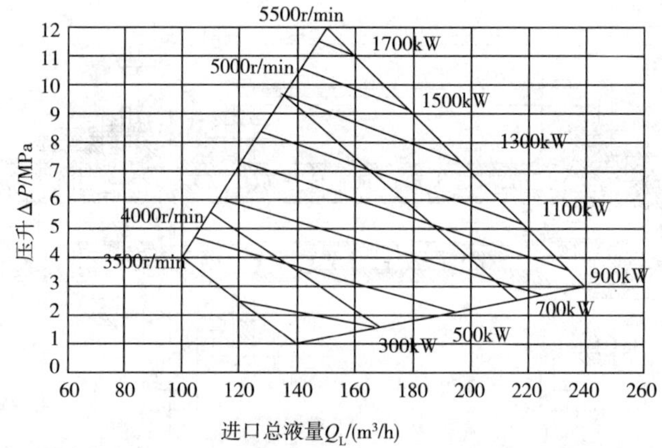

第六章　油气水多相混输工艺设计探讨

尽管螺旋轴流式多相混输泵或双螺杆多相混输泵都有卓越性能，但是由于油井的油气水砂等不稳定流动，各个相的数量、压力和温度等在变化，有时候有段塞流，或水合物或蜡沉积等，所以不可能仅仅靠泵本身就可以处理各种不稳定因素。为此需要工艺流程和多相混输泵安全、稳定、经济地运行，或便于维修等。工艺流程设计是油田生产中非常重要的一个环节。

油气多相混输泵机组和工艺流程应该考虑的问题，除了泵本身轴端密封，海底应用时候整机密闭在箱体容器中，大体还有如下9个问题：

(1)多相混输泵和管路的组合和布置；

(2)动力驱动机的选用；

(3)预处理稳定流态缓和段塞流的辅助设备，如缓冲器、捕集器等；

(4)减轻过量固体砂砾的旋流分离器过滤器等；

(5)处理凝析油水合物等设备；

(6)计量用多相计量仪(详见本书第七章)；

(7)在线测定和监控的各种信号电子仪器；

(8)机组冷却系统和机组润滑系统；

(9)清管系统。

目前海上油井安全阀和放空都是安置在平台上，泵工艺系统不在单独设置。

第一节　油气水多相输送的基本工艺

目前，油气水多相输送的基本工艺有两种，传统的气液多相输送工艺和气液多项增压输送工艺：

1. 传统的气液多相输送工艺

采用气液分离器，常规气体压缩机、液体增压泵分别实现气相和液相增压，增压后的气体、液体混合后进入混输管道进行输送，见图6-1。

2. 气液多相增压输送工艺

采用油气水多相增压泵(也即气液多相混输泵)给多相增压，然后进入混输管道，即多相流体经过多相增压泵进行增压输送，见图6-2。

目前传统的气液多相输送工艺在多井、多个区块的多相输送中使用较为普遍，其典型的工艺流程见图6-3，油气田采出液经过气液分离器进行气液分离，分离后气体进入其他压缩机增压、含油和水的液体进入单相泵增压，之后气液混合输送。其优势在于：使用成熟的液体和气体增压设备，气液增压后混合输送，在海上和陆地边际油气田开发中可以节省一条管线，同时可以避免使用多相增压设备这一新技术而带来的相关问题；其缺点在于：需要使用气液分离装置、气体和液体增压设备，占地较大、设备维护等工作相对较多。

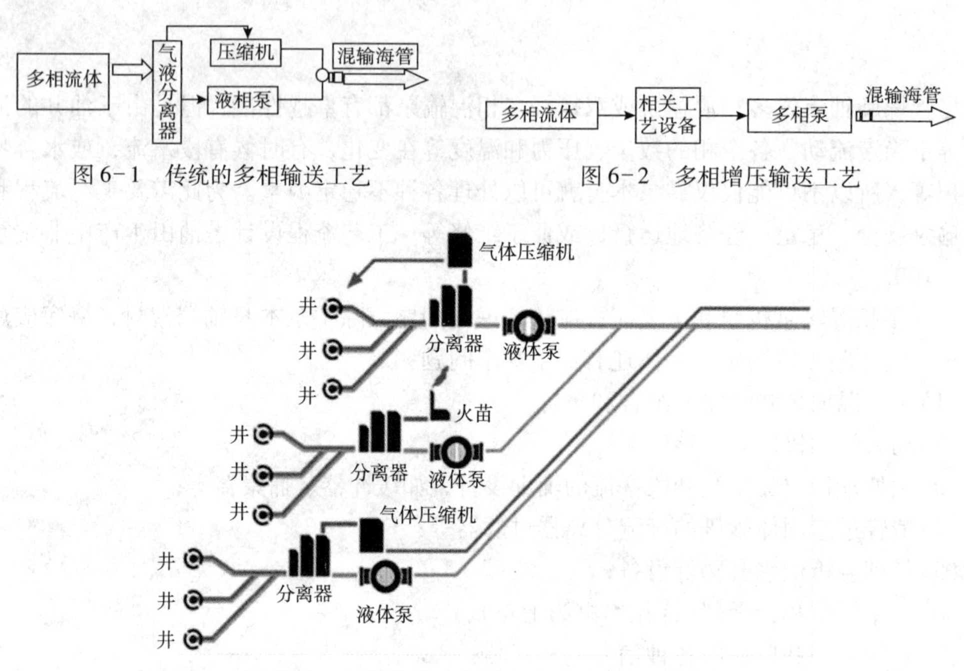

图6-1　传统的多相输送工艺　　图6-2　多相增压输送工艺

图6-3　传统的多相增压方式工艺流程图

1994年，气液多相增压泵第一次投入工业应用，20多年来，尽管使用范围有限，其在海上油气田特别是水下油气田、沙漠等偏远区域油气田开发中的优势逐步得以展示，同时正在得到越来越多的应用。当用于多个区块、多个卫星井或区域增压时，其典型的工艺流程见图6-4。其优势在于：使用气液多相增压设备后，可以避免使用气液分离和单相增

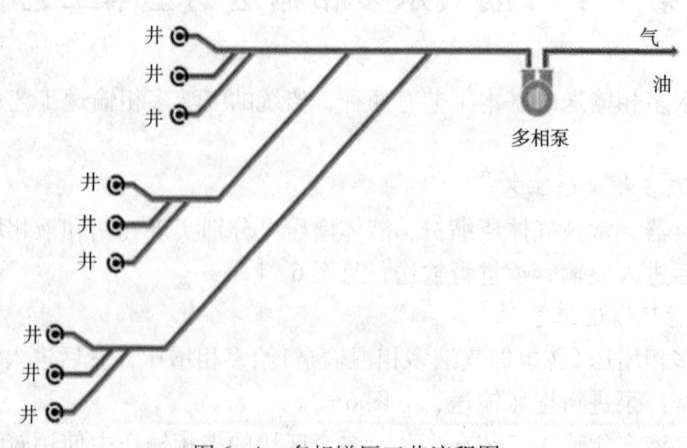

图6-4　多相增压工艺流程图

压设备，节省占地和操作空间；其缺点在于：气液多相增压设备专利技术掌握在极少数厂家手中，投资高，同时，现有绝大多数气液多相增压设备很难同时满足从0～100%含气率的工作范围，因此，需要考虑段塞流和干转工况的应对措施。

第二节　气液多相增压输送的基本工艺流程

1. 基本原则

目前现场使用的气液多相增压设备主要包括螺旋轴流式多相混输泵和双螺杆式多相增压泵。螺旋轴流式多相混输泵可以在100%含气工况下运转48h，而双螺杆式多相增压泵通常最高可以工作在不大于95%含气工况。因此，对于多相增压这类新型增压设备需要根据所选择的泵的类型、工作的条件等进行相应的工艺流程设计，以保证其运行的可靠性和安全性。20多年来，随着油气水多相混输泵的工业化应用日益增多，现场经验日益丰富，针对上述两类多相混输泵的工艺流程设计思路日渐清晰，其工艺设计的基本原则是：

(1)根据所选择气液多相混输泵的运行特性，特别是对进口介质气液比或含气比、出口温度等要求，进行相应的工艺流程设计；

(2)在多相混输泵的工艺流程设计中，应考虑相应的措施，尽量减小复杂的多相流工况如瞬态段塞流对多相混输泵性能的影响；

(3)应考虑工作范围内，可能的腐蚀、侵蚀和磨损对策，将固体颗颗粒等杂质对泵及系统磨损等破坏降到最小；

(4)应充分评估所选择的多相混输泵与整个油气集输处理工艺系统的匹配性，保证采用多相增压后的整套系统能够在较大的运行范围内正常工作，同时在非设计工况下可以平稳运行；

(5)应在保证所选择的多相混输泵安全、可靠运行的条件下，最大程度简化配套工艺流程设计。

2. 典型工艺流程

目前，以多相混输泵为核心的多相增压工艺流程主要有以下三种。

(1)直接增压

油气井/油气田采出的气液多相流体不经过任何预先处理设施直接进入气液多相增压泵增压，增压后的混合介质直接进入输送管道，见图6-5；国内大港、新疆等陆地油气田大多采用类似的工艺流程，其适应范围为，气液比适中，含气率在0～70%之间，寿命周期内不会频繁发生段塞等工况。

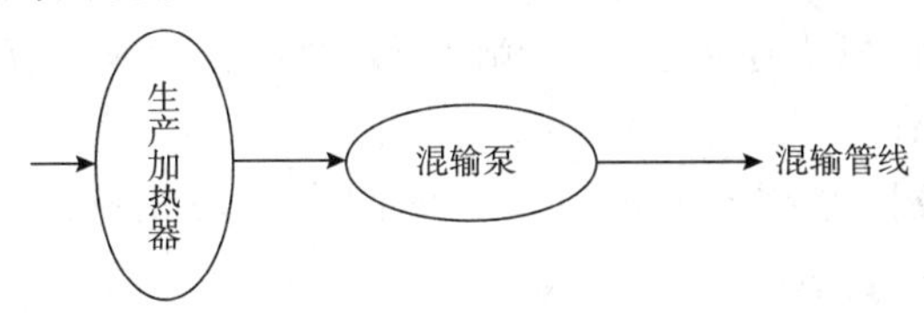

图6-5　不带预处理设施的多相混输泵工艺流程

(2)气液分离后，混合增压

这种增压工艺是对传统多相输送工艺的改进，保留了传统增压工艺中的气液分离设备，同时用气液多相混输泵替代气体压缩机和液体增压泵，见图6-6。油气分离器的存在，在一定程度上可以缓冲各个生产井压力等不均衡引起的压力波动，减缓段塞等对多相增压系统的影响，我国海上岐口17-1、锦州21-1等多相混输泵工艺流程即采用此工艺流程。

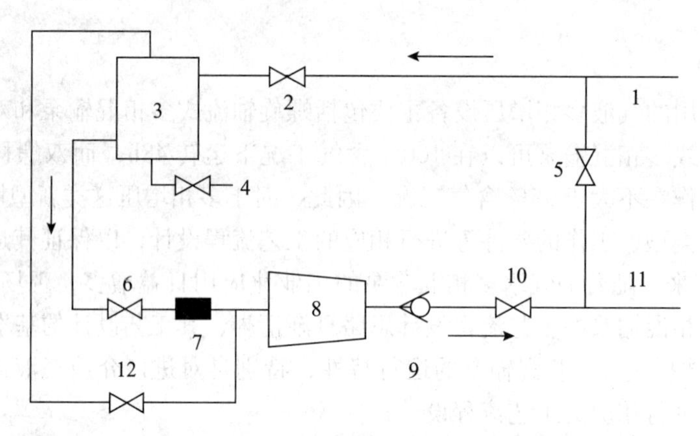

图6-6　气液分离后混合增压工艺流程图

1—进口干线；2—分离器进口阀；3—分离器；4—排污阀；
5—旁通阀；6—泵进口阀；7—过滤器；8—混输泵；9—单向阀；
10—泵出口阀；11—出口干线；12—气体进口阀

(3)多相混输泵进/出口安装多相流流态调节装置

理论上，多相混输泵兼顾泵和压缩机的性能，实际上，要求单台多相混输泵实现所有气液两相流动状态下，均达到理想的增压性能是不现实的，特别是段塞工况，将影响泵的正常工作和稳定运行，主要表现在以下几个方面：

①对泵性能的影响：频繁的段塞流工况使多相混输泵长期工作在交变载荷状态下，如图6-7，干转时间过长将导致双螺杆泵的啮合螺杆过热，降低了多相混输泵的使用寿命和工作效率；

②对轴承、密封的影响：气液两相混合流动本身就对轴承和密封部件提出一些特殊的要求，而段塞流工况所造成的交变的、冲击载荷进一步恶化了它们的工作条件，不仅影响了轴承密封的寿命，而且导致密封失效、密封液泄漏量增加；

③对工艺流程的影响：在QK17-3平台运行期间，段塞流的出现造成生产分离器高压或高液位报警，甚至高高压或高高液位关断，使生产无法正常进行；

除此之外，段塞流的发生还将引起多相混输泵及附属管线、仪器仪表的无规律振动，影响整套设备的使用寿命。

另外，段塞流将破坏过滤器滤网，一旦滤网进入多相混输泵将造成致命的事故，见图6-8。

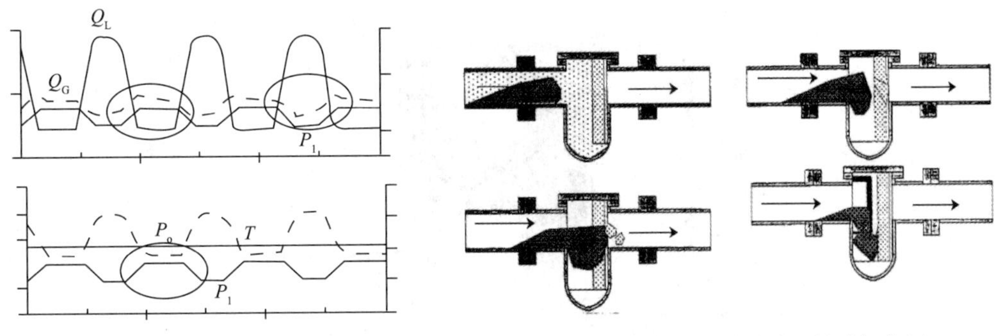

图 6-7　段塞流工况下泵的流量 Q、扭矩 T 变化

图 6-8　段塞出现时对滤网的破坏作用

鉴于多相混输泵的增压性能和运行稳定性与多相混输泵的进口条件密切相关，各个多相增压泵厂家均通过在多相混输泵的进口或出口增加流态调节装置来实现 0～100% 含气状态下的正常运转。螺旋轴流式多相增压泵通常在进口安装独立的带多孔管的缓冲均化器，见图 6-9，其主要作用是对气液多相来流起到缓冲作用，同时利用多孔管切削大的气泡和气团，避免瞬间段塞流对泵的冲击，同时也保证多相混输泵运行工况的相对稳定；而双螺杆式多相增压泵则在输送高含气率（大于 90%）多相流体介质时，在泵的出口增加小的液包，采用流体部分回流技术或通过喷射泵注入循环流体、人为地提高泵内混合物的平均密度，用于形成转子间的液膜，避免泵的转子在 100% 含气状态下干转而产生较大的温升。

来自现场的经验表明，安装缓冲均化装置后，螺旋轴流式多相增压系统所能正常输送最高含气率由 90% 提高到 99%，干转时间达到 48h，在多相混输泵进口安装流态调节装置可以保证系统的平稳运行，见图 6-10。

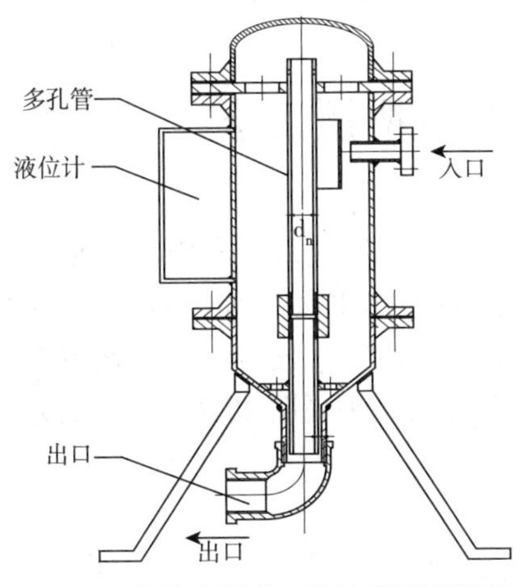

图 6-9　安装在泵进口的流态调节装置

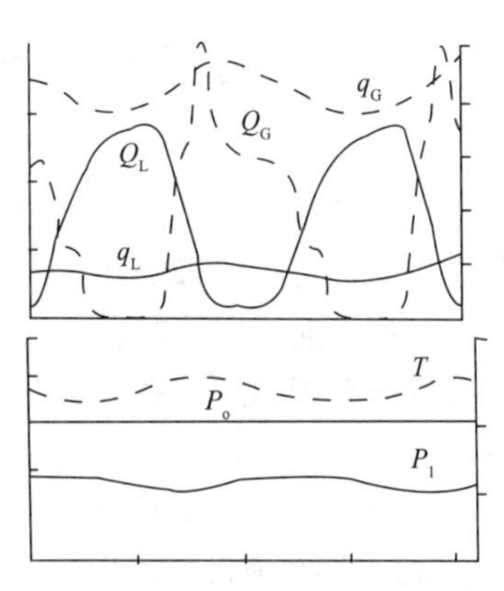

图 6-10　流态调节装置对段塞性能的改进图

考虑到海上平台空间有限，同时为了便于水下安装，螺旋轴流式多相混输泵与缓冲均化系统采用整体橇装化设计，见图 6-11，其可靠性已经得到现场证实。这种工艺可以适用于含气率从 0～100% 各类的多相流流动工况。

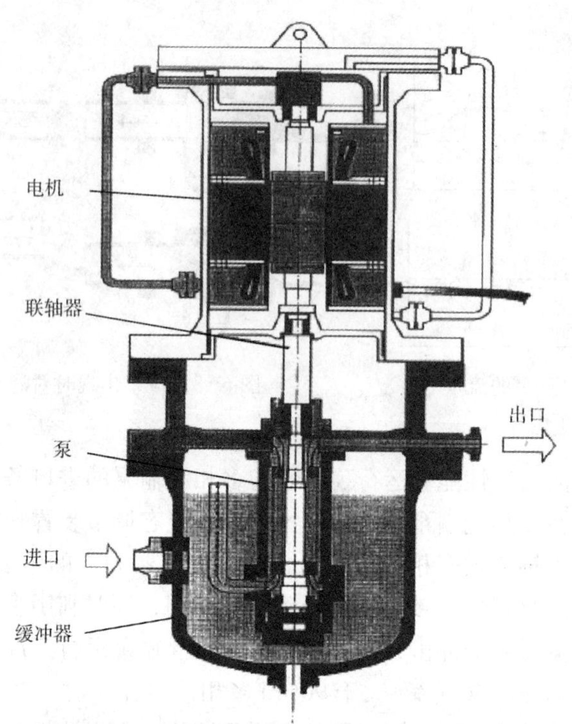

图 6-11　橇装化设计的流态调节装置和增压泵稳定流态使用的捕集器

捕集器尺寸一般为最长液塞量的千分之一以上。主要满足气体分离出液滴和液体分离出气泡需要的足够空间和停留时间。

捕集器有容积式和管道式两种：在海洋平台中多用容积式捕集器，因为占地小；管道式捕集器可以处理比较多液量，尤其在清管时候，在陆地比较常用，占地也比较大。

第三节　水下多相增压工艺

目前全世界已经有 12 套水下增压系统应用在水下油气田开发中，按照驱动形式分为水力透平和电力驱动(图 6-12、图 6-13)，最大的应用水深达到 1500m，为后续工业化应用奠定的基础。从目前应用情况看，水下多相混输泵的工艺设计与整个水下生产设施以及油气田的开采方法有密切的关系。下面以两个具体案例来说明水力透平与电力驱动多相混输泵的工艺设计。

1. 水力透平驱动的多相混输泵典型工艺

BP 在其北海 ETAP 项目中使用了两套水力驱动多增压泵机组，用于将 MACHAR 水下油田生产的多相井流回接到 35.2km 之外的 MARNOCK 平台。在开采初期，MACHAR 油田具有足够的压力回接到中心处理平台，随后可以通过注水方式使油藏压力维持或接近原有压力水平，到 2000 年出现巨大水体，这时为了维持高峰期产量，部分水驱的能量将用于为两台水下多相增压泵提供动力，以保证生产的多相流体能够有足够的压力回接到 35.2km 之外的中心处理平台。

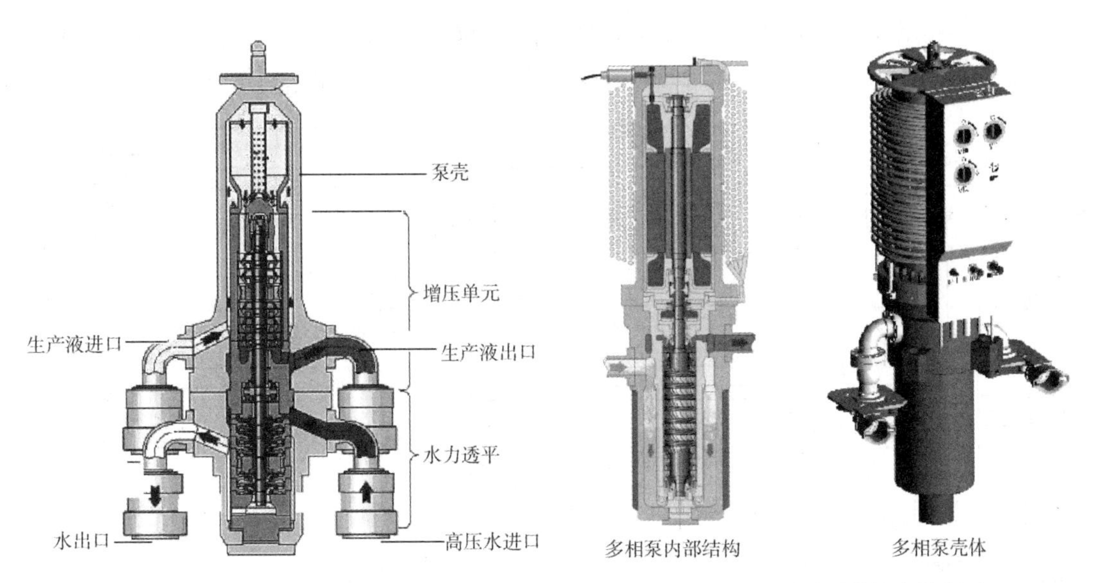

图6-12 水力透平驱动的水下多相混输泵　　图6-13 电力驱动的海底增压泵

水下多相混输泵和水力透平安装在一个增压单元内，如图6-14所示，两台多相混输泵和注水控制阀模块一起安装在距离MACHAR水下生产管汇下游30m、水深84.5m的一个独立的底座上，一个单独的流态混合器安装在泵的进口，用于调整多相流流态，缓解段塞流的影响，同时用于将来流分为两个分支分别进入两套增压系统。

水力透平驱动的水下多相混输泵作为MACHAR油田已有海底管道系统的旁路，同时为了便于定期维护，在水下多相增压泵站上设有隔离阀，这样可以保证多相增压模块维护/维修期间，多相井流可以依靠自身压力通过水下生产管汇直接输送到中心处理平台。

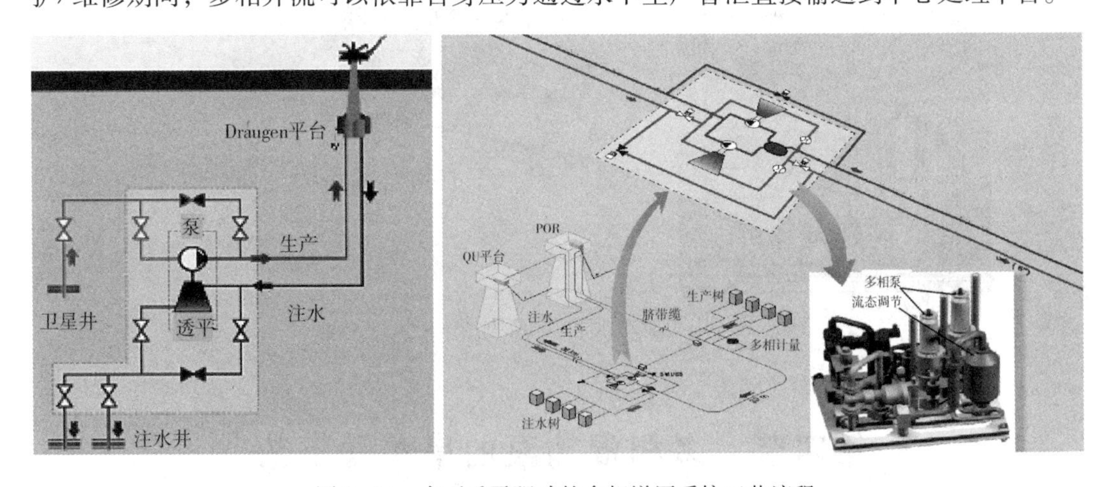

图6-14 水下透平驱动的多相增压系统工艺流程

2. 水下电驱多相混输泵典型工艺流程

MOBIL赤道几内亚公司在ZEFIRO项目中TOPACIO卫星油田使用两台电力驱动的海底多相混输泵，用于为四口水下油井增压，回接到8.5km之外的ZAFIRO生产处理设施，这两台功率为1MW的多相混输泵站安装在水下清管管汇上，安装水深为500m，如图6-15所示。

水下多相增压泵的电力由位于 ZAFIRO 油田 FPSO 上部供电单元通过海底电缆、水下变压器等提供，水下多相增压泵通过 ZAFIRO 油 FPSO 上部控制单元通过控制脐带缆实施。

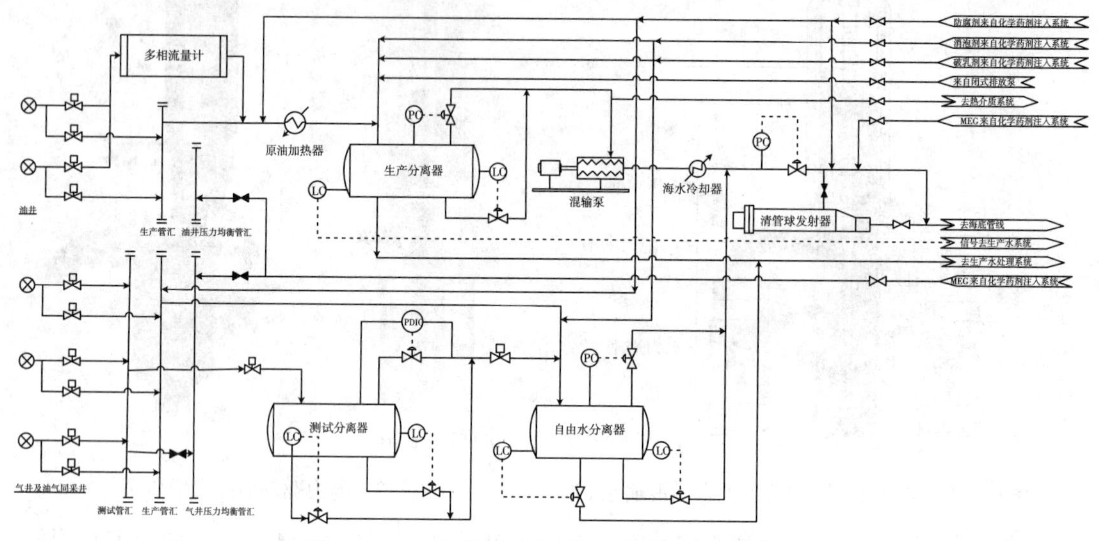

图 6-15　现场使用混输气液多相流工艺流程图

安全阀一般单独设置在平台上，有时和放空燃烧火炬连通。

电力驱动水下的相泵典型工艺流程如图 6-16 所示。

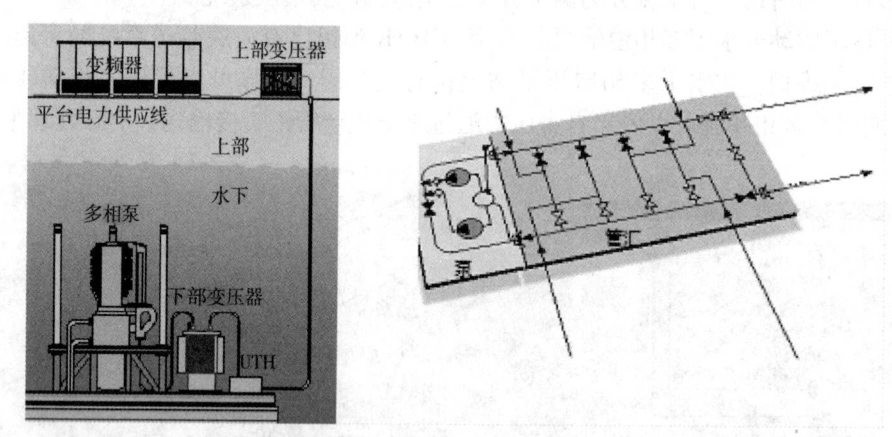

图 6-16　电力驱动水下多相混输泵典型工艺流程

第四节　多相混输泵的串并联工艺

与常规的单相泵类似，为满足生产需要和保证系统可靠性所需的冗余，实际工程中往往安装两台及以上的多相混输泵串并联作业。通常当所需增压性能通过单台泵无法满足时，可以采用多级串联增压模式；而当单台泵无法满足所需要增压的流体流量时，可以采用多台泵并联作业，同时考虑冗余设计原则，也会考虑泵的并联。

1. 多相混输泵的并联工艺

多相混输泵的并联一般考虑两个因素；

(1)系统备用，可以是100%备用，也可以是部分备用，一般情况下有一备一用，一备两用；同时由于多相混输泵费用比较高，也可以考虑关键部件如泵头备用；

(2)当单机流量不能满足实际生产需求时，可以考虑两台或以上泵用于备用。

图6-17给出两台多相混输泵并联的工艺流程，其设计原则为生产流体可以进入其中任何以台多相混输泵增压，或者两台泵同时增压后再混合输送。

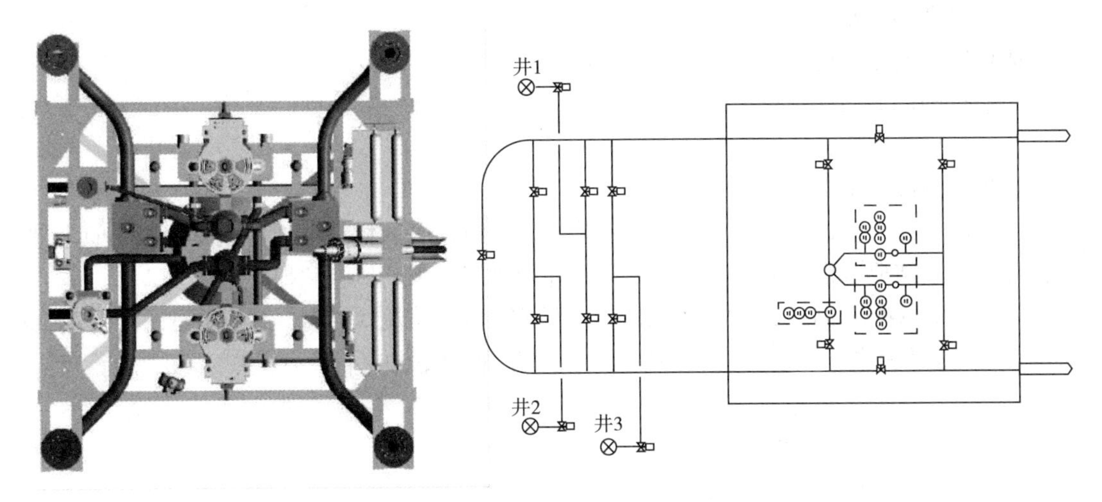

图6-17　多相混输泵并联工艺流程

2. 多相混输泵串联工艺

多相混输泵串联一般是因为单台泵增压值不能满足实际需求，基于目前技术水平，如选择螺旋轴流式多相混输泵，则当系统增压要求超过5MPa时，就需要考虑串联系统，图6-18给出世界上第一个并联工作的多相增压工艺流程。

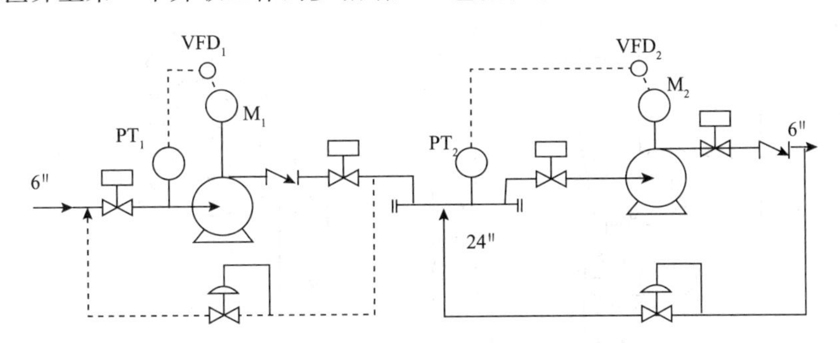

图6-18　多相混输泵串联工艺流程

目前，海上平台多采用多相混输泵并联的方式，一用一备或两用一备，当采用多相混输泵串联模式时，串联管线的连接和倒阀较为繁琐，同时需要注意由于气体压缩性，后级系统的体积流量小于前一级。

3. 其他需要考虑的工艺问题

在多相增压输送工艺设计中还应考虑以下技术问题：管径比选、水合物生成分析和蜡沉积预测和防控措施，这方面可以根据流体组分、采用合理预测模式解决，同时对于水合物和蜡等的防控等应和整套系统措施相对应，统一分析和解决方案。其他需要注意的问题如下：

(1)砂及固体杂质

一般来说，双螺杆式多相混输泵对砂颗粒等较为敏感，通常把进入泵的砂颗粒分为四类：

①比螺距的1/2大；

②大颗粒；

③与螺距接近；

④比径向间隙小。

固体颗粒磨损主要集中在双螺杆泵的以下部位：

①螺杆圆周方向、顶部；

②螺杆压力面侧；

③螺杆顶部和根部。

一方面，在工艺设计中需要考虑除砂装置，同时在泵的材料选择特别是螺杆表面处理工艺和材料上需要考虑足够的硬度，避免砂冲蚀可能带来的风险和损坏。

一般采用高效气固旋流式分离器对除砂效果比较好。旋流式分离器结构示意图如图6-19所示。主要尺寸大体上以筒径为基准 H_1 为1.3，H_2 为1.6，顶部管径为0.4，锥角为8°~12°。

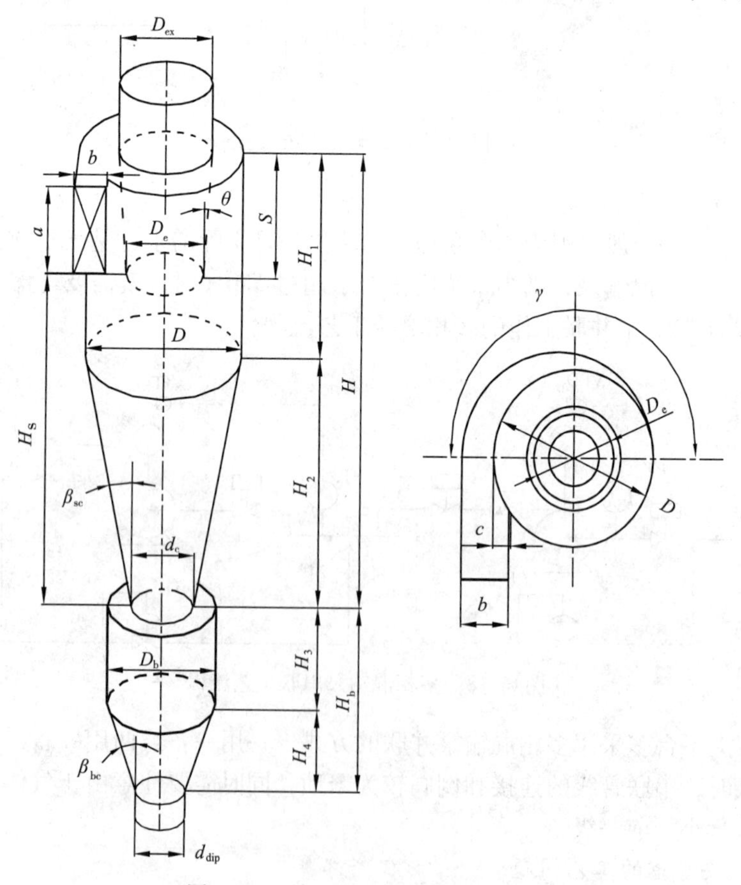

图6-19　旋流式分离器结构示意图

(2)保温或加热输送方式的选择

当选择多相增压泵时，需要根据介质的特性、环境条件选择合适的保温、加热方式，通常，对于高凝、高黏原油采用保温或加热输送，以保证原油的正常流动。这时，保温/加热措施需要结合整个混输系统统一考虑，同时需要考虑其预制、铺设方法等。

密闭输送可为整个输送系统提供统一输送体系，为整个管道能量的有效利用创造了良好条件，使各个增压站间有条件互相关联、互相补充，各站间的能量盈亏可以互相接济弥补，但是在实际运用中原油密闭长距离输送尚存在很多问题，如原油损耗、高含蜡原油结蜡问题、密闭输送时压力波动大、管道摩阻增加、腐蚀穿孔等。在输送过程中，管道压降的计算公式如下：

$$p + \rho gz + (1/2)^{*}\rho v^{2} = C$$

式中 p、ρ、v——流体的压强、密度和速度；

z——铅垂高度；

g——重力加速度。这里 ρ 需要考虑混合密度。

同时对于气液两相流动，由于其压降与流型密切相关，需要采用多相流设计软件，根据实际流体的组分建立相应的管流计算模型，进行分析计算后才能确定合理的压降和温降。同时需要通过瞬态模式确定合理停输、启动模式，保证整个系统的安全运行。

(3)计量

油气水多相流量的测量方法有以下六种：一是紧凑式气液分离方法，这种方法应用最广泛，计量精度较高，占地较大；二是相分率和速度计量法，这种方法使用条件受限制；三是通过测量总流量和相分率实现多相计量的方法，这是各种商业化流量计的做法，价格昂贵；四是利用示踪物的方法，用于校准以及事情测量；五是虚拟计量方法，这是硬件结合软件的方法，价格便宜；六是各相分别测量的方法，这种方法计量精度高、但占地面积大。

海上平台上一般采用多相流量计来进行计量。详见第七章。

(4)清管问题

在工艺设计流程中一般都会考虑清管的问题，设置发球、收球端。比如海上平台上都设有清管球的收球筒和发球筒，常用的方式有三种：

当海上平台上岸生产管道需要进行清管操作时，从海洋平台发射清管球，陆上终端收球；对于采用单管的水下油气田，当水下生产系统需要进行清管操作时，常采用通过 ROV 或潜水员用软管将工作船(上有发球装置)与水下清管接口连接进行作业，向水下生产系统发送清管球，海洋平台收清管球的方式进行清管；对于采用两条等直径管道形成回路的水下油气田，清管球的收发球装置均安装在所依托的海上平台，两条生产管线构成回路，可以完成既定的清管作业。

采用水下多相增压系统后，应考虑增压工艺对清管作业的影响，其相应的支管应具有清管球通过功能，如图 6-15、图 6-16 所示。清管作业时可以通过旁路进行。

(5)多相混输泵机组的撬装化

对海上或水下多相增压系统而言，整个机组的小型化设计，对节省空间、方便安装十分重要；对水下应用而言，整套水下多相增压机组多采用成橇设计，整套系统的承压能力、内外部防腐、密封以及安装基础、安装作业、维护方式等需要在系统设计阶段统一考虑。

第七章　油气水多相混输计量与检测

油气水多相流计量的主要目的为了计量油气井单井产量或总产量，同时为生产调节控制提供依据。

油气水多相流计量挑战之一在于从井下开采中获得的混合物含有天然气、石油、水，还有砂，有时油中还含有蜡、垢或水合物等；挑战之二在于井流参数的不稳定，同时还与相流型密切相关，如气泡流、分层流、环状流以及段塞流等；同时气体的计量还需要定期测量气温和压力等状态，再换算为标准状态，才能有统一的比较基准，液相还有黏度、密度等变化、析蜡或凝析油等，气液两相还可能发生凝析和反凝析，以及溶解气等。

传统的多相计量方法是将油、气、水分离后分别测量单相流量。近年来，采用多相计量代替分离计量成为一种趋势，特别是在水下油气田、边远地区无人值守的油气田开发中，实施分离计量所需成本过高，使用多相计量具有广阔的应用前景。

油气水多相流不分离直接计量的优势在于可以取消油气水计量分离器、计量管以及计量汇管等。因此可以减少海上平台占用空间，同时又可实现连续测量和监控。

目前油气水三相完全不分离计量，要达到贸易计量精度还有一定的技术难度，主要用于服务油田开发的单井、总流量计量，只有经过合作双方认可的区块可以作为贸易计量用。

目前某些多相计量技术还无法在多相管道中直接进行油气水各相的质量流量测量，此时会采用引出一小部分气液在计量器中进行间接计量。计量器装置备有均化器和各种仪器，测量各相的流速和各相的含率，即含气率、含水率、含油率和密度。有时也把水和油看成液相，简化测量的难度。

(1)多相计量的必要性

随着油气田的开发从陆上转向自然条件相对恶劣的海洋和沙漠，从大型集中分布的油气田转向小型边际及卫星油气田，采用远距离水下生产系统回接到中心平台或浮式生产储卸油轮(FPSO)等方式进行海洋油气开发已经成为必然趋势。水下多相流量计的开发应用也因此成为经济高效地开发深水油气田的有效途径之一。

有关多相流量计的应用经济性分析结果表明，无论在陆上油田还是海上油田，多相流量计的使用都可以节省大量的投资和操作费用，大幅度提高工作效率。相对于陆上油田，在海洋石油开发中应用这项技术其经济效益更为可观。以回接距离为10km的卫星油田为例，与常规的测试分离器系统相比，采用水下多相流量计可以节省单项费用62%，在海上平台使用多相流量计平均可以节省设备投资70%~80%，节省日常运行费用50%以上。

为进行储量优化配置，实现油藏动态监测，需要定期的监测油田每口井的输出，传统方法是通过测试分离器实现的。在海上石油平台上测试分离器占地和投资都需要考虑，而且测试时需要稳定的流动条件，切换到每口井的测试就很耗时。另外，测试分离器也仅仅是中等测试精度(典型值 ±5% ~10%/每相流体)。在这种场合，多相流量计以其相对低廉的造价、较小的体积、先进的技术等优势将成为测试分离器的替代产品，成为每口油井的固定测试装置。这种方案还避免了使用测试分离器测井导致的生产损失，在典型的海上生产平台上，这种损失额 Espedal 估计接近 2%。另外，当公共输油管线连接多个所有权不同的公司所属的油井时，相对于测试分离器的方案，能够在线连续单井计量的多相流量计的优势就越发明显了。

(2)多相流量计的性能要求

石油工业大多数研究人员和工程技术人员一致地认为到目前为止还没有理想的多相流量计问世，但科研工作者们对多相流量计应有的目标性能的看法却不尽相同。一个理想的多相流量计应在较宽的相含率范围内保持较高的测量精度，这些测量精度指标和适用的相含率的变化范围指标应该怎样确定？世界一些主要石油公司回顾了他们对多相流量计性能的需求，结合多相测量技术发展的现状，基本认同这样的相含率变化范围和测量精度的指标：单井测量时气相的体积含率范围 0 ~99%，水含率范围 0 ~90%，总液相流量和气相流量的相对误差小于 5% ~10%。当作为产品分配计量使用时，则要求多相流量计有更高的测量精度，含水率测量的绝对误差应小于 2%。当然，这样的技术指标要求只是一种参考，但这也反映了边际油田及卫星油田开采技术的发展对多相流量计提出了越来越大的相含率变化范围的要求。

井下的多相流量计对其操作条件有更严格的要求，尽管井下多相流体的流态变化和相含率变化范围较水面应用时小。但井下多相流量计要工作在压力超过 860 个大气压、温度超过 150℃的环境中。另外，它应该能以任意角度安装使用，并能可靠工作 5 ~10 年。

(3)常规测量原理

多相流量计的使用者感兴趣的主要信息是油、气、水的质量流量。一个理想的多相流量计应该能完成油、气、水质量流量的单独测量。但事实上，能够直接测量两相流的质量流量计就很少，能直接用于三相流的质量流量计根本不存在。测量质量流量可以使用推算法，推算质量流量的方法是要同时测量瞬时速度和截面相含率以便计算各单独组分的质量流量和总质量流量 M，原理见图 7-1。

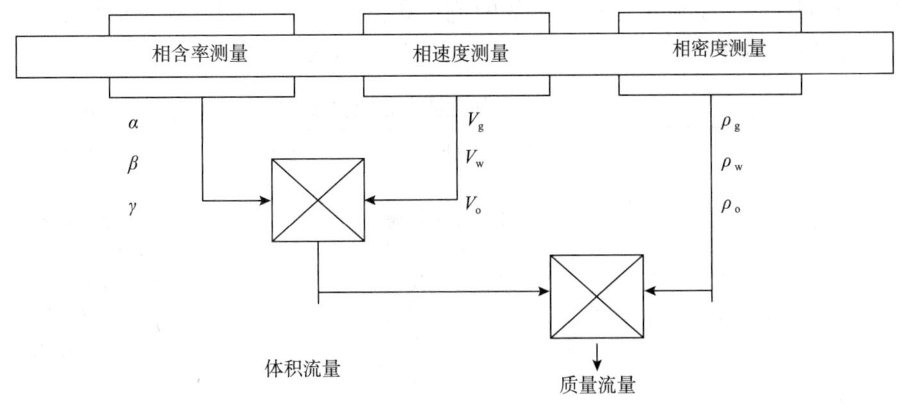

图 7-1　多相流计量导出法原理示意图

第一节　多相混输管道的计量与检测

1. 多相流量计概述

20 世纪 80 年代特别是 90 年代，随着恶劣环境条件下的沙漠、海洋、极地的油气田开发建设，投资规模成倍增加，同时计算机及计量技术的不断发展，刺激了对这项新技术的开发与研究。由于多相流的流动状态复杂，常规的流量计不能直接测量，挪威、美国、英国、俄罗斯等国的大石油公司纷纷投资，致力于多相计量的开发研究。挪威 Fluenta 公司在 1992 年投产运行了第一台多相流量计。此后，多相流量计的种类和应用数量不断增加，多相流量计量技术日益成熟。业内人士预计，性能可靠、成本低廉的多相流量计将取代分离器和计量管线，提高油气田的开发及油藏管理的技术水平。

2. 多相流量计的类型

目前，多相流计量基本上可分为混合均质多相计量和直接在线计量。

(1)混合均质多相计量

混合均质多相计量也称部分分离计量，多相流量计一方面测量主管内混合物的总质量流量，另一方面由一个微型采样分离器从主管线上取样并将其分离成气相和液相，然后用密度计测量液相中油水的密度，并结合温度和压力的测量，算出油气水的量。Euromatic、BakerCAC、Mobil、Texaco、Atlantic、英国 BP 等公司的多相流量计均属此类。

(2)直接在线计量

直接在线多相流量计是采用电子设备来测量管内流体特性，相分率仪测油气水瞬时质量分数，速度测量计确定通过混合物的速度，从而得出各相流量。如挪威和美国合作开发的 LP 多相流量计、挪威 Framo 公司的 MPFM 和 MPFM－1900 多相流量计、KOS 公司的 MCF 多相流量计、AEA 公司的非插入式多相流量计等都是直接在线多相流量计。表 7－1 简要介绍国外几种主要的多相流量计。

理想的三相流量计应该能够精确的测量任何份额的单相流量。绝大多数的石油工程师都认为理想的三相流量计根本不存在，但是一致认为开发者应该瞄准能应用的设备。许多石油公司根据需要确定了流量计单相份额的范围和精度要求，含气率 0～99%，含水率0～90%，并且含液量和含气量的相对误差小于 ±5%～±10%。

表 7-1　国外主要多相流量计

生产厂家	流量计类型	基本组成及工作原理	计量精度	适用范围
挪威 Framo 公司	MPFM 型（见图 7-2）	静态混合器为计量提供均质流，使计量系统不受上游流型的影响；多源伽马相分率仪来确定油气水各自的体积分数，文丘里流量计与伽马相分率计相结合，获得油气水各自流量	±6%	适用于全部流型，实际工况下的含气率为 20%～99%，含水率为 0～90%，总流量范围 120～5000 m^3/h，设计压力为 2～35MPa

续表

生产厂家	流量计类型	基本组成及工作原理	计量精度	适用范围
挪威 Fluenta 公司	MPFM 型系列	由测量流体介电常数及气液各相流速的传感器，测量流体密度的伽马密度计，和分析系统等组成。并采用新型相关法流量计测定气液相流量	油气水总流量的 +5% ~ +10%；1999 年改进后可达 3%	MPFM1900 型可计量原油含水率在 0 ~ 80% 和含气率在 0 ~ 90% 时的情况
	SMFM1000	SMFM1000（见图 7 - 3）为 MPFM 系列改进型	油流量偏差 -5.6%；气流量偏差 -1.04%	含水率在 60% ~ 80% 以下
挪威 KOS 与 Norske 壳牌公司	MCF350 型和 MFC351 型（见图 7 - 4）	由一个不锈钢法兰短节、EX 级信号处理电子装置和一个控制装置组成		MCF351 型有 DN80 和 DN100 两种规格，流量范围分别 3 ~ 146m^3/d（液体）和 16 ~ 292m^3/d（气体）
Multi - Fluid 公司	LP 型（见图 7 - 5）和 FR 型多相流量计	以微波技术为基础；由相分率仪、伽马密度计和 1 个或 2 个流速计组成。相分率计从混合物密度和介电常数中测得油水气各相的体积流量，其中混合物的介电性质由微波监测专利技术测得		
荷兰 SIEP 公司	ILCMEGRA 型多相流量计	由 Megra 计量单元、ILC 内管分离器、Dmia15000 流量计和文丘里流量计组成		
挪威 KVAERNER 公司	DUET 多相流量计	由测量流体混合物密度的密度计和测量油井物流中的辐射吸收量的高、低能辐射计组成		
挪威 Roxar 公司	MFI 流量计	由相分率仪和速度计组成，应用微波技术对多相流进行快速准确的计量，由伽马密度仪测量各相密度，采用相关技术来测定各相速度，采用微波技术测量含水率		含水率在 0 ~ 100% 含气率在 0 ~ 98% 流速范围在 1 ~ 35m/s
美国 Agar 公司	MPFM - 301 型多相流量计（见图 7 - 6）	基于微波测试原理，由 2PFM201 气液流量计和 OWM - 201 含水分析仪		
	MPFM - 401 型多相流量计	由气液分离装置，气液涡流流量计，容积式流量计，文丘里流量计，微波含水分析仪，电容式界面测定仪组成		

续表

生产厂家	流量计类型	基本组成及工作原理	计量精度	适用范围
德士古公司	海底多相流流量计(见图7-7)	由分离装置将混合物分成气相和液相(油水相),含水率由涡轮流量计测出;Texaco 微波含水仪测出含水率	5%	设计压力为 3.64kPa;在含气量为 10% ~90% 和含水率为 0 ~90% 的条件下,在其 480 ~ 2880m³/d 流量范围内实现自动调控运行
由英国 BP 开发,ISA 公司生产	Scroll Flo 型多相流量计(见图 7-8)	根据容积式计量原理,同时结合密度测量从而得出油气水混合物各物质流量	+5%	量程比 10:1; 气体空隙率范围 0 ~95%
EUROMATIC 公司	Euromatic 多相流量计(见图7-9)	一只涡轮流量计与主管线连接输出混合物体积流量信号;密度计与主管线连接输出总密度信号,一台微型脱气采样仪连续从主管线取样并除去混合物气体,然后测定油水混合物密度	油水计量精度 ±3%,气体计量精度 ±4%	
美国石油自动系统公司	FLOCOMP Ⅱ型多相流量计(见图 7-10)	采用快速采样的统计方法;快速取样后。由流量计测出总流量,利用 $P-V-T$ 气体定律测气流量,再由平均密度计计算油水各自的流量		
Paul-Munroe 工程公司	WELLCOMP 型多相流量计	工作原理同 FLOCOMP Ⅱ 型多相流量计相似	总流量及含水率的计量精度分别为 + 1.0% 和 +0.5%	总流量(油气水)为 3200 ~ 4000m³/d;含水率为 1% ~ 99%;含气量为 0 ~90% 最大压力为 5MPa(表压) 最大流体温度为 190℃
科威特 KOC 公司 KOC4206 - CDI -42V	KOC4206 - CDI-42V 型多相流量计	气液分别计量,然后利用 OWM-201 含水流量计测出液体中的含水率		
英国 AEA 技术公司	脉冲式多相流量计	采用一个脉冲中子束对通过管线的氢原子、碳原子和氧原子进行计数,以此测出气体、液体和固体的体积;含水量通过对氧原子的计数求得;辐射短脉冲“触激”氧原子,同时计量,以此测出混合物的流速。两测量结果相结合可精确计算管线内流量		

续表

生产厂家	流量计类型	基本组成及工作原理	计量精度	适用范围
英国 ESMER 公司	EIT + 压差流型识别装置 + 油气水多相流型识别与分析	采用电容、电阻技术利用介电常数和阻抗的变化对流场进行描述，配合压差法		

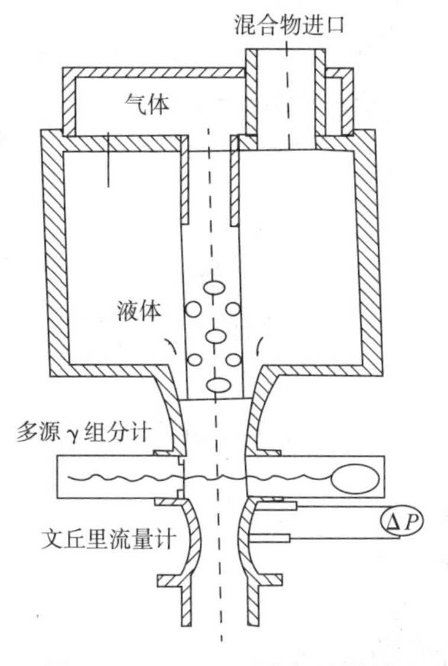

图 7-2　MPFM 型多相流量计

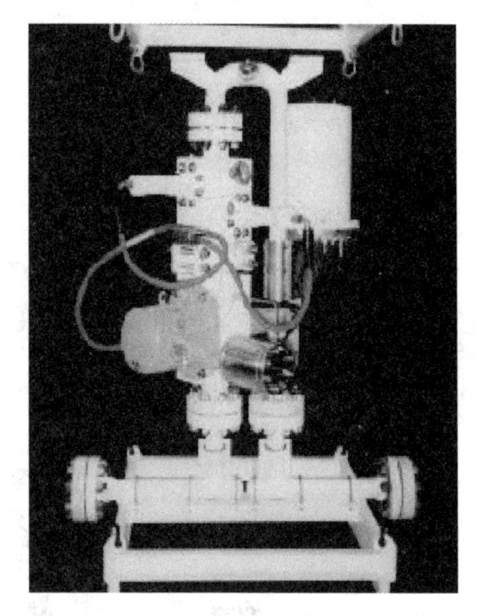

图 7-3　SMFM1000 多相流量计

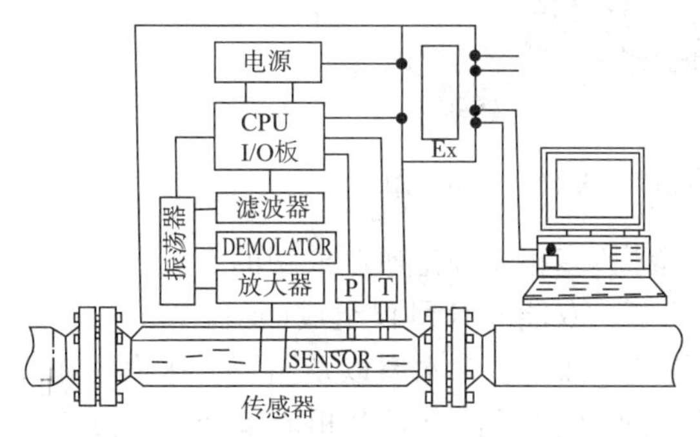

图 7-4　MFC351 型多相流量计结构示意图

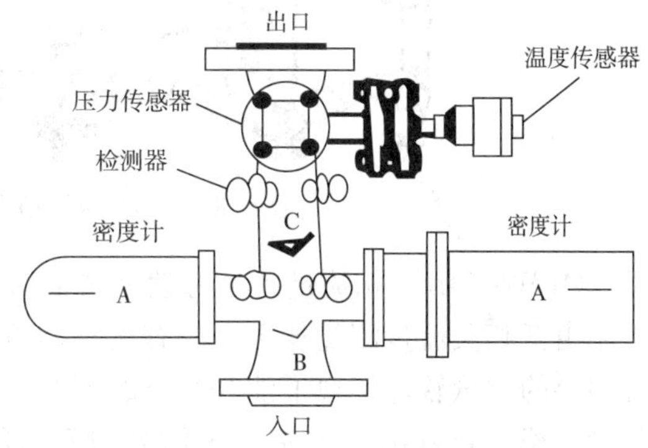

图 7-5　LP 型多相流量计结构示意图

三相流量计的机械结构更倾向于非插入式，这样可以避免传感器腐蚀和额外压降的产生。Wolff 认为接受的三相流量计最大压降为 100kPa。随着高温高压井的开发越来越普遍，降低管汇中接口的数量越来越重要。流量计的复杂性已经不是一个重要的问题，关键是它的可靠性和最低维护费用，尤其是用于海上油田开发使用的流量计。

从 20 世纪 80 年代末开始，我国科研工作者也开展了多相计量方面的研究工作。国内多家高校、科研院所和石油单位都开展了基于各种原理的多相流量计的研制。目前，兰州海默研制的 MFM2000L 多相流量计、西安交大研制的 TFM－500 多相流量计已经进入现场试验与应用阶段，在海上平台上得到应用。

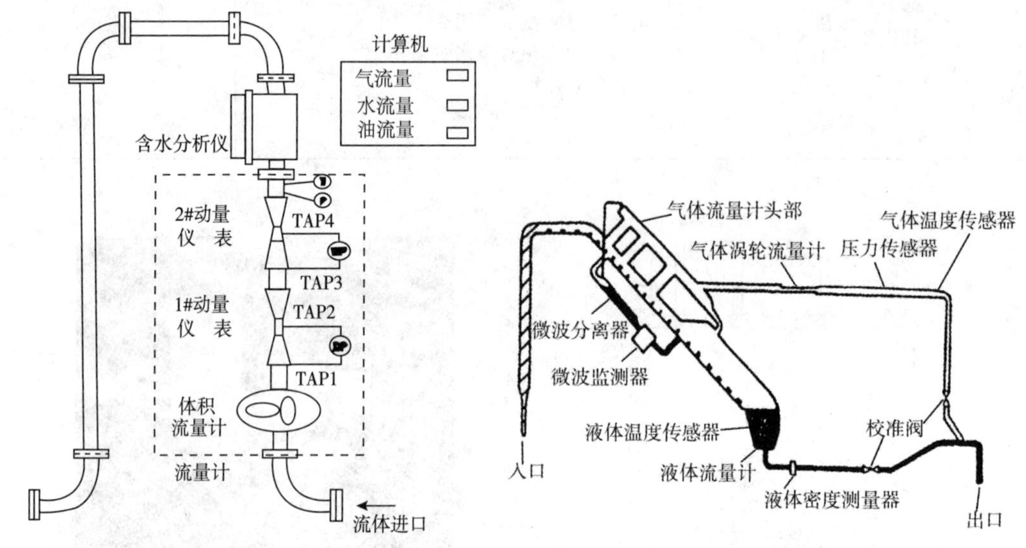

图 7－6　MPFM－301 型多相流量计结构示意图

图 7－7　德士古公司多相流流量计工作原理

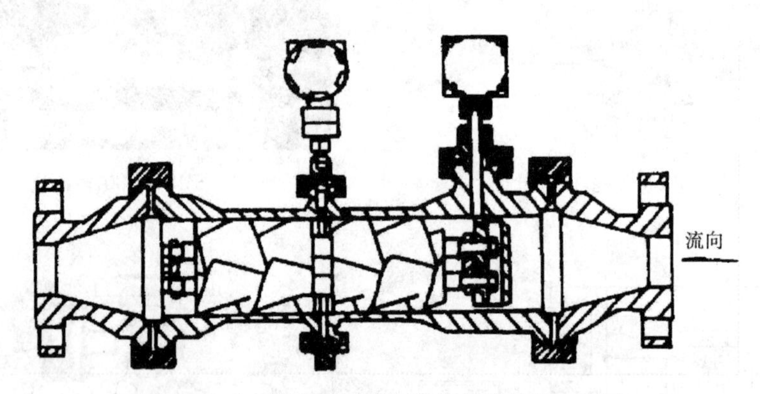

图 7－8　Scroll Flow 型多相流流量计结构示意图

MFM2000L 多相流量计是海默公司根据“微扰”多相流理论研制成功的专利产品，该产品由互相关流量测量技术、静态流态调节装置、双能 γ 计量仪组成(见图 7－11)，结合相应的测量软件实现了油井井流的液量、气量、油量、含水率以及温度、压力的在线测量。截至到 2001 年年底，海默公司已向国内外售出了百余台多相流量计。经过不断的发展完善，在我国海上油气生产平台上进行了试用，并在大庆多相流量计实液对比测试装置和英国 NEL 多相流实验室进行了标定测试。该公司产品已进入工业化应用阶段。

TFM－500 多相流量计由西安交通大学多相流国家重点实验室经过多年的努力于 1994 年研制成功，申报了国家专利。该流量计由自行设计的静态混合器、测量总流量的文丘里管以及测量气液比的倒 U 形管组成(见图 7－12，图 7－13)，应用流体力学方法测量气液比、利用热扩散原理测量相分率，其显著特点是无放射性、无运动部件。目前该流量计已

在陆地上一些油田进行了实验性研究。

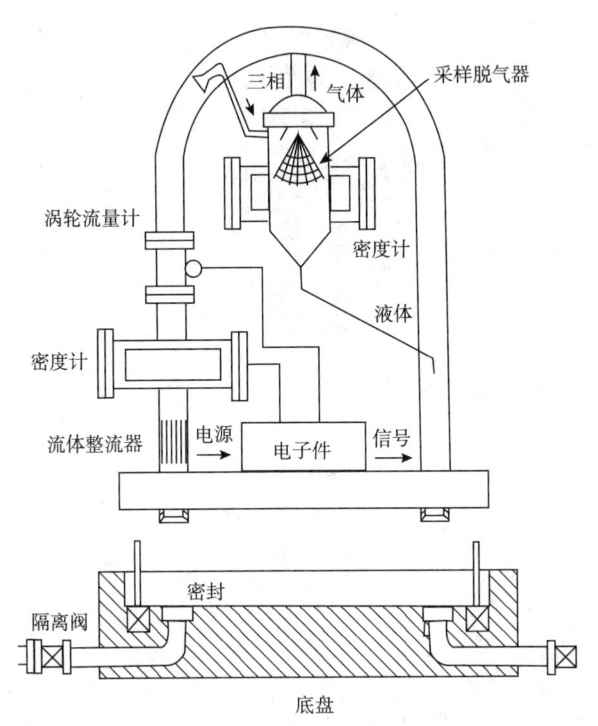

图 7-9　EUROMATIC 多相流流量计工作原理

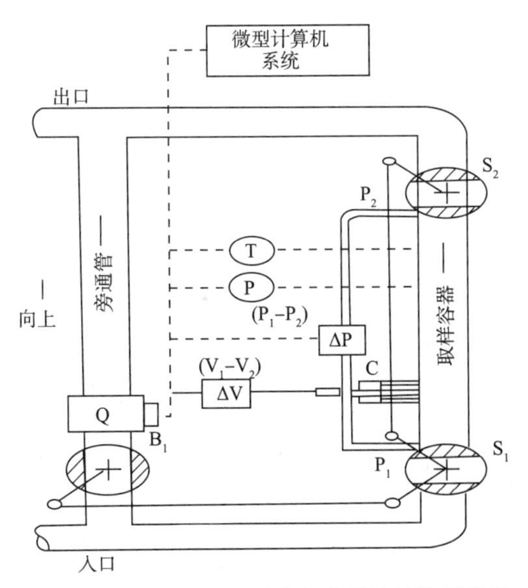

图 7-10　FLOCOMP Ⅱ 型多相流量计结构示意图

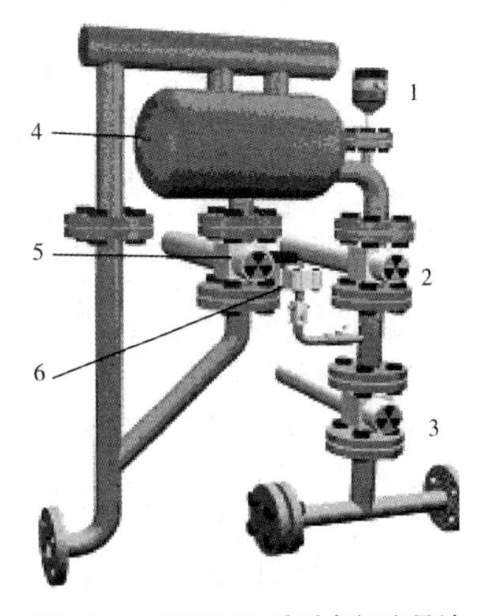

图 7-11　MFM2000 系列多相流量计

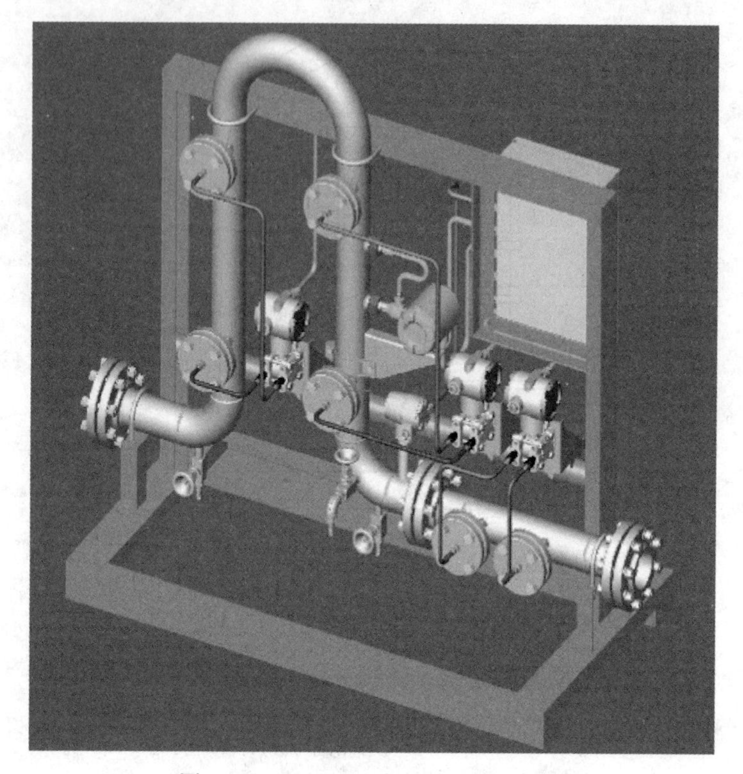

图 7-12　TFM 500 多相流计量器外形

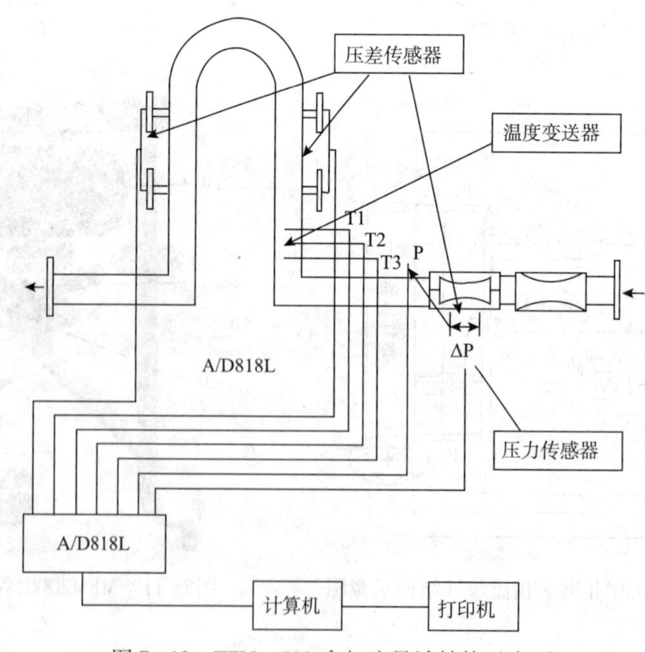

图 7-13　TFM-500 多相流量计结构示意图

第二节　现场应用情况及存在的问题

油气田开发中多相流量计的使用，不仅能带来巨大经济效益，同时还提供了更为详细的井口的技术数据，为油藏管理和风险评估提供了可靠的技术支持。目前，多相计量技术经过石油工业的试用及评价，现已逐步开始应用，并推广到边际油田和深海油田的开发中。

1. Roxar－Fluenta公司的多相流量计的应用情况

表7－2简要列出了挪威Fluenta公司生产的MPFM1900Ⅵ型多相流量计和SMFM1000型海底多相流量计的应用情况。

MPFM2000SR是在以往水下流量计基础上改进而成的，直接安装在水下中枢管汇或采油树上，可以应用ROV进行更换作业，结构更为紧凑，采用24VDC驱动，设计水深为3000m，最大可使用内管直径为12in。整个系统由管接头、电接头、操作界面组成。目前已经在巴西、北海等区域的水下生产系统中得到应用。

表7－2　挪威Fluenta公司的多相流量计应用情况

流量计类型	安装日期	安装地点	数量	特　点
MPFM1900 Ⅵ型	1995年9月	Amerada Hess公司的英国北南斯科特油田		首次进行商业性应用
		壳牌英国公司Teal/Guillemot生产船	1	口径为152.4mm；成为世界上第一套安装在浮式生产系统上的多相流量计
		挪威SAGA石油公司的Snorre平台	2	口径为202.2mm
		Amoco/Gupco公司在苏伊士湾的October油田	2	
	1997年	马来西亚埃索石油公司在其SeligiF和TapisE两座海上平台上	2	为橇装多相流量计，带有一个长1m，内径6in的水平进口段
	2000年	中海石油总公司的QHD32－6项目	6	
SMFM1000型海底多相流量计	1995年	UKCS的Amerada Hess South Scoot卫星油田		
	1997年4月	巴西Albacora油田		无感应传感器模块

通过大量的鉴定实验结果证实，在其合理的操作范围内，MPFM1900 Ⅵ型系列多相流量计精度较高。其计量的不确切性在各相(油、气、水)读数的±10%之内，含水率测量绝对值误差在±10%之内，各相流量的再现性在±5%以内。但是，在含气量接近90%且流速低或出现严重段塞流时，测量相对偏差较大，这主要是此时相滑移比较明显所致。

Roxar公司生产的多相流量计结构紧凑，是目前较为轻巧的计量装置。该产品可以在20min内给出油、气、水的测试值，一个多相流量计可以同时进行4口井计量。2001年初，该公司与 Fluenta 公司合并后，现已成为最大的多相流量计生产厂家，目前已为 Statoil 公司的 Asgard 油田提供 30 台(16 台水下)、为 Gullfaks 油田提供 8 台、为 SHELL 公司的 Gannet 油田提供 2 台多相流量计用于海上油气田开发中。

2. Framo 公司的多相流量计的应用情况

挪威 Framo 公司的 MPFM 型多相流量计也得到了广泛应用。Framo 公司设计生产了世界上第一台内嵌式、桶型撬装化、水下多相计量装置，该装置最先用于澳大利亚北部的 East Spar 油田，采用无潜水作业安装和维修系统，还包括一个与位于 63km 外的 VARANOUS 岛进行联系的无线电通讯系统和控制管缆。Framo 公司的多相流量计开始应用于一些海上和水下油田开发中，用于进行单井测试和储量分配，如 Statoil 公司的 Asgard 油田、BP 公司的 ETAP 项目等。

仅到 1995 年 11 月为止，该公司已在世界各海上油田推广了 21 套 MPFM 型多相流量计，其中 5 套为海底计量装置，使用这种流量计的公司包括挪威国家石油、德士古、菲律普斯和汉米而顿等 8 家国际大石油公司。该种流量计适用范围很广，基本适用于全部流型。

1995 年 12 月，Framo 公司的 3 台 MFI 多相计量装置在位于 Liverpool Bay 的 Hamilton、North Hamilton 及 Lennox 卫星平台上投入运行，成为世界上第一个商业化应用的多相计量装置。多相流量计的应用给该油田的开发带来了可观的经济效益，同时节省了平台重量和空间、减少管汇数目。经过测试，在较长时间内油、气、水三相测量精确度为 5% 左右，基本满足油田需要。

BP、ECT 公司在 West Brae 油田也选用了 Framo 公司生产的水下多相计量装置，该装置中所有的测试单元撬装为一个模块，无任何运动部件，数据传输通过 RS－422 连接到水下模块。与参考系统相比，水下多相流量计的读数平均在 2% ~3% 内变化。多相计量装置读数稳定，标准偏差为 0. 9%，与参考系统偏差为 1. 4%。

目前 Framo 公司共有 47 台流量计在运行，其中 7 台安装在水下，最大水深达到 550m，最长回接距离为 35. 2km。

3. Multi－Fluid 公司的多相流量计的应用

通过与 ARCO 合作，Multi－Fluid 公司开发出适合于高含气率条件下的 MFI 型多相流量计。MFI 型多相流量计与一个传统的气体流量计相结合，并在其上游安装一个分离器，从而组成 MFI 高含气率测试系统。这样一来，不仅扩大了多相流量计的运行范围，还提高了高含气率条件下的测量精度。

ARCO 的 Prudhoe Bay 油田安装了此系统，并在 1998 年 10 月投产运行。结果证实此系统便于使用，精度高；在含气率高达 99. 5% 时，仍能进行测量。截至 1999 年 4 月，Multi Fluid 公司已售出 80 多套该系统，MFI 型多相流量计已累计成功运行了 2000000 多个小时。目前，Multi－Fluid 公司与 Smedvig 技术公司进行了合并，合并后的公司将为 MFI 型多相流量计的改进提供强大的技术支持。

另外，KOS 的 MCF 型多相流量计、AGAR 公司的 MPFM－301 和 MPFM－401 型多相流量计以及 ISA 公司的 Scroll Flo 型多相流量计等也都已在油田中进行了应用。

目前，国产多相流量计也得到了初步应用，兰州海默和西安交大多相流量计在中国海洋石油总公司的海上生产平台上进行了试用。渤海油田的 SZ36－1B 平台上的结果表明，海默多相流量计的日产液量测量误差在 ±10% 之内，日产气量误差在 ±15% 之内，从单井计量的要求和经验来说，这样的精度在目前情况下是可以接受的，所以海默多相流量计可以在一些条件适合的海上平台用作单井计量使用。

第三节　多相流量计系统概述

表7－3 给出了商业上应用的三相流量计系统的简况。许多系统都集成了各相分量和相速度的测量技术。每一种组合都有其优缺点，由于还没有一个关于多相流量计性能的统一标准，因此，不能说哪一种组合技术提供的结果最好。

表 7－3　三相流量计系统

三相流量计系统测量方法		开发商												
		1	2	3	4	5	6	7	8	9	10	11	12	13
相分率	单源 γ 射线衰减					√				√		√		
	多源 γ 射线衰减			√	√		√				√			
	阻抗(电容/电阻)					√			√			√		
	微波		√							√			√	
	脉冲中子活化	√												
相速度	截面关联方法			√		√			√	√	√			
	文丘里管		√		√	√	√			√		√		
	脉冲中子活化	√												
	其他									√				
其他	PD 流量计		√					√						
	γ 射线密度仪								√					
	单相气体流量计		√										√	√
	单相液体流量计												√	√
	在线混合物分析													√
需要部分分离			√									√	√	√
需要均相化					√		√	√			√	√		

注：1—英国 AEA 技术公司；2—美国 Agar 有限公司；3—澳大利亚联邦科学与研究组织：4—美国/壳牌 DanieI 联合工业公司；5—挪威 Fluenta 公司；6—挪威 Framo 公司；7—英国/BPISA 公司；8—挪威/壳牌 Kongsberg 近海公司：9—挪威 Multi—Fluid 国际公司；10—英国 SGS Redwood 帝国大学；11—意大利 Tecnomare/AGIP 公司；12—美国 Texaco 公司；13—美国 WcIICornp 公司。

1. 国内外多相流量计测试标定装置

目前，英国、法国、挪威和美国等发达国家大都建造了一定规模的多相流计量标定装置，以进行多相流量计测试标定的试验和理论研究。大庆油田设计院建成了油气水多相流量计现场实液测试校验装置。这里，仅简单介绍一下英国国家工程实验室(NEL)与大庆油田设计院的多相流量计测试与标定装置。

(1)英国 NEL 多相流量计测试和标定装置

英国国家工程实验室从 1991 年开始建造油气水三相流量测试和标定装置，1994 年建成。目前，它是世界上唯一一个具有国家标准的多相流量计标定装置，具有较高的知名度和权威性。该装置具有功能齐全、测量范围宽、准确度高、仪器设备先进等优点，是油气水多相流量计标定和多相流测试研究的综合性试验装置。实验室长为 80m，宽为 20m，高为 11m，油气水单相计量。测试标定及油气水分离设备在室内；氮气设备在室外；实验室建有一个 45m 深的地下室，作为泵房，并用来安装储罐。该装置的管路、分离器、泵、阀等部件均为不锈钢材料，还配备了 γ 射线密度计、X 射线分析仪、高速摄录仪等流态测试仪器，以及长 30m、耐压 1MPa 的水平透明管路和 5m 长的垂直透明管路，用于观察流态。可对多相流量计进行水平、垂直测试标定，并由计算机完成数据采集、计算、控制。工艺流程简图见图 7-14。

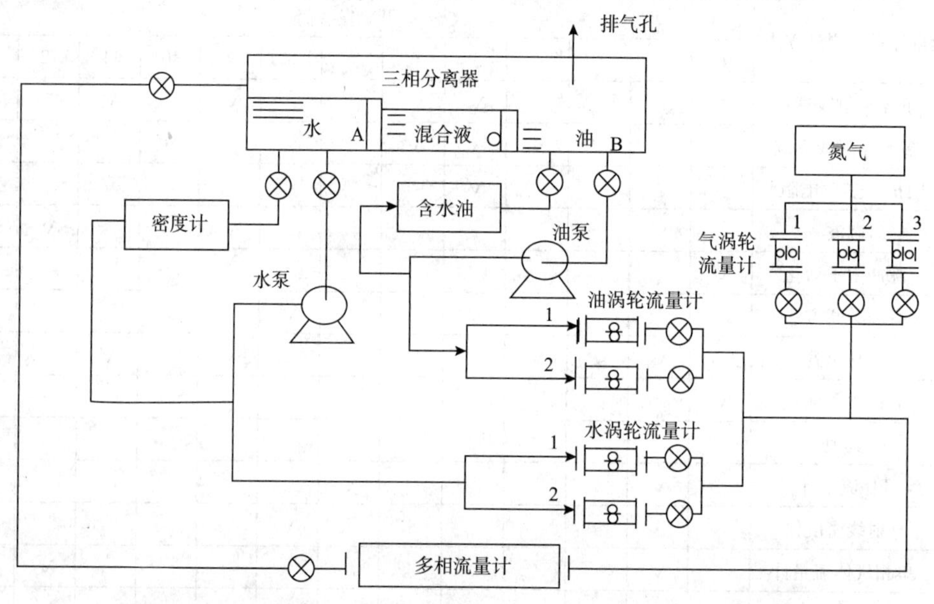

图 7-14 英国 NEL 国家工程实验室多相流标定装置工艺流程简图

(2)大庆油田的油气水多相流量计现场实液测试校验装置

1996 年，大庆油田设计院建造了一套 *DN*50 型油气水多相流量计现场实液测试校验装置，它直接采用油井采出液配制实验介质，并通过了国家计量科学研究院的鉴定。在此后的三年中，该装置不断得到改进，并采用了英国 NEL 的一些技术方案。现在，这一装置已得到国内外同行的认可，在国际多相流计量领域也具有了一定的技术特色和知名度。

另外，挪威 HYDRO 公司和 Framo 公司的油气水多相流量测试装置主要用于各自产品的出厂校验。总之，这些多相流测试标定装置现已成为试验研究多相流工艺参数和多相流计量技术的重要手段之一。

(3)多相流量计的发展趋势

由于多相流量技术能够带来可观的经济效益，其应用潜力非常被看好。工业界已经在

研究与开发上投入了大量的人力物力来设计制造多相流量计。鉴于多相流自身的复杂性，多相流量计作为一种科技含量较高的新技术产品，目前还存在一些问题亟待解决。现在还没有通用性较好的多相流量计，其计量精度普遍在 ±10% 左右，还有待于进一步提高。

多相流量计的发展趋势是小型化、智能化、高精度、适应性广、安全性高和结构紧凑。这主要依靠以下两条技术路线来实现。一是把已经成熟的单相流参数测试技术和测量仪表应用到多相流量计的计量之中，再结合多相流的本身的流动特征进行计算得到各个组分的流量；二是运用新技术进行不干扰流动的流量计量，如新型示踪技术、激光技术、光谱技术、微波技术、核磁共振技术和过程层析成像技术等。当然，开发与多相流量计配套的软件和分析技术也是有待解决的问题。随着计算机技术的不断发展，多相流量计的开发将向智能化方向发展，应用模糊数学理论、人工智能技术、人工神经网络和小波分析技术对数据进行处理，可提高计量的准确性。

2. 多相流量计的测量方法

(1)相分率测量技术

相分率是油气水多相流的一个非常重要的参数。已知多相流的相分率便可求得混合物的平均密度、计算压力梯度、分析管内流动状况等。因此，准确预测和测量多相流相分率对于混输管道的设计及运行管理具有重要作用。

目前，获得相分率的方法主要有两种：一是通过实验回归或理论推导的方法得出相分率的相关计算式，而这些计算式往往是各相介质的物性及压力等参数的函数；二是由相应的测量装置直接测得相分率的大小。由于两相流动的特殊性和复杂性，到目前为止不管是计算法还是测量法在很大程度上都与管内的流动状态或流型以及各相介质物性等因素有关。因为每种相分率的计算方法或测量方法往往只适用于某些特定的介质，从而导致不同的计算方法或测量方法所得到的相分率有很大差异。

相分率的理论模型在一定的范围内能给出相分率与其他的某些参数之间的关系。实际上，这些模型中的某些参数一般是未知的，或经过检测才可以得到的。这就有必要通过采用一定的方法直接或间接的测量出相分率值。目前，测量相分率的方法很多，其测量的精度也在不断提高。下面介绍一些主要的相分率的测量方法。

①快关阀法

快关阀法是直接测量相分率的一种最常用的方法。它是在多相流的实验段的两端安装两个同时动作的快关阀，当混合物的流动达到稳定时，同时关闭这两个阀门，通过气液分离可直接测出两阀间的平均相分率。此法十分准确有效。目前主要用于实验室的多相流研究以及对相分率测量装置的标定。这种方法的主要缺点是测量时要切断流体的正常流动，因此不能进行在线实时测量，同时也不宜在工业生产中使用。

②γ-射线衰减法

γ-射线衰减法是以双能级能源 γ-射线衰减为基本原型的，其原理是 γ-射线穿过多相流管道时有能量的衰减。相分率不同，γ-射线衰减程度也不同，而且不同能级的射线源通过相同的多相流体时，其衰减程度也不同。γ-射线衰减法的优点十分显著，它能够测量任何油水比的情况，并实现了在线实时测量。

其缺点主要有以下两点：一是由于放射源的随机性，测量时间和测量精度有一定的冲突。要想提高精确性就需要用较长的时间测量，从而导致瞬态响应变差。为了克服这一缺陷就要增大能源能级，但这样就降低了操作的安全性。二是水中的盐分对测量的影响很大。为此 Scherr 等学者提出采用三能级/多能级来解决这一问题。

③电学法

根据测量元件的结构的不同，电学法分为电阻抗法和电阻探针法。

a. 电阻抗法

电阻抗法测量相分率的基本原理是：在多相流管道内壁轴对称放置两个测量电极，穿过管道的电阻和电容取决于油水气混合物的介电常数和电导率、含气率、含水率以及流型等。在传感器几何外型确定和流型给定的情况下，测量的电阻抗值是流体组成相分率的直接函数，从而测得各相比率。

利用电阻抗法测量相分率的一个最大的优点是能够进行瞬态测量，因此它可以用于多相流的相分率测量。另外电阻抗法结果直观，价格低，容易实现，所以一直受到人们的普遍关注。但是，该法也有许多限制条件：要求被测介质的电导率小；一般要采用高频电源；测量精度与多相流流型有关；电导率与液体中的离子浓度有关；测量段应该是电绝缘的。目前，不断有人提出各种改进方法以解决测量中的存在的问题。

Merilo 等曾提出了一种补偿式旋转电场电极。在管道中形成一种旋转电场，取三对电极测得信号的平均值，并利用插在单相液体中的电极信号进行温度补偿。此法能够比较准确地测量管道中平均相分率，较好的解决了总阻抗随温度的变化的这一问题。虽然测量结果受到流型的影响仍很大，但实验表明对于气泡流测量精度较好。

基于 Merilo 等人提出的方法，有文献提出了一种三相脉冲电导式空隙率计，对于液体导电的气液两相流的空隙率测量，取得了成功的应用。经计量部门的标定，该空隙率计在空隙率值 0 ~ 100% 的范围内，测量误差为 ±5%，因此具有十分广阔的应用前景。

各种实验表明，如果能够较好的解决测量结果受流型的影响和由于温度的变化、杂质存在使液相介电常数变化的影响，电阻抗法有可能成为一种很有实用价值的测量方法。

b. 电阻探针法

电阻探针法测量空隙率的原理是基于液相电导率与气相电导率不同这一特性。当很细的探针插入气液两相混合物中，若探针的接触面落在气相中，探针经测量电路输出一个高电平信号；若落在液相中，则输出一个低电平信号。流场中某点的空隙率实际上就是该点在任意时刻出现气相的概率。因此，用此法测得的空隙率只是局部某点的时间平均空隙率。

影响电阻探针法测量精度的因素主要有响应滞后和气泡变形。此法相对于电阻抗法误差较大，综合性能不如电阻抗法。

④微波法

它是通过测量微波腔谐振频率来确定气液两相流的空隙率。将一个小的电探针插入圆形谐振腔中，把微波能量耦合到腔内。当谐振腔内流过两相流体时，探针检测到的谐振频率是流体介电特性，空隙率限制因子和空隙率的函数。使用结果表明，对于空隙率较低的气泡流有高的测量精度。

⑤其他方法

近几年，随着科学技术水平的进步，光学法、脉冲中子探测法(PNA)及核磁共振法(NMR)受到广泛的关注。

脉冲中子探测法(PNA)其原理是使用高能级的中子激活混合流体，被激活的流体产生γ-射线，这种射线的波谱和多相流的化学成分及相分率有关，利用一定的函数关系，通过测量γ-射线值可以求出相分率，此法技术十分复杂，造价也过于昂贵，但由于其测量相分率时与流体流型无关，其测量的相分率范围广，故其应用前景十分广泛。

核磁共振法(NMR)虽已比较广泛的运用于许多工业混合物分析之中，但在多相流方面的技术还不成熟。此法和脉冲中子探测法(PNA)具有相同的局限性和优势，因此受到许多工程研究人员的高度重视。

(2)空隙率测量方法

迄今为止，对于油气井中的多相流产出物的测量总是需要使用一个采样分离器来测量空隙率。这就不能够进行在线实时测量，对海上油气生产尤为不利。而采用昂贵的多相流量计，在空隙率增大的情况下，不能够保证其测量精度。目前，已有许多研究学者和机构提出了自己的发明专利来测量多相流中空隙率或相分率。这里主要列出几种已申请为专利的测量方法和测量装置。

①Jonathan Stuart Lund 提出的装置

Jonathan Stuart Lund 提出一个测量空隙率的方法和装置，其原理如图7-15和图7-16所示。

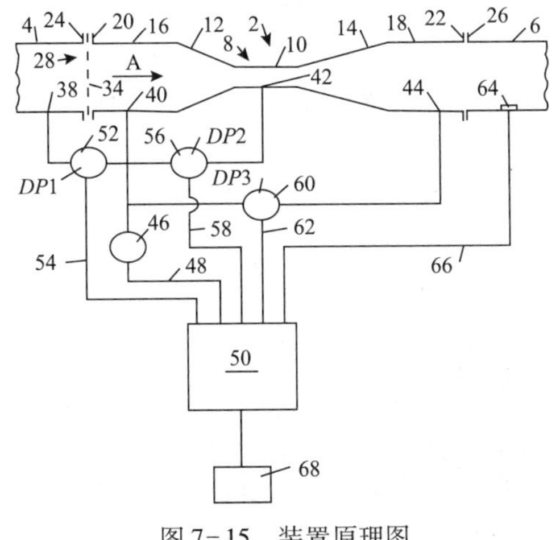

图7-15　装置原理图

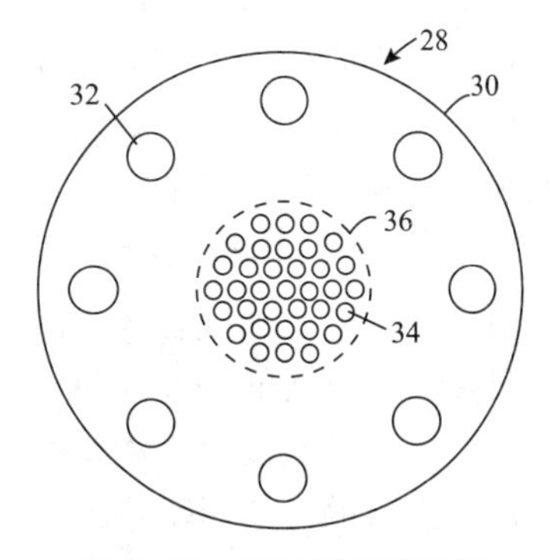

图7-16　流动调节装置图

在管线2中沿方向A流动的气液两相流流经一个文氏管。在上游安装一个流动调节装置28，它使下游的气液混合均匀，从而降低或减少文氏管中的气相与液相之间的滑移。

测量出流动调节装置上游与流动调节装置和文氏管中间处之间的压差 DP_1，文氏管与流动调节装置和文氏管中间处之间的压差 DP_2 以及整个文氏管的压差 DP_3。计算机50根据下式来计算空隙率值。

$X = a*(DP_1)^b*(DP_2)^c*(DP_3)^d*(DP2-DP_3)^e*(DP_1+DP_3)^f$ 其中 a，b，c，d，e，f 均为常量。可以用回归分析法来计算 a，b，c，d，e 和 f 的值。例如，已知不同气液

混合物的空隙率，测得DP_1、DP_2、和DP_3，再利用上式即可反算得到合适的a，b，c，d，e，f值。

②David John Crackne 提出的装置

David John Crackne 发明一种利用微波确定多相混合物中气含量和水含量的新方法。此法是基于沿圆型波导的微波和无线电射频的传播特性。在此基础上，进一步研制出了微波海底原油分析仪。它可以进行在线实时测量，并且克服了油气水混合物不均匀所带来的测量困难。

③John D. Marelli 提出的装置

John D. Marelli 提出一种测量油气水三相混合物中含气率和含水率的方法。此法是利用微波确定含气率的在线统计分析的方法，然后利用含气率来计算出正确的含水率。由此开发的微波含水率检测仪应用十分广泛。这个系统可以准确测出油水混合物中的任意含水率的值，即使在流体特性发生改变或含水率高达25%时，它也能够正常工作。这一系统已被应用于海洋管线的测量，其输出值可以用现存的通信网络如 SCADA 系统支持传输。但是本系统不能用于含气率太大的情况。

④Miroslav M. kolpak 和 Terry J. Rock 提出的装置

Miroslav M. kolpak 和 Terry J. Rock 还提出了一种通过测量多相流的波动来确定空隙率的方法。

针对以上提到的所有方法和设备而言，几乎没有一个方法能够普遍适用。因为快关阀法需要切断正常的流动进行采样，故它不能够用于实际生产过程的空隙率检测。γ－射线衰减法是一种现在比较广泛使用的一种，但它的测量结果受到流型的影响，并且测量滞后较大，只能够用于中等相分率的测量。对于相分率较大的或较低的场合，可以采用光学法和微波法。电阻抗法由于能够快速进行相分率的测量，尽管它与流型有关，但仍受到人们的关注，正在得到不断的提高和完善，但是要真正解决相分率测量问题，还有待于进一步的研究。基于不同方法所开发的设备，其发展水平不仅取决于人们对多相流的认识程度，还受相关学科发展水平的制约。

3. 多相流管线泄漏检测

目前，世界上油气管线总的长度已经超过1.6×10^6km，其中60%是20年前建造的。腐蚀日益成为管线的一大威胁，而由此引发的管线泄漏，不仅造成巨大的经济损失，严重的污染环境，甚至发生大规模的灾难事故。尤其对于海洋管线，管线易受腐蚀且维护难度大，泄漏引起的污染影响范围更大。提出油气输送管道检漏系统的目的在于及时诊断管线的早期泄漏，确定泄漏位置以便及早维修，尽量把损失降低到最小限度。因此人们正加强对管线检测技术的研究。

(1)模型预测

目前，用于管线检漏的模型预测法的主要有两种：一是质量或体积平衡法，二是实时模型法。这些均是针对单相流体管线泄漏检测的，应用在多相流管线上尚有一定的难度。由于目前对多相流的认识不足，还不能用模型准确描述出多相流流动特性。从查阅的文献来看，现在还没有一种模型能够准确地预测多相流的管线泄漏。

(2) 多相流管线检测方法及检测设备

目前，管线检漏的方法有很多，但能够真正用于多相流管线的方法却是很少。这里将介绍几种可用于多相流管线检漏方法和设备及其应用情况。

(3)泄漏检测方法

①压力点分析法

基于压力测量的简单统计分析，E. d Farme 及其合作者开发出一种应用于管线泄漏检测的应力点分析技术。经过多年在普通和复杂管线上的应用，压力点分析法(PPA)已经成为一项重要的泄漏测量工具。该方法只需要在管线某位置安装一个压力传感器，发生泄漏时产生的负压波向检测点传播，引起该点的压力(或流速)变化，通过分析单个测量点的数据，并与正常操作数据比较可检测出泄漏点。该方法在 BAPCO 的一条原油管线上得到应用，效果很好。同时，PPA 法在美国 Markham 到 Seadrift 的一条 ethylene 管线上进行了检测，也收到了良好的效果。下面将重要介绍一下 PPA 在多相流管线上的应用情况。

由于油井产出物中含有的水、气、油以及少量泥沙，这对于任何依靠精确测量流量来检测泄漏的方法来说是极其困难的。此法在 Phillips 石油公司海上生产管线上进行了测试。测试管线是一条输送原油、水、气和泥沙等多相非稳定流的 10in 管线。这条管线连接 Hogan 和 Houchin 平台及位于 La Conchita 的一个处理厂。测试结果见表 7-4。

表 7-4　PPA 法的多相流测试结果

实验序号	测试地点	公称泄漏尺寸/in	泄漏速度/(gal/min)	测试点的体积损失/gal	测试时间/s
1	Hogan	1/4 ~ 1/2	6	2.1	21
2	Hogan	1/8 ~ 1/4	3	3.3	66
3	Houchin	1	7	1.4	12
4	Houchin	1/2	3	0.75	15
5	LaConchita	1	9	2.55	17
6	LaConchita	1/3 ~ 1/2	6	5.2	52

从 1987 年 PPA 法作为一种泄漏检测方法至今，PPA 法在很多性能方面都得到了完善和进一步的提高。但是，此法很难测出少量泄漏的情况以及泄漏点的准确位置。

②气味跟踪检测法

L. R. Quaife 和 H. J. Moynihan 提出一种利用新型测试液和驯养狗进行管线检测泄漏点的技术。这个方法的工作原理很简单：在管线流体中或在两个清管器之间加入测试液，测试液流经整个管线后，再用探测器或驯养狗沿管线进行检测。这主要是因为从泄漏点流出的测试液挥发出特有气味。灵敏的探测器或驯养狗就可准确的找到气味源，从而找到泄漏点。此法最关键的一项技术是开发出满足严格要求的测试液。为此，L. R. Quaife 和 H. J. Moynihan 发明了一种新型泄漏检测液(TEKSCENT)，并已申报发明专利。由于许多探测器存在缺陷，于是便利用驯养狗代替探测器。通过 9 条管线上的试验证明，此法的成功率为 100%。

此法适用的管线类型很多，包括单相流或多相流管线，小管径或能运行清管器的大管径管线等，但对于海洋管线却无能为力。虽然这种方法操作简便，准确性高，但其受气候、地理等条件的制约，而且不易进行管线检漏的自动化。

另外，还有一种与此类似的方法——放射性示踪法。其原理是：将可溶于管输介质的放射性指示剂和管输介质混合成一定比例的液体，泵送入管道中输送，混合液经过泄漏点时漏出管外，扩散到土壤中。然后放进隔离塞输入纯净介质，把管内残留的指示剂冲洗干净；再放入活塞式探测器，当经过泄漏点时，探头感应到扩散到土壤中的放射性信号，从而找到泄漏点位置。此法也不易用于海洋管线，因为泄漏出的指示剂可能被海水冲刷走，从而使探测器测不到泄漏点。

③噪声检测技术

基于噪声检测技术的管线检漏方法有三种：

a. 利用便携式超声波检测仪沿管道检测。此法检测速度慢，不宜在沙漠、海洋等管线上应用。

b. 沿管道设置噪声检测点，将检测的信号传输到检测站，由于泄漏产生的噪声不是太大，其噪声频率和振幅随距离大幅度的衰减，因此不适于长输管道。

c. 向管内发送检测器，随管内流体流动进行检测。一般管内泄漏检测器有两部分组成：一为检测部，包括噪音探头、距离测量和记录三部分；二为包括发讯部分，包括供电设备和超低频发讯机。万一探测器卡在管内，可以在地面上用便携式讯号接受器找到其位置。

Gordon et al 发明一种智能清管器，它能对整个管线的运行情况进行监测，其中包括管线的泄漏检测，检测原理就是基于以上的方法。

④管线敷设检漏电缆

贴着管道设置一种特殊绝缘包裹的电缆，泄漏的介质将电缆绝缘溶解短路而发出报警信号。此技术关键是溶于管输介质的电缆绝缘材料的选择。

⑤统计检漏法

壳牌公司开发了一种具有图形识别功能的统计法，即管道泄漏检测系统 ATMOSPIPE。其工作原理是：当管道发生泄漏时，管内流量和压力之间的关系就会发生变化。ATMOSPIPE 采用对管内流量和压力测量值的统计分析技术检测流量和压力之间关系的变化，并以图形显示统计分析结果。当泄漏引起压力和流量变化时，二者之间的关系便呈现为一种特殊的图形，这时进行泄漏报警。这种统计方法不采用数学模型估算管道中流体的流量和压力，而是采用测量值监测流量和压力之间的关系变化。因此，对于多相流混输管线来说，具有广泛的应用前景。该系统可连续对管道进行监测，并且具有记忆功能，由于运行条件改变而引起的变化可被记忆下来，因此在运行条件发生变化时仍能适用。

⑥磁检测技术

运行中的管线在各种化学物质以及各种应力的作用下，难免会有腐蚀或应力的破坏。准确地了解管线的腐蚀情况或应力破坏情况对维护管线的正常运行是十分重要的。较早开发管道内检测清管器的是 Tuboscope 管道公司和 Vetco 管道公司。它们的仪器是利用“磁漏”技术设计的。自 20 年纪 70 年代以来，多家公司进入在线检测领域，包括英国天然气、Rosen、Pipetronics、Vetco 和 Tuboscope 管道公司，主流的检测技术仍然是“磁漏”技术。

⑦超声波技术

20 世纪 80 年代初期有公司开发超声波技术和涡流技术用于金属损失的探测。该技术采用一个被隔开并埋入不锈钢罩内的发射环，或将环直接安装在多层清管器的主体上。发射环发出的超声波通过液体传送出去，通过接受管子内外壁的反射来确定连续的壁厚信息。

由于是电子结构，该清管器比磁技术的清管器轻得多。由于超声波需要液体的耦合作用，所以这种清管器不能用于气体系统中。

为了在水压试验期间检测管线的泄漏，许多公司在管线中冲入染料和气体。但是，由于超载程度以及近海环境的影响，这样做常常失败。所以，人们开始利用清管器，通过检测泄漏产生的声音，或测量通过清管器的压差来检漏。

⑧管道泄漏检测实例

平湖油气田-上海湿天然气管道在清管试压过程中发现泄漏，寻找泄漏点及管道修复历时 7 个月。

1998 年 7 月 21 日 21 时 35 分，天然气管道(海底段)开始全程试压，1998 年 7 月 22 日 20 时 5 分管道压力达到 13.3MPa，关泵稳压，此时管道压力呈线性下降，约 100 $kPa \cdot h^{-1}$，说明管道系统存在泄漏现象。经计算泄漏孔直径约为 3mm。承包商采用排除法确定泄漏位置。

①立管与管道连接处的法兰：用 ROV 水下录像检测；潜水员通过手触摸，肉眼查看；染色体检查，用 2 种高灵敏度化学成分、颜色仪器检测。

②登陆段处海陆管道连接处：人工挖开进行外观检查；染色体检查，直观检察有无染色体渗出。

③KP20、KP6 处：用 ROV 水下录像，检查有无气泡；染色体检查，用 2 种高灵敏度化学成份、颜色仪器检测。

④管道全程：用染色体、直升机检测海面气泡；调查船在可疑点查找；用旁测声纳对比施工前测量的浅气层位置，检查浅层部面有无异常。

⑤声波找漏：检测最后成功的是声波测漏仪器。此仪器在平湖油气田海底管道的运用是第 1 次。声波仪器的基本构造和工作原理：声波清管器由自身携带的电源、数据采集系统(麦克风)、储存系统、自动计程仪组成。仪器最前端安装 1 个能接受高频声波的麦克风，仪器后部安装 3 部计量运行距离的计程器，仪器中部为数据记录装置，它将声波信号和里程数据记录在磁盘上，仪器具有良好的方向性，声波仪器在管道中运行时，只记录前方的噪音。当声波仪器接近泄漏点时，它能接收到 1 个特殊的信号幅度形态，记录到的声波信号逐渐增大，但当声波仪器通过泄漏点以后，声波信号迅速恢复正常。将记录到的信号经过计算机处理，可与用围其他声波源信号区分开来，如阀门、弯头等，然后，分析噪声的曲线形态，给出 1 个波型图，最终确定泄漏点的位置(图 7-16 为平湖 355.6mm 管道在 KP65 和 KP68 处的实测曲线)。

承包商推荐的声波仪器找漏工作程序示意图如图 7-17 所示。

修复作业中确认的泄漏点位置和声波仪器指示的位置相差约 0.2%。出于管道已埋于海床下 1.5m，在泄漏点处有 100mm × 50mm 大小的小坑，水从此坑中溢出。修复阶段取出的缺陷管证实了上述检测的准确性。

(4)泄漏检测的发展趋势

目前，应用于单相流管线的泄漏检测方法和设备有很多，有的已经发展的相当成熟。然而，多相流管线的泄漏检测技术基本上是空白。现在用于多相流管线的泄漏测量方法，因准确性较低而往往产生误报警。即使有的方法准确率较高，但其自动化水平极低或受到许多客观的因素制约，因而得不到广泛的应用。现在，大多数的检测系统存在这样的一个共同问题：灵敏高，误报警报率也高；灵敏低，误报警报率也低。事实上，人们一方面在追求泄漏检测系统的高灵敏度，即对任何非常小的泄漏均能够做出反应；而另一方面又要求检测系统避免误报警。因为，管线的流动参数数据由系统的随机误差而导致有一定的非确定性或者管线生产条件发生变化，都有可能引起误报警，导致管线运行效率下降和丧失对泄漏检测系统的信任。因此，人们有必要采取有效的措施妥善解决这一矛盾。有必要开发出这样的一套多相流管线检测系统：经济实用，对小的泄漏高度灵敏而误报率低，并且能准确测出泄漏点的位置。因此，多相流管线的泄漏检测技术的发展趋势主要有以下几个方面：

①将目前发展比较成熟的单相管线泄漏检测技术，结合多相流自身的特点，使之能够进行多相流管线的泄漏检测。

②为保证可靠性，多相流管线检漏系统应该同时应用基于不同原理的检漏方法，这样可发扬各自的优势，克服各自的不足，从而提高了检测精度，降低了误报警率。

③需要加强多相流仿真技术的研究，开发出多相混输在线仿真技术。这不仅能够很好的解决管线的自动检漏问题，对于整条管线的正常运行也至关重要。

④采用新尖端技术，开发新型的管线泄漏检测设备。

总之，随着科学技术的进步，加之对多相流研究的深入，多相流管线的泄漏检测问题必将得到圆满的解决。

虽然多相混输的计量与检测技术已有了很大的发展，但是还没有研制出可以适合于各种任意流型、任意油气水比、任意原油黏度的高精度的多相流量计；海底多相流管线泄漏检测技术基本上还是空白，迫切需在油气水多相计量与检测技术方面有所突破，以满足海洋油气田开发和运行管理的要求。

第四节　美国石油学会（API）和法国石油研究院（IFP）有关多相计量标准与方法简介

一、美国石油学会(API)有关多相计量标准与方法的简介

已经发表的多相计量标准有：API最新多相流计量标准 API 2566，挪威石油和天然气测量协会的多相流计量手册以及英国石油测量指南等。

通常多相流计量需要测量五个参数，即油气水三个平均流速和气液两个体积分数，即含气率和含液率，便可计算总流量。至于密度、压力、温度等则定期取样测定。有了压力温度参数可以通过热力学常规公式换算成标准状态的气量，以便有利对比。

有关 API 2566 版本介绍多相流测量技术简要介绍；

单相液体或气体以平均速度 V 通过横截面积为 A 的管道，体积流率 Q 的计算公式为：

$$Q = AV \tag{7-1}$$

当油、水、气混合物流经相同的管道时，体积流率由每相流体的分布和速度共同决定的。估计每相流体体积流率的简单方法就是假设在任意时刻，每相流体占总横截面积的一定比例分数，由下列关系确定：

$$f_0 = A_0/A, f_w = A_w/A, f_g = A_g/A \tag{7-2}$$

$$f_0 + f_w + f_g = 1 \tag{7-3}$$

其中 f_0，f_w 和 f_g 分别是油相，水相和气体相在该混合物中的体积分数(横截面积为 A 的分数)。每相的体积流率 Q 和(混合物)总体流率由下式确定：

$$Q_0 = Af_0V_0, Q_w = Af_wV_w, Q = Af_gV_g \tag{7-4}$$

$$Q_t = Q_0 + Q_w + Q_g \tag{7-5}$$

伽马射线衰减测量体积分数：伽马射线是由核跃迁产生的电磁辐射。多相计量系统采用的伽马射线是由化学元素随着时间的推移衰变产生的。当伽马射线通过油、水、气的混合物时，它们与混合物分子中的电子和原子核相互作用，这种作用最终导致辐射的衰减。因此，在内部直径为 d 的管道一端放置伽马放射源，管道内的油、水、气混合物在流动，当光束通过管道以后，光束的强度相对于通过空管的强度会减弱。如果 I_0 表示光束在空管中的强度，那么在混合物中的强度用 I 由下列关系确定：

$$I = I_0 C\exp[-d(f_0u_0 + f_wu_w + f_gu_G)]$$

其中 C 是与放射源和几何位置相关的常数，f_0，f_w 和 f_g 是混合物中已知的油、水、气的比例。u_0，u_w 和 u_G 表示油、水、气的线性衰减系数。油、水、气的线性衰减系数随着伽马射线的强度而变化。如果重复设置两个不同的伽马射线放射源，那么可以写成两个独立的衰减方程。这两个方程加上体积分数和为 1 的第三关系式，然后就可以使用双伽马射线技术来计算混合物中油、水、气的比例。

二、法国石油研究院(IFP)有关多相计量标准与方法的简介

IFP 归纳多相流计量逻辑图，如图 7-17 所示。

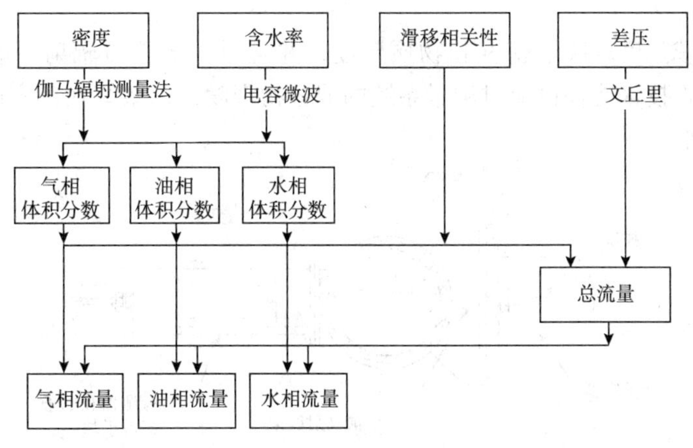

图 7-17　法国 IFP 多相流量计的测量逻辑示意图

法国 IFP 介绍国际多相流计量简况如表 7-5 所示。

表 7-5 法国 IFP 介绍国际多相流计量简况

制造商	市售流量计名称	相体积分数测量	流量或速度测量	评 论
三相测量 AS (Framo 工程公司/Schlumberger)	PhaseWatcher Vx 相测试仪	高频双伽马比重计(Be)	文丘里	GVF 较高，通过海底分相器抽取气体
Agar	MPFM 300 MPFM 400	通过质量和体积流量(微博—微波)	实际位移(椭圆齿轮)2 根文丘里管	GVF 较高，气体旁通循环
FlowSys AS FMC	TOpFlow WellSense	电容/导电性和间接采用质量流量	互相关	海底版本的尺寸为 1~8in
Haimo	MFML 2000L	双伽马比重计	互相关	
Jiskoot	组合流量计	双伽马比重计(^{137}Ce, ^{241}Am)	通过流动均化器的差压	可用尺寸为 2~6in
Kvaerner Cisro	Duet	单伽马比重计以及双伽马比重计	互相关	
OVAL corp JOGMEC		质量和体积流量间接计算	双流式水轮机和压力降	
PSL	Esmer	电容测量	绝对和差压(文丘里)	特殊信号分析 可用尺寸为 2~6in
Roxar	MPFM 1900 VI	阻抗和单伽马比重计(^{137}Ce)	文丘里和互相关	海底版本可用尺寸为 2~12in
TEA Sistemi Spa	Lyra	伽马比重计 阻抗计	文丘里或量孔板	湿气 Vega 版

伽马射线比重计(图 7-18)：伽马射线的吸收可能是在多相流计量中使用的最常见技术。

伽马射线衰减强度取决于密度和物质厚度，并且对于低能量辐射，取决于物质的成分。伽马射线吸收技术能提供流过测量系统的混合物密度，该系统在其密度测量范围的两端进行了仔细校准。

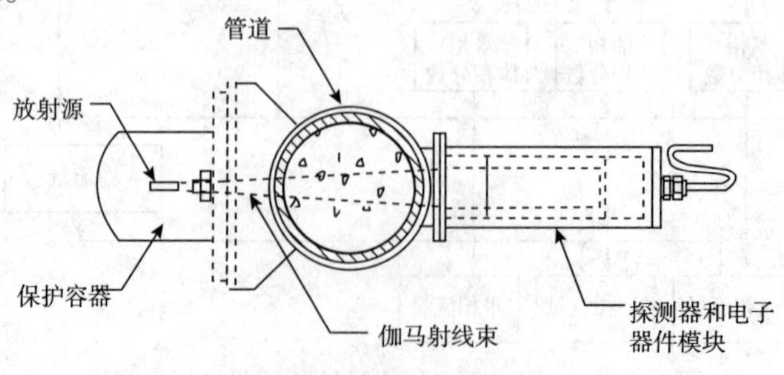

图 7-18 伽马射线比重计计量原理图

总之，目前多相流计量还没有达到最成熟最公认的优化仪器。现场对有放射性的测量技术，由于安全的考虑，选用都比较慎重，对复杂的流态识别技术需很好又快速的软件支持。这些问题都存在许多挑战。

第八章　油气混输后期天然气长输和黏性油品输送

第一节　长输天然气和燃气轮机驱动中特殊问题

我国西气东输最基本参数取其整数为距离 4000km，管径 1m，压气站 10 个，输气压力为 10MPa。

天然气长输中主要机械装备是管道、压气机以及驱动机——以燃气轮机为多用。

天然气长输初期的输气动力主要是靠地层压力，此时不必应用压气机给天然气加压，一旦地层压力自然递减之后，就必须应用压气机。

一般情况下，每间隔 60km、80km 或 100km 左右需配置一个压气站对天然气加压。如果两个压气站的间隔距离越长，输送压力损失越大，需要压气站加压的压力越高，因此需要从管道所能承受的压力的等级、经济技术等因素，优化确定站距。

压气站的优化运行，涉及因素主要是压气机的性能、管道特性以及驱动机特性。在沙漠边远地区没有电网地区，多用天然气燃烧的燃气轮机作为驱动机。这三个机械装备——管道，压气机与燃气轮机组成整体。为此务必掌握它们各自性能曲线，方可研究其整体的优化运行，即经济运行以及机组整体特性的计算等技术问题。

1. 管道特性——管道负荷特性

天然气管道中压力主要消耗于气体沿管道中摩阻以及阀等设备局部摩阻。流体在流动中的压降阻力即 $\Delta P = \lambda \frac{v^2}{2g} \times L$，通常与流速 v 的平方成正比关系，与沿距 L 成正比关系。

如果以压气站的压气机出口压力为起始，沿着管道的延伸，压力逐渐下降，并随流速也就是流量的增加，按平方趋势下降。

管道负荷特性以曲线表示其特性，纵坐标为压力，横坐标为流量，则管道特性曲线的形状如图 8-1 所示，该形状与流体力学教科书的表示方法不同。

A 点压力为压气站压力机出口起始压力。其压降随流量增加，似为抛物线形地下降。沿着管道延长，管道中气体压力是下降的，根据流动阻力通式表明与距离成正比。因此，不同的距离，不同的流量下的管道特性曲线定性上仍然与图 8-1 形状相似。

2. 压气机特性

压气机的型式有容积类往复活塞式，叶片类离心式与轴流式。今以离心式为例。

一般离心式压气机特性曲线由制造厂商提供的，横坐标为流量，纵坐标为增压、功耗与效率。均以进口压力为常压的工况下在制造厂试验台获得，如图 8-2 所示。特别强调的是均指进口压力为恒定常压下的特性曲线。此时进口压力为一条与横坐标一致的直线。

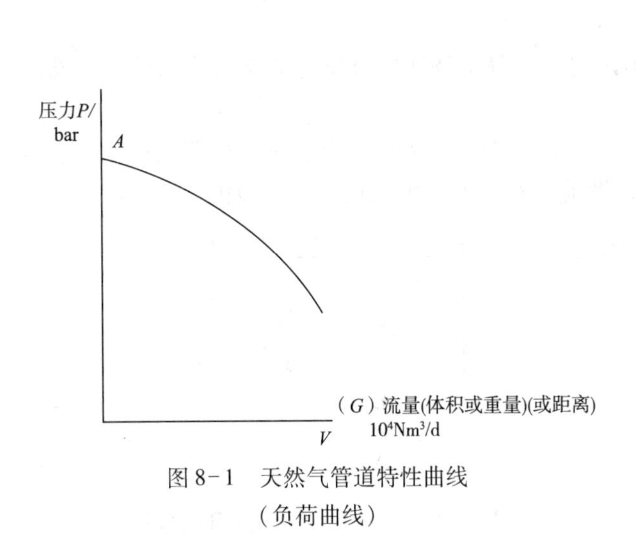

图 8-1 天然气管道特性曲线
（负荷曲线）

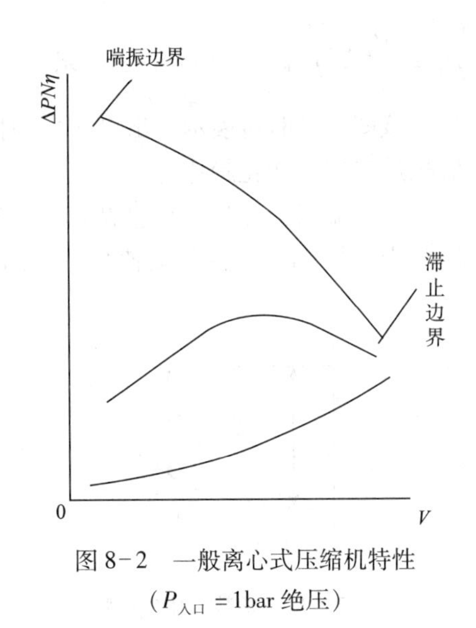

图 8-2 一般离心式压缩机特性
（$P_{入口}$ =1bar 绝压）

但是长输天然气压气机和输气管道联合运行时，工程上通常管道特性是以压气机出口压力为起点，沿输气管道压力逐渐随摩阻而下降。因此压气机特性也必须相应地转换为出口压力为恒定的形状。之所以保持压气机出口压力为恒定的主要理由是，管道在高压下运行所输送气体换算为标准状态时，才有最大的输气能力与储气能力，以及其他优点等(详见后续优化运行章节论述)。

压气机的特性曲线从进口压力恒定为常压换算为出口压力为恒定的主要是压比与流量的关系。

压气机的压比是指压气机出口压力 p_2 与压气机入口 p_1 之比，用 ε 表示。

$$\varepsilon = \frac{P_2}{P_1}$$

从气体热力学常识与离心式压气机的常规特性曲线可知，压比 ε 与气体流量 V 是互为函数关系。

$$\varepsilon = f(V)\text{，或}\frac{P_2}{P_1} = f(V) = \varepsilon$$

同时应再三强调任何时候压气机的流量必须确定其气体状态条件，即压力与温度的状态。通常 $\frac{PV}{T}$ = 常数 。通常用标准状态讨论气量大小才有可比性。不同状态时与标准状态时的换算关系为：$\frac{P_1}{T_1}\frac{V_1}{Z_1} = \frac{P_0}{T_0}\frac{V_0}{Z_0}$ 。Z 为气体压缩系数，一般在中低压，压缩系数为1，高压时，$Z<1$，可由气体物性参数图表查得。以下标为 0 表示标准状态，即标准状态下气量为：

$$V_0 = \frac{P_1}{P_0}\frac{T_0}{T_1}\frac{Z_0}{Z_1}V_1\ \text{Nm}^3/\text{h}$$

如上所述，通过压比 ε 与流量关系式 $\frac{p_2}{p_1} = \varepsilon = f(V)$ ，当 P_2 恒定，则压气机进口压力

$P_1 = \frac{P_2}{\varepsilon} = f(V)$，如图 8-3 所示。

该图也同时可表示在出口压力为恒定时，压气机特性进口压力变化趋势。即下一站压气机进口压力变化趋势。

加上喘振边界与滞止边界，如图 8-4 所示，对初学者请注意这种特性曲线形状与进口压力为常数 $\Delta P(\varepsilon)-V$ 规律是一致的，即流量小时增压大的规律是一致的。

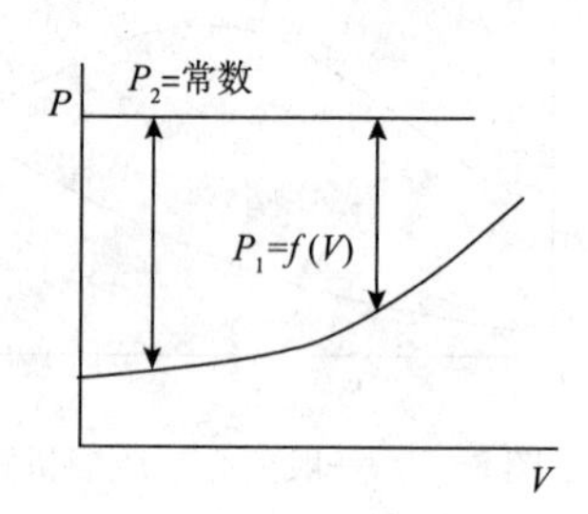

图 8-3　P_2 = 常数时压气机特性曲线

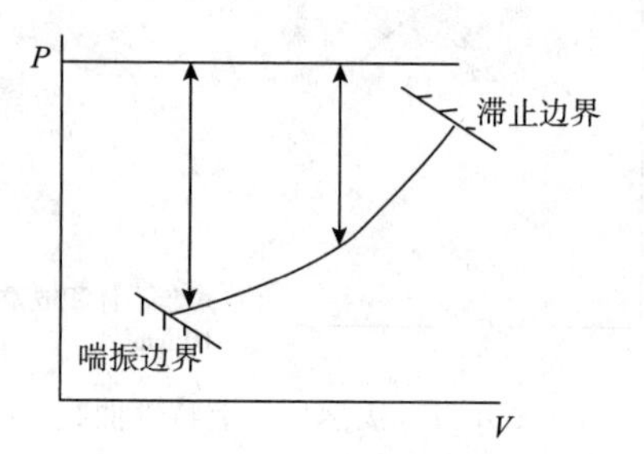

图 8-4　出口压力为恒定时压气机特性

不同转速时压气机特性曲线如图 8-5 所示。

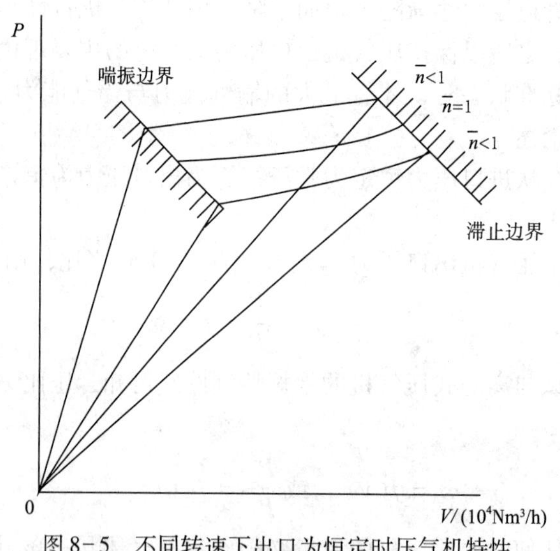

图 8-5　不同转速下出口为恒定时压气机特性

$\bar{n} = \frac{n}{n_0}$，n_0为压缩机额定转速。

如果压气机出口压力从某高值降低到某低值，则进口压力也相应降低，整个曲线平行下降。反之亦然。

图 8-6 表示压气机在不同出口压力不同转速下特性曲线变化状况，由于基本符合相似定律的变动，因此相应点都通过零点或出口压力的起始点。

由图 8-6 可见，不同出口压力、不同转速下压力机具有以下重要特征：

(1)在高速与低速，喘振与滞止工况上下左右四个边界之间，是压气机可以调节的运行范围。特别注意喘振与滞止工况的边界，否则压气机将出现重大事故。

(2)在高速运行时，曲线处于下面，流量范围较宽，在低速运行时，曲线处于上面，

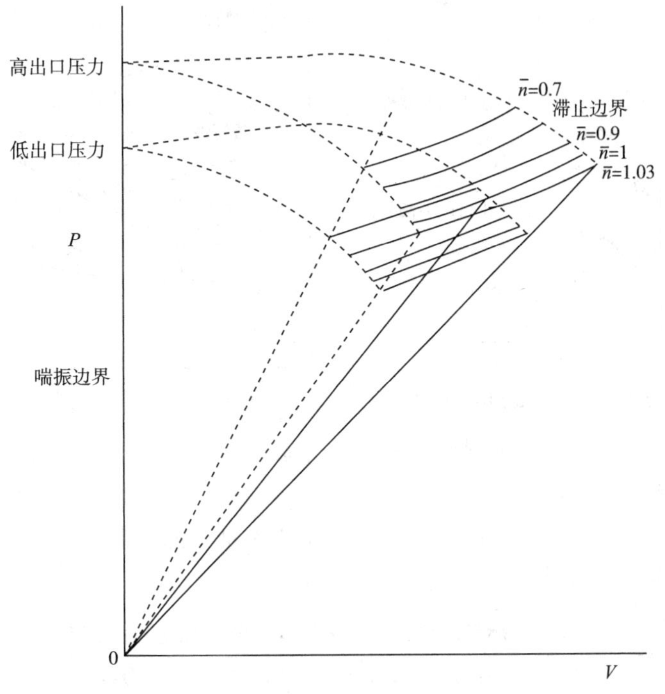

图 8-6 不同出口压力不同转速下压力机特性曲线

流量范围相对较窄。

(3) 当出口压力从高压降低时，运行范围发生向下向左偏移，喘振与滞止工况偏小。注意到两者之间关系符合相似定律，因此，相应各点及其边界点均通过零点。

(4) 如果当压气机转速趋于零时，压气机吸入压力趋于上游压力机出站压力。上下游两个压气站之间摩阻压力降趋于零。表示此时，不必运行压气机就可以达到两个站间的输送。

3. 压气机与输气管联合运行

压气机与输气管道联合运行时的工作特性就是在同一坐标中将压气机特性曲线与管道特性同时画上，如图 8-7 所示。

两条特性曲线的交点就是当时的工况点，如图 8-7 中 O 点，此时运行流量为 V_0，运行压力为 p_0，为了安全起见，应该使运行工作始终处于压气机喘振边界与滞止边界之中，不要太靠近这两种边界以避免故障。

一旦压气机运行状态不变但管道负荷改动，比方从 a 线改为 b 线，即从高压转为低压输气，此时管道状况改动，压气机特性曲线与管线特性曲线交点也改动，这时工作点将从 O 点改到 O_b 点，可能靠近压气机喘振边界。

一旦管道负荷不变，但压气机运行状态从高压转成低压运行，比方从 X 线改为 Y 线，则联合工况点可能又太靠近滞止边界，此时工作点为 O_E，可能容易产生滞止工况故障。

如果加上压气机运行转速变化，则上述运行工况范围如图 8-8 所示。

但无论改变管道特性或压气机特性或改变压气机转速，都应保证工况点不要太靠近喘振边界或滞止边界。

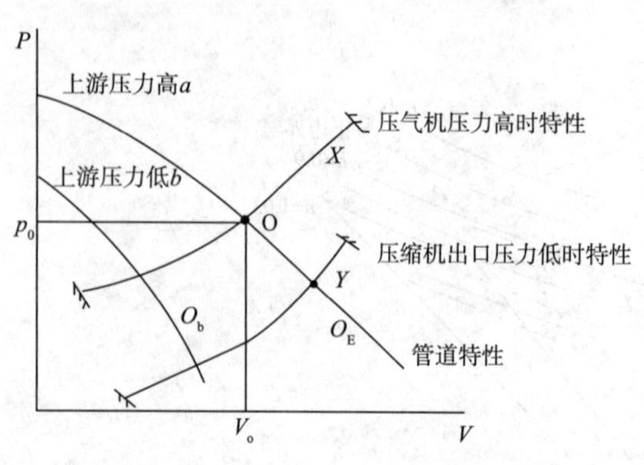
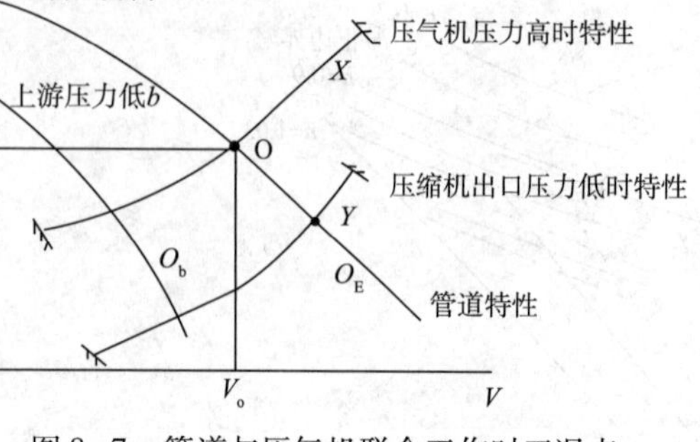

图 8-7　管道与压气机联合工作时工况点

图 8-8　改变管道或压气机特性时工况点

如果驱动机为燃气轮机，而燃气轮机在冬季或夏季，在高原与平原地区，燃气轮机可以发出的最大功率是不同的。

比方某压气机由燃气轮机驱动。燃气轮机由于站址的海拔高度与冬夏季影响，可以发出的最大功率如表 8-1 所示。

表 8-1　燃气轮机由于海拔与冬夏影响所发出的功率

$\bar{n}=1$　$n=5100$r/min	冬季最大功率 17950kW	夏季最大功率 13800kW
$\bar{n}=1.03$ $n=5253$r/min	冬季最大功率 18500kW	夏季最大功率 14200kW

相配置的压气机在不同流量时所需功率如表 8-2 所示，压气机保持出口压力为恒定 75 bar。

表 8-2　压气机在不同流量时所需功率

计算点	1	2	3	4	5	6	7	8	9
流量/10^4Nm^3/d	1340	1660	2020	2225	2590	2980	3200	3560	3880
功率 kW	9180	11140	13340	13590	15340	16240	17140	18240	18740

根据上述两表对照可见，当夏天时燃气轮机最大功率为 14200kW，此时只能供气流量为 2225×10^4Nm^3/d 以下。冬季则在 3200×10^4Nm^3/d 供气流量时才能驱动。

按照压气机功率公式，按照发出功率为恒定下可以求出某流量下运行的压力。或求出某运行压比下的流量，亦即等功率时 $p-V$ 曲线，简称等功率线。

另一个示例计算如下：

某西气东输压缩机，进口压力为 10bar，管路压力衰减为 3bar，逐年流量数据如表 8-3 所示。

表 8-3　某压缩机逐年流量数据及轴功率

计算点	1	2	3	4	5	6	7	8	9
流量/(10^4Nm^3/d)	1604	2158	2626	2892	3367	3874	4160	4628	5044
轴功率/kW	10400	13994	17028	18753	21834	25121	26976	30011	32709

按照多变过程计算压缩机功率：

$$轴功率 \quad N_s = \frac{理论功率N}{机械效率\eta_g \times 传动效率\eta_c}$$

$$理论功率 \quad N = \frac{G_s \times H_p}{3600 \times \eta_p} \times 10^{-3}$$

机械效率取0.97，传动效率取1，

式中　G_s——压缩机入口气体质量流量，kg/h；

H_p——压缩机气体压头，J/kg；$H_p = \frac{m}{m-1} ZRT_s(\varepsilon^{\frac{m-1}{m}} - 1)$

η_p——压缩机多变效率，$\eta_p = \frac{\frac{m}{m-1}}{\frac{k}{k-1}}$；

3600——能比系数，kJ/(kW·h)；

m——多变指数；

$Z = \frac{Z_s + Z_d}{2}$，气体平均可压缩系数；

R——气体常数，$R = \frac{8314}{气体相对分子质量\mu}$，J/(kg·K)

ε——名义压力比；

T_s——进气温度，K；

某轻型燃气透平ISO功率为32MW，西气东输过程中某城市海拔1000m。

海拔高度功率修正曲线如图8-9所示。

不同燃气轮机装置，其厂商都有温度变化的功率修正曲线，供用户估算现场功率，图8-10所示为某轻型燃气轮机的修正曲线。

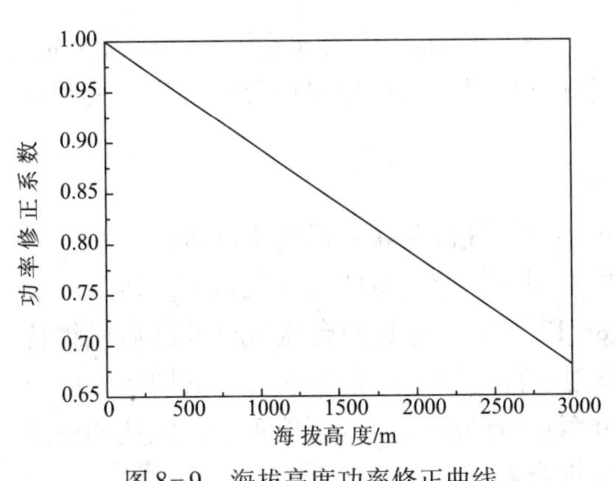

图8-9　海拔高度功率修正曲线

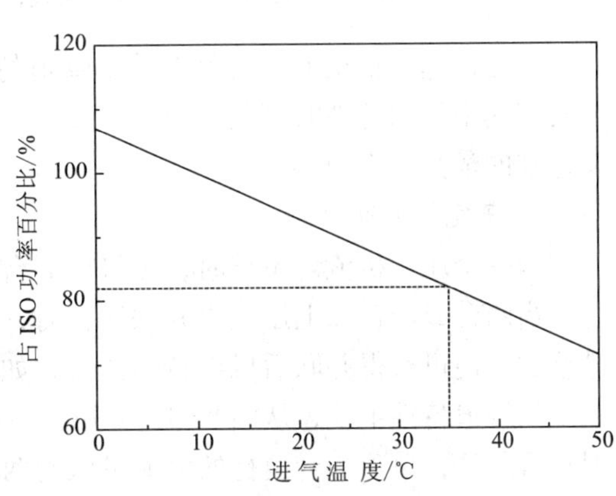

图8-10　某轻型燃气机的修正曲线

从曲线可以看出，海拔为1000m时，功率为ISO功率的90%，那么压力对于燃气透平的修正功率为：

$$\Delta N_2 = 32\text{MW} \times (1 - 0.9) = 3.2\text{MW}$$

燃气透平在冬季工作时，假设工作温度为0℃，那么功率修正值为：

$$\Delta N_1 = 32\text{MW} \times (1 - 1.06) = -1.92\text{MW}$$

燃气透平在夏季工作时，假设工作温度为35℃，那么功率修正值为：

$$\Delta N_1 = 32\text{MW} \times (1 - 0.82) = 5.76\text{MW}$$

如果温度修正值为 ΔN_1，压力修正值为 ΔN_2，则燃气透平实际功率为：

冬季：$N = N_{\text{ISO}} - \Delta N_1 - \Delta N_2 = 32 + 1.92 - 3.2 = 30.72\text{MW}$

夏季：$N = N_{\text{ISO}} - \Delta N_1 - \Delta N_2 = 32 - 5.76 - 3.2 = 23.04\text{MW}$

从计算结果看，如果用该轻型燃气透平，冬季只有第 9 点功率不足，夏季的时候，从第 6 点开始功率不足。

图 8-11 为燃气轮机最大发出功率对运行范围的影响。

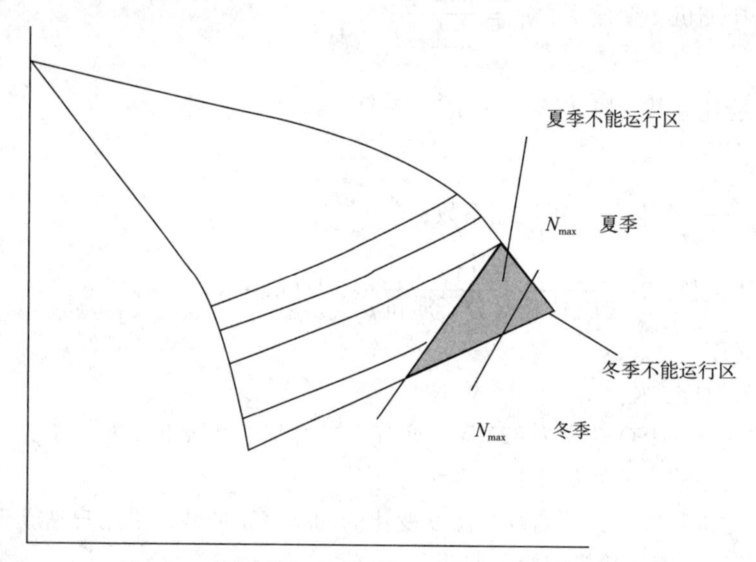

图 8-11 燃气轮机发出最大功率对运行范围的影响

总之，整个机组的运行范围是由管道特性、压气机特性以及燃气轮机特性综合决定。在改变其中任何特性时必须顾及工况点不应靠近滞止边界、喘振边界以及燃气机冬夏季可能达到的最大功率边界。

4. 压气机并联运行

当一个压气机流量不够时，可采用 2 台或更多台压气机并联获得大流量运行。

当两台或两台以上压气机并联运行时，可以在同一坐标上将两台压气机同样压力下流量叠加，使可获得并联后机组特性曲线，如图 8-12 所示。它是两台压气机并联后机组特性，如管道特性不变，从图 8-12 可知，一台单独运行范围与两台并联机组共同运行的范围有重叠区，单独一台运行的大流量区与两台并联运行的小流量区可能重叠，究竟如何选择最佳运行方案要从技术可行，经济合理两方面综合考虑。

并联运行时一般是两台压气机性能相同，如有差别，应注意防止一台压气机处于接近滞止工况，而另一台却处于接近喘振工况，容易造成不安全运行。

5. 压气机串联运行

当两台或两台以上压气机串联运行时可以获得更高的压力。串联时机组特性可以在同一坐标上将同流量的压力叠加。

串联运行时第一台出口压力即为第二台进口压力。

应注意到，当串联运行时，不但总压比增加了，运行流量也比单台时为大。如图 8-13 所示，单独一台运行时工作点为 B_1，而两台串联后，管道特性不变时，工作点改为 B_2 点，B_2 点流量比 B_1 点流量为大。

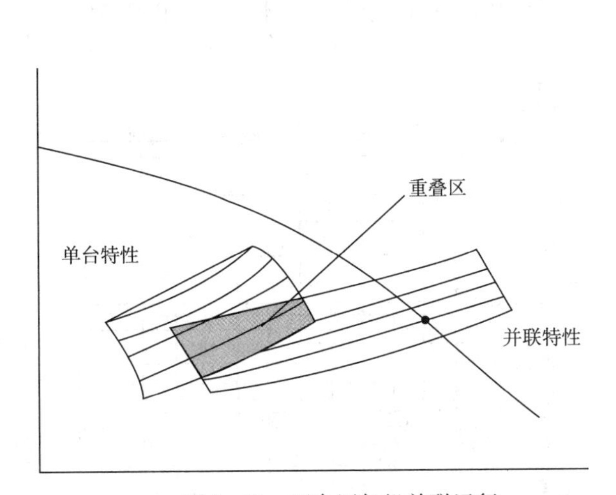

图 8-12　两台压气机并联运行

（本图的条件两台性能相同，出口压力保持不变时示意图）

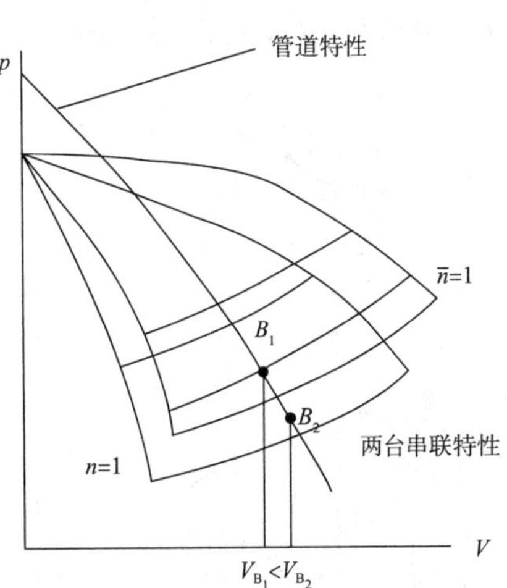

图 8-13　两台压气机联合串联运行

第二节　黏性油品输送泵的性能换算问题

我国油品有相当部分是黏度比较高的而泵制造厂提供的性能图却是按照清水给出的。为此必须按照黏度进行性能换算。

当离心泵用于输送黏度比水大的石油产品或其他流体时，一般用输送水时的性能进行换算的方法来确定泵在输送黏性流体时的性能。常用的换算方法有前苏联国家石油机械研究设计院的性能换算图、美国水力学会（AHIS）的性能换算图和德国 KSB 公司的黏度换算图。

当已知某离心泵输送常温清水的性能后，就可用下列关系式换算离心泵输送黏性流体时的性能。

$$H_{\nu} = f_{\mathrm{H}} \cdot H_{\mathrm{W}}$$

$$Q_{\nu} = f_{\mathrm{Q}} \cdot Q_{\mathrm{W}}$$

$$\eta_{\nu} = f_{\eta} \cdot \eta_{\mathrm{W}}$$

$$(NPSH_{\mathrm{r}})_{\nu} = K_{\Delta\mathrm{h}} \cdot (NPSH_{\mathrm{r}})_{\mathrm{W}}$$

式中，H_{ν}、Q_{ν}、η_{ν}、$(NPSH_{\mathrm{r}})_{\nu}$ 分别为输送黏性流体时的扬程、流量、效率和汽蚀余量，H_{w}、Q_{w}、η_{w}、$(NPSH_{\mathrm{r}})_{\mathrm{w}}$ 分别为清水时额定工况点的扬程、流量、效率和汽蚀余量，f_{H}、f_{Q}、f_{η}、$K_{\Delta\mathrm{h}}$分别为扬程、流量、效率和汽蚀余量的修正系数。

1. 四种油泵性能换算图及其使用方法

(1)前苏联国家石油机械研究设计院性能换算图及其使用

前苏联国家石油机械研究设计院性能换算图如图 8-14 所示。利用该性能换算图求修正系数时，必须知道泵叶轮的主要结构尺寸如叶轮外径 D_2，叶轮出口宽度 b_2 等。图 8-14 中 D_e 代表叶轮出口断面面积的当量直径，D_2 和 b_2 连线与 D_e 的交点，就是当量直径 D_e 的大小。从 D_e 到流量 Q 作直线与辅助尺相交，由辅助尺上的交点与黏度尺相连并延长交于换算图中的纵坐标(Re)点，过 Re 点作水平线，与 K_H、K_Q、K_η、$K_{\Delta h}$ 曲线相交，分别得到 f_H、f_Q、f_η、$K_{\Delta h}$。由上述公式可计算出离心泵输送黏性流体时的性能参数。

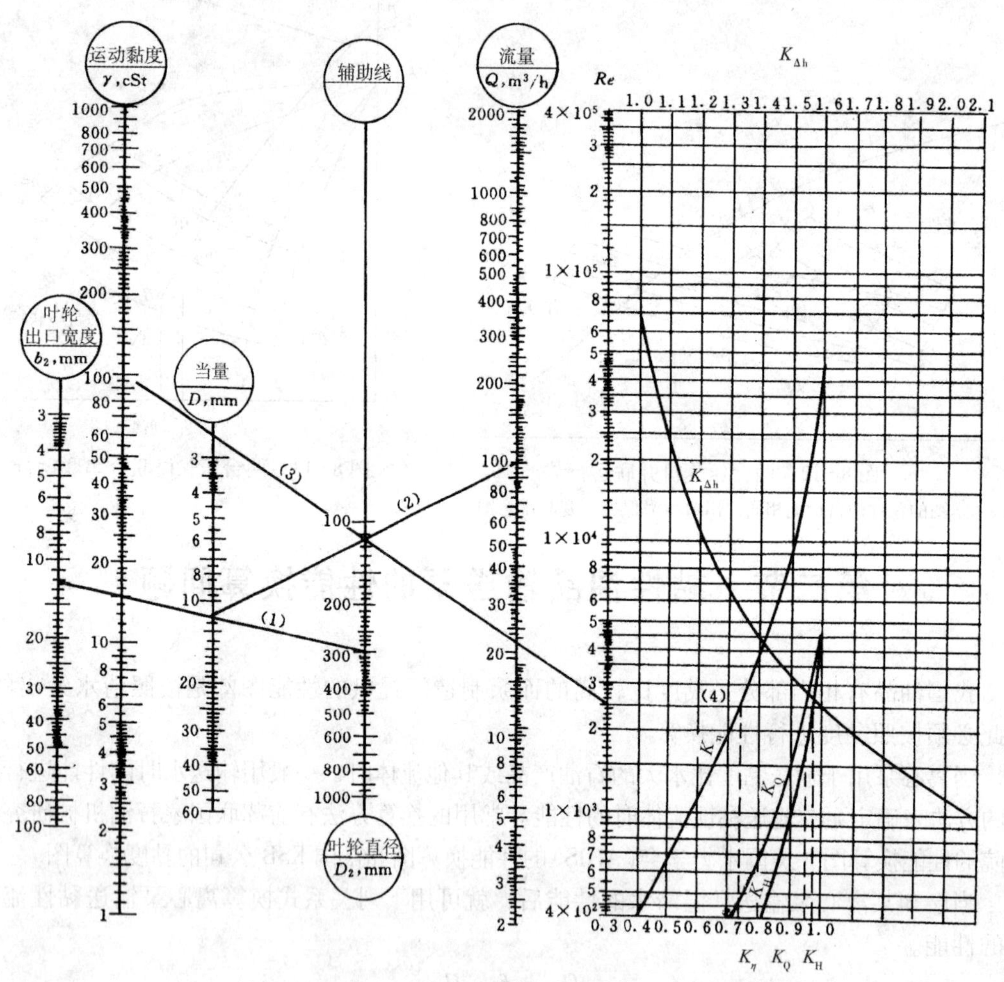

图 8-14　苏联石油机械研究设计院性能换算图

(2)美国水力学会(AHIS)性能换算图及其使用

美国水力学会(AHIS)性能换算图如图 8-15 所示。从图可看出，美国水力学会的性能换算图没有汽蚀余量的黏度修正系数，但在扬程修正系数 K_H 中给出了(0.6～1.2)Q_{Bep}范围内四条曲线。利用美国水力学会的性能换算图，查修正系数 K 时，可不必知道离心泵叶轮的结构参数，只需要知道黏性流体的运动黏度和输水时最高效率点

(η_{max})的流量 Q_{Bep}，扬程 H_{Bep} 即可。使用时，从 Q_{Bep} 作垂线，与 H_{Bep} 的斜线相交，自交点作水平线，与所输送的运动黏度 ν 的斜线相交，自交点作垂线与各修正系数曲线相交，由交点可查出各修正系数。查出修正系数后，根据上述公式计算泵输送黏性流体时的性能参数。

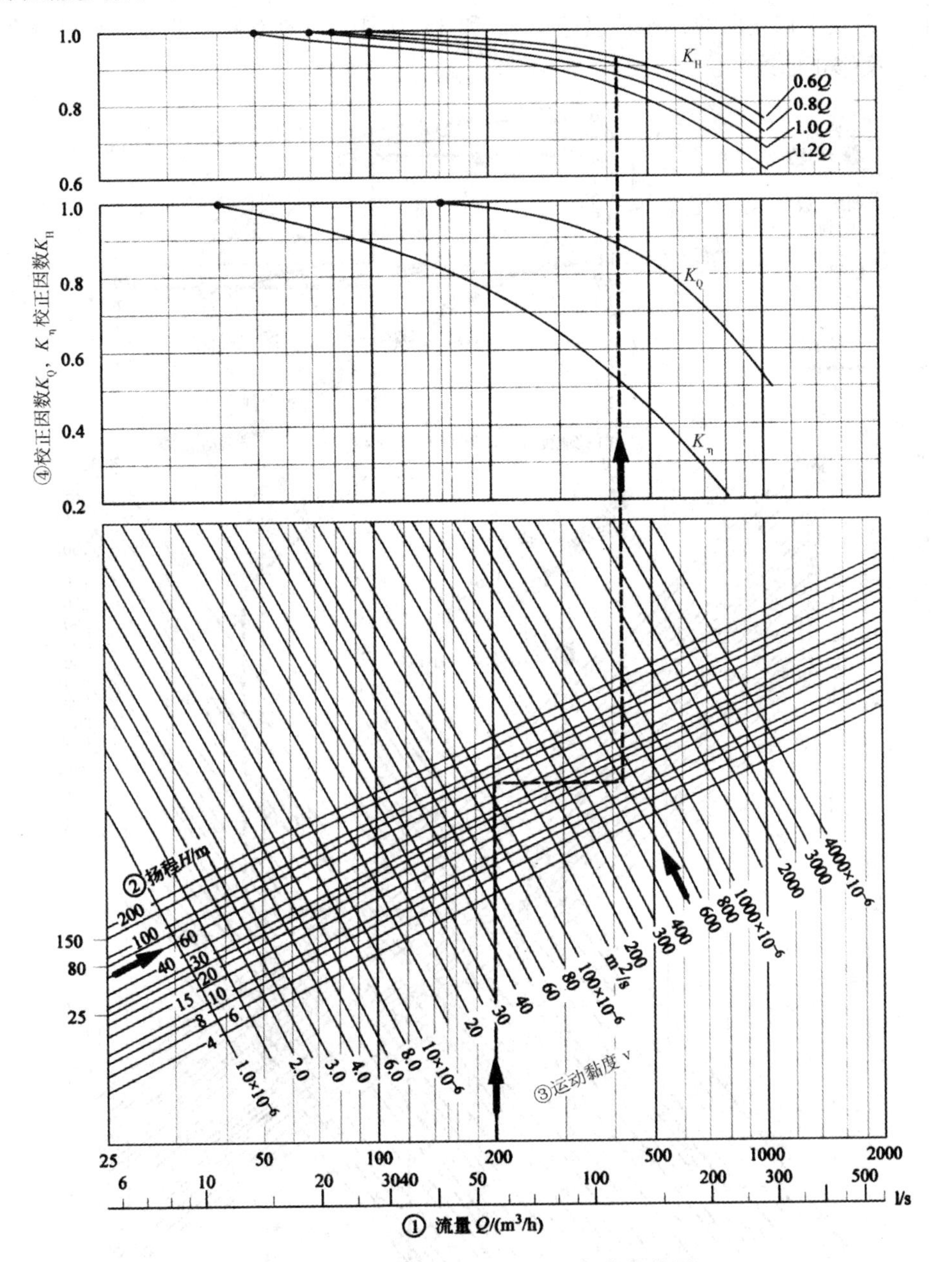

图 8-15　美国水力学会(AHIS)性能换算图

(3)德国 KSB 公司黏度换算图及其使用

图 8-16 所示为德国 KSB 公司的黏度换算图。在该性能换算方法中，试验泵是标准化工泵(泵的叶轮为后弯式叶轮)，比转速 $n_s=6.5\sim45$(相当于我国：$n_s=24\sim164$)。德国

KSB 公司黏度换算图包括了离心泵输水时最高效率点的流量、扬程、运动黏度、转速和比转速等参数。图中给出了比转速为 6.5、10、20、30 和 45 五条流量和扬程的修正系数曲线，给出了比转速为 5 ~ 45 九个比转速下的五条效率修正曲线，其中比转速等于 5 和 45 为同一条效率修正曲线，比转速等于 15 和 40 为同一条效率修正曲线，比转速等于 20 和 35 为同一条效率修正曲线，比转速等于 25 和 35 为同一条效率修正曲线，比转速等于 10 为一条效率修正曲线。

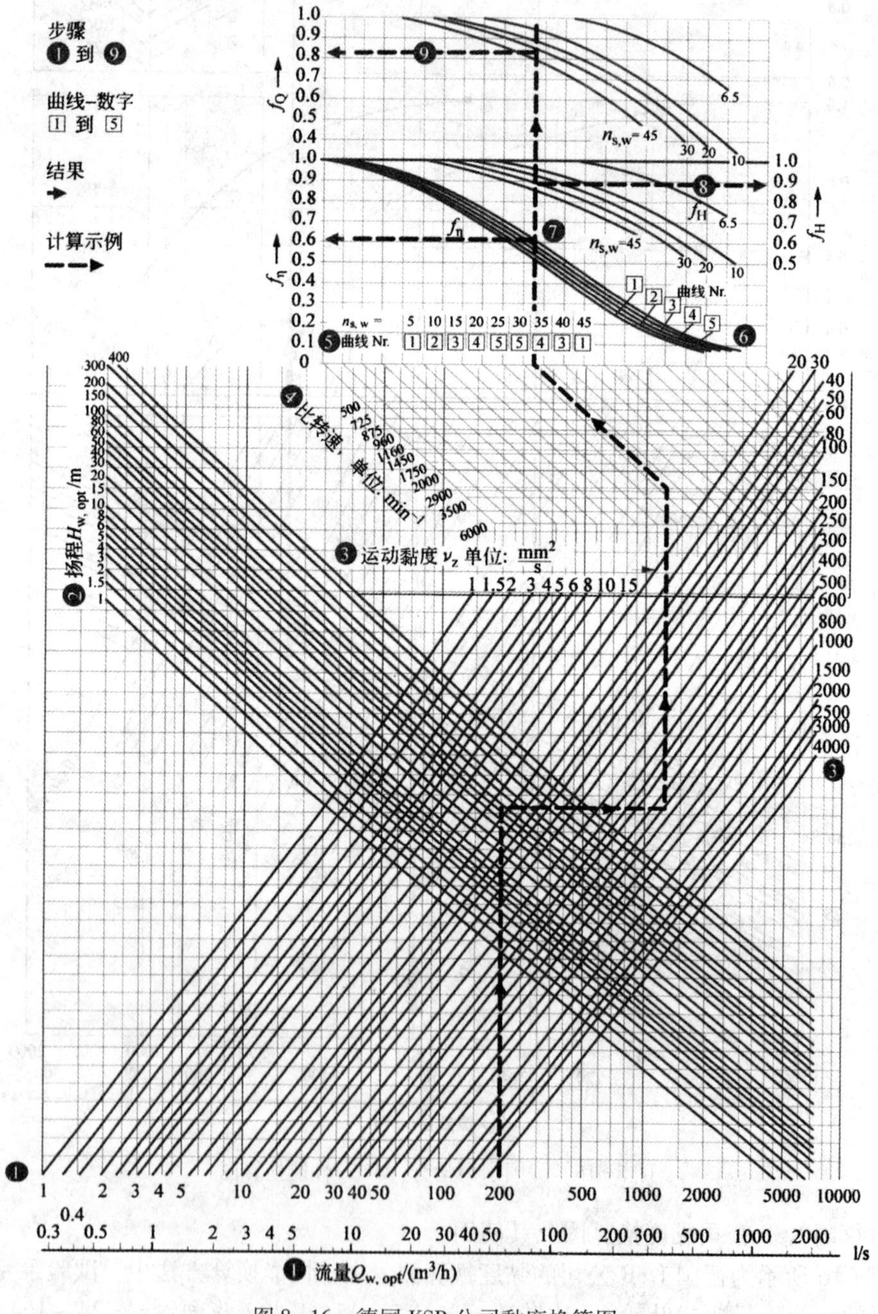

图 8-16　德国 KSB 公司黏度换算图

(4)中国(石油大学)黏度换算图及其使用

在我国关于离心油泵输送黏性流体的研究开展的比较少，近几年来，石油大学对油泵输送黏性时的性能进行了比较系统的研究，研究内容主要有油泵转速、流体黏度、油泵叶轮参数如叶片数、叶轮出口宽度等参数对离心油泵性能的影响，依据我国常用油泵的比转速范围，进行了较系统的研究，取得了一定的成果，并绘制了油泵性能换算图，如图8-17和图8-18。由于目前还没有看到其他院所或机构关于油泵性能黏度换算的系统报道及有关资料，暂且把我们所得到的换算图表称之为中国(石油大学)黏度换算图。

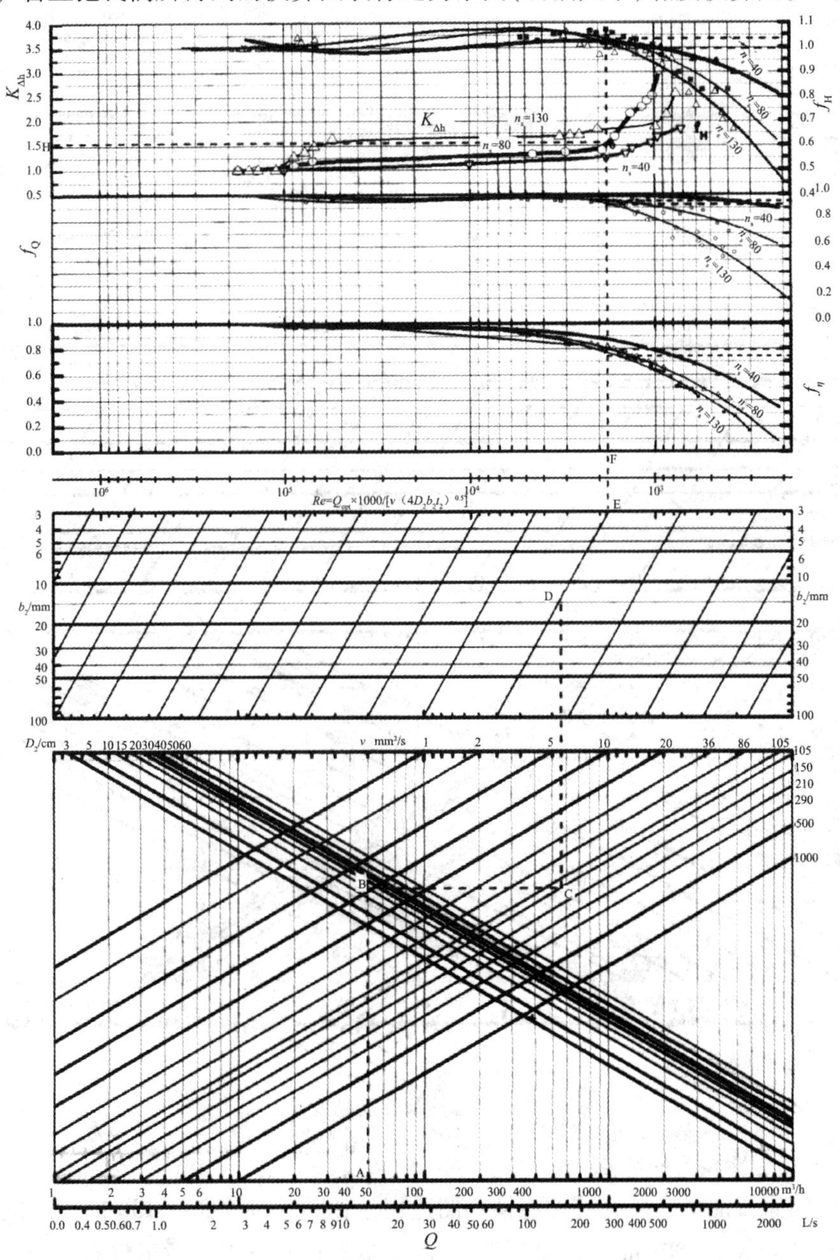

图8-17　离心油泵汽蚀余量黏度换算图

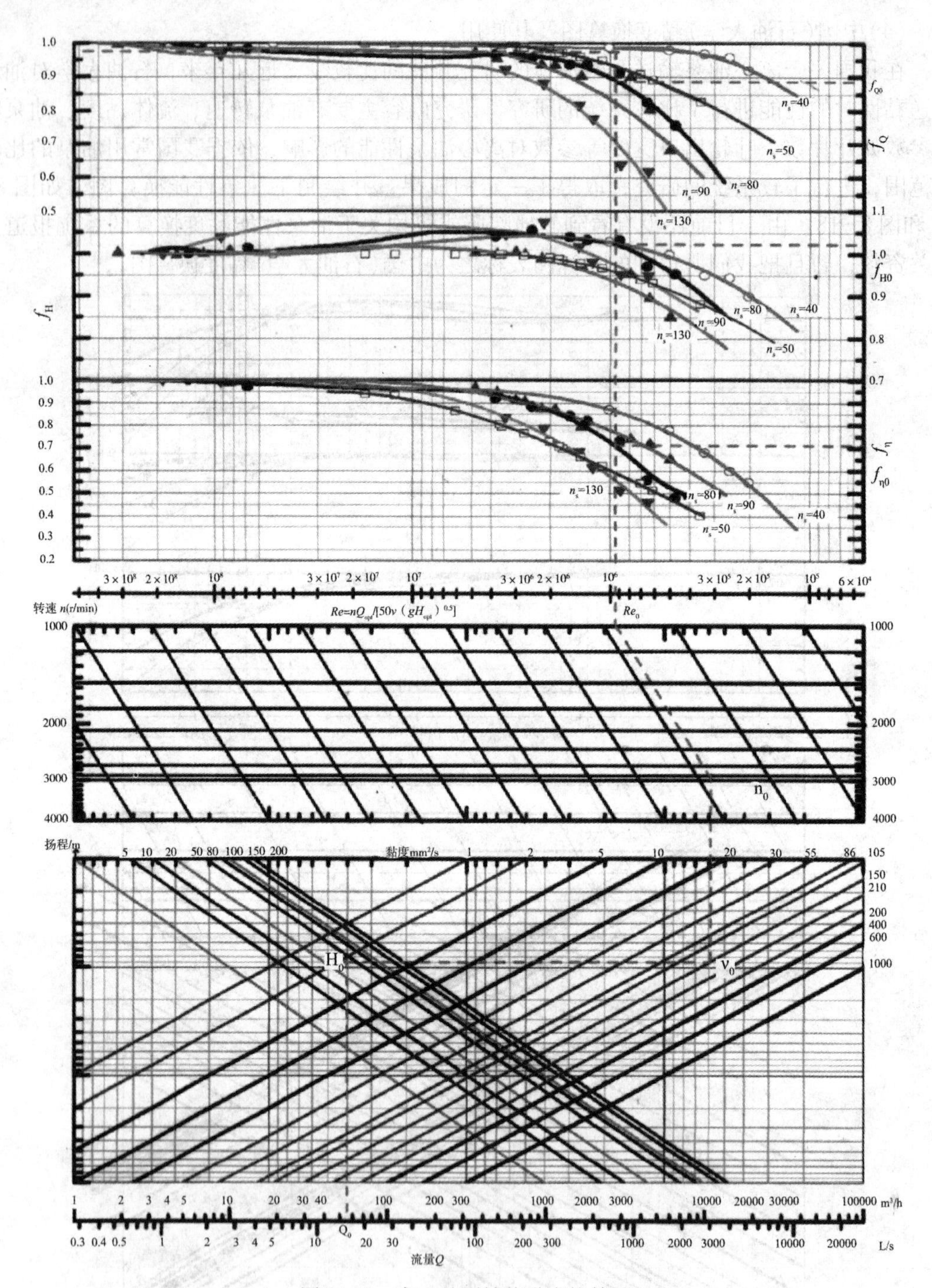

图 8-18　离心油泵性能黏度换算图

2. 四种黏度换算图的特点

前苏联国家石油机械研究院性能换算图适用于比转速 $n_s=50\sim130$ 的离心蜗壳泵，当流体的运动黏度低于 300mm^2/s，误差不超过 ±5%。它的修正系数不仅有流量、扬程和效率的修正系数，而且包括汽蚀余量的修正系数，它的缺点是求修正系数时必须知道泵的主要结构尺寸。

美国水力学会黏度换算图适用于吸入口径为 ϕ50 ~ ϕ200mm 的单级离心泵，它换算范围较广[(0.6 ~ 1.2)Q_{Bep}]，当流体的运动黏度低于 865mm^2/s，其误差不超过 ±5%。其缺点是没有汽蚀性能换算。

德国 KSB 公司黏度换算图中不仅仅考虑了流体黏度及泵工况点的影响，而且考虑了转速的修正关系，不同比转速的泵，有不同的黏度修正系数。

中国(石油大学)黏度换算图，为便于表达，采用了图 8-17 和图 8-18 表示。图 8-17 的结构型式如同 KSB 公司，分别绘制了比转速分别为 40、50、80、90 和 130 时的流量修正系数、扬程修正系数和效率修正系数随泵性能流量、扬程、流体物性参数黏度和运转参数减速之间的关系。图 8-18 的结构型式同前苏联的黏度换算图，图中既绘制了比转速分别为 40、80 和 130 油泵的流量修正系数、扬程修正系数和效率与泵性能参数 Q、泵叶轮几何参数叶轮外径 D_2、叶轮出口宽度 b_2 以及流体物性参数黏度之间的关系曲线，还包括了泵输送黏性流体时汽蚀余量修正系数与上述参数的关系。实验时流体黏度范围为 1 ~ 290mm^2/s，实验转速为 1000 ~ 3000r/min。

四种换算方法共同缺点是没有大排量的换算实验室实验数据，这是有客观原因，实验室没有能力进行大排量的实验。不过由于可以借助比转速进行换算，其结果在工程上还是可行的。

第九章　油气多相混输泵的辅机设计

辅机是多相混输泵机组重要的系统组成，没有辅机多相混输泵无法可靠运行。

第一节　变速驱动

多由于井口油气的数量波动大，压力和温度也在随时变化，为了保证机组可能在效率最好状态运行，多相混输泵的转速就必须跟着变动。同时多相混输泵的升压值与混合物的折合密度成正比，为了保证运行过程中多相混输泵升压值相对稳定，应采用变速系统，即采用变频电机。如果电机是恒速的则需要配备变速器。例如俄罗斯西北利亚多相混输泵机组就备有变速器。如果是燃气轮机或水力透平驱动，则可以调节燃气数量和压力或水力透平进口流量和压力达到变速目的。

有关燃气轮机驱动，需要考虑安装地点海拔高度和夏季冬季对驱动机功率的影响，有关论述和换算可以参考本书第八章。

第二节　进口安装缓冲均化器

尽管无论螺杆式多相混输泵或螺旋轴流式多相混输泵，已经具有比较优秀性能。

但是还不能万能地处理复杂的油、气、水、砂随时的变化以及瞬态的波动，而螺旋轴流式多相混输泵的入口条件又与多相混输泵的性能密切相关，所以在输送高含气率高于80%或90%的多相流时，应采用流体部分回流技术，以便人为地提高泵进口处混合物的平均密度。流体部分回流技术有很多种，比如通过喷射泵注入循环流体、在泵的进口处安装缓冲均化器等，这些都可以在一定程度上改善泵的入流条件。安装缓冲均化器后，系统主要的多相流动参数的变化规律如图9-1所示。现场的经验表明，安装缓冲均化器后，系统所能正常输送的最高含气率由90%提高到99%。

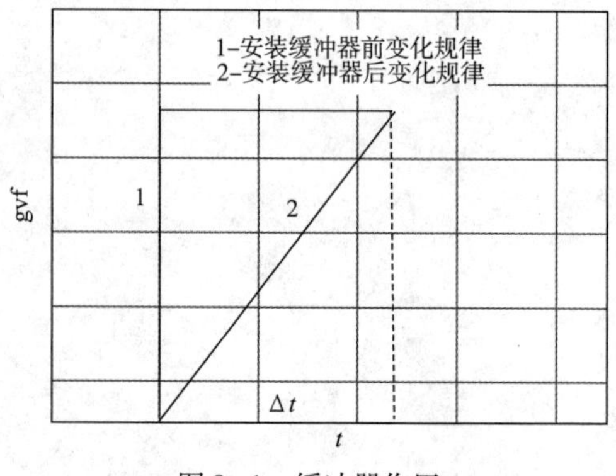

图9-1　缓冲器作用

多相混输泵内的密封装置一般采用双端面密封，以保证泵的安全运行。当泵超过六级时，一般需要安装附加密封装置。

对于工业用多相混输泵特别是在水下多相输送系统中，多相输送装置的橇装化设计十分重要，图 9-2 中所给出的就是一个较为典型的设计范例。

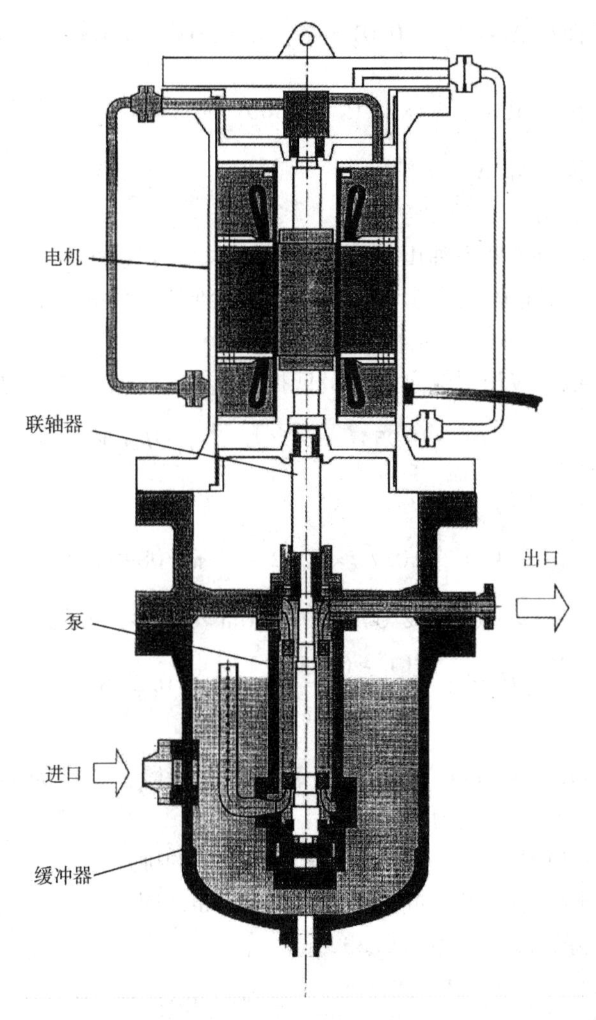

图 9-2　缓冲器、电机组合成为一体的多相混输泵

(1)均化器多孔管的设计

气体从多孔管上端进入，液体从多孔管的开孔中进入与气体混合，所以就要求多孔管的开孔要满足一定的条件，使液体能够均匀地流入多孔管混合。

按照压缩机的多孔消振器的开孔原则：多孔管开孔的截面积之和要大于或等于进口管的通流截面积，孔间距为 1/3 的多孔管直径，孔径为带孔管直径的 1/4。

我们的均化器要完成均匀混合的目的，使液体沿径向 6 个角度进入多孔管。管径为 80mm；孔径确定为 $d = 80/4 * 0.5 = 10$mm；开孔间距为 $l = 80/3 = 26.7$mm，取整 $l = 30$mm；开孔的径向角度相临两个截面要错开。开孔 24 排，其中上段 12 排大孔，孔径为

10mm，下段12排小孔，孔径为8mm。因为上段混合管内压力较高，内外压差小，液量不容易混入，所以开孔直径较大；与其相反，因为液柱自身的重力作用，下段罐内(指混合管外)的压力较高，混合管内由于接近泵入口而压力较低，所以液量容易进入混合管。如果采用相同的直径反而可能达不到良好的混合效果。

开孔的总通流截面积 A_1：$(\frac{\pi}{4}\times 0.01^2+\frac{\pi}{4}\times 0.008^2)\times 6\times 12=0.00927m^2$

而泵入口管通流截面积 A_2：$\frac{\pi}{4}\times 0.1^2=0.007854m^2$

二者截面积之比为：$A_1/A_2=1.18$

(2)均化器存液段高度 H 的确定

在设计存液柱高度时要考虑油田段塞流的情况。当含气率很高时(在此假设短时间全气工况)，液相只从环形间隙进入到均化器的出口，维持全气相时还有少量液体，防止抽吸纯气体。

在段塞时间内，维持多相混输泵进口最低持液量5%应保持如下的关系：

$$Q_t(1-0.95)t=\frac{\pi}{4}(D_i^2-d_o^2)H+V$$

锥形封头的体积 V：

$$V=\frac{1}{12}\pi D^2h-\pi d^2h/4=\frac{1}{12}\pi 0.7^2\times 0.22-\frac{1}{4}\pi 0.089^2\times 0.22=0.026855m^2$$

式中，$D_I=700mm$，$d_o=89mm$，$t=2/60h$，$Q_t=60m^3/h$，整理并圆整得：

$$H=\frac{Q_t(1-0.95)t-V}{\frac{\pi}{4}(700^2-89^2)\times 10^{-6}}=0.239m$$

故取存液段高度 $H=240mm$。考虑封头有一段过渡段，长度为 $12+(48+35+5)=100mm$，因此筒体存液段长度应为140mm。

(3)多相混输泵入口混合管与进口环形间隙和长度的确定

环形间隙与均混器存液界面之间的压差为0.665m，因为在液相进入环形间隙的流动过程中，液面不断下降，故取压差为0.3325m。

由伯努利方程：$\frac{P_{jh}}{\rho_L}+gH=\frac{P_s}{\rho_L}+\frac{V^2}{2}+\Sigma h$，$\rho_L$ 为液相密度，单位为 kg/m^3；Σh 为环形间隙与均混器存液界面之间的水力损失；P_{jh} 为液面上的静压，单位为Pa。

根据收缩截面的压力损失，$\Sigma h=\xi\cdot\frac{v^2}{2g}$，因为环形间隙的截面积很小，收缩比 A_1/A_2 近似为0，所以 ξ 取0.50。

P_s 为环形间隙入口的压力，单位为Pa，则液相通过环形间隙的速度为：

$$V=\sqrt{2gH/(1+\xi)}=2.084m/s$$

由此得出均化器环形间隙处直径：

$$D=\sqrt{\frac{4Q}{3600\pi V}+0.089^2}=\sqrt{\frac{4\times 60\times 0.05}{3600\pi 2.084}+0.089^2}=0.0923m$$

所以取 $D=92.5\text{mm}$。

由流体力学的知识可知，流体通过无偏心的环形缝隙时，其流量、几何参数和环形缝隙两端压差之间的关系为：$Q=\dfrac{\pi D\delta^3}{12\mu L}\Delta P$

式中，D 为环形缝隙的孔径，$D=0.0925\text{m}$。δ 为缝隙量，$\delta=\dfrac{d-d_0}{2}=0.00175\text{m}$，$d_0$ 为环形缝隙的内径。L 为缝隙长度，待定。ΔP 为环形缝隙两端的压差，其大小根据泵对气体介质的吸入能力来确定，在这种工况下，多相混输泵的吸入能力很弱，多相混输泵进口压力与罐内压力基本一致，取 $\Delta P=0.02\text{MPa}$。μ 为原油的动力黏度，对于中等原油在20℃时，运动黏度 $\nu=18.5\text{cSt}$，原油的相对密度 $\rho_r=860/1000=0.86$，则 $\mu=\rho_r\nu=15.91\ \text{cP}=0.01591\ \text{Pa}\cdot\text{s}$。

环形缝隙长度：

$$L=\frac{\pi d\delta^3}{12\mu Q}\Delta P=\frac{\pi 0.0925\times 0.00175^3}{12\times 0.01591\times 60\times 0.05/3600}\times 0.02\times 10^6=0.167(\text{m})$$

$$L=170\text{mm}。$$

(4)均化器简明示意图

均化器如图9-3所示。

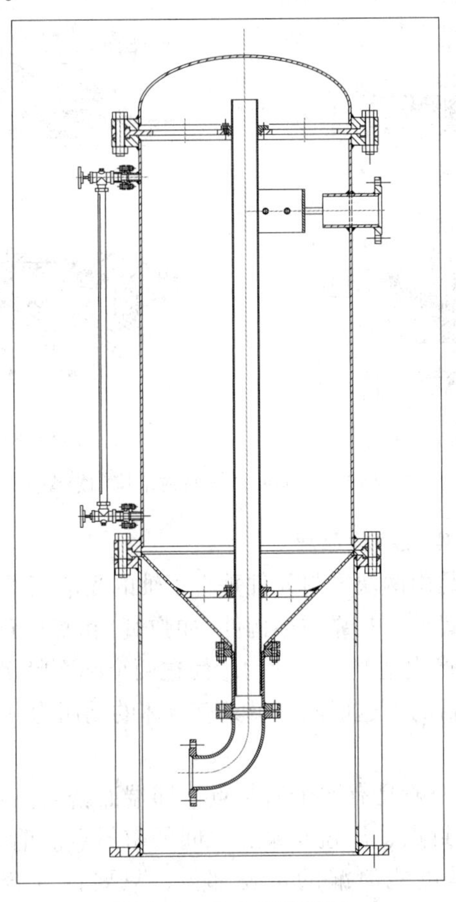

图9-3　均化器装配图

第三节　油气多相混输泵轴端的机械密封的选取

油气多相混输泵轴端的密封对机组安全运行极为重要，需要保证绝对无泄漏，并安全运行8000h以上。

目前最常见的密封是机械端面密封，其中双端面密封更为可靠。近来干气密封在石油化工系统广为推荐，它是在端面密封基础上，对端面进行加工有螺旋槽，提高了密封可靠性。API 614 和我国都有标准对机械密封选用安装维修等做出严格规定。

选用机械密封主要是结构选择、材料选择、主要参数选择、安装要求等。

设计密封装置主要需要考虑被密封液体的性能、温度和压力。密封液体的性能包括有腐蚀性、含杂质的磨损性、凝固性、渗透性、挥发、有毒、引火等。螺旋轴流式多相混输泵所输送的介质为油气混合介质，因此对泵的密封系统要求十分严格。第三代泵依然采用的是机械密封，为了提供给冷却液尽量大的空间，根据泵的具体尺寸大小，泵的两端分别使用了两种密封。图9-4给出了出口端和进口端密封的结构图。

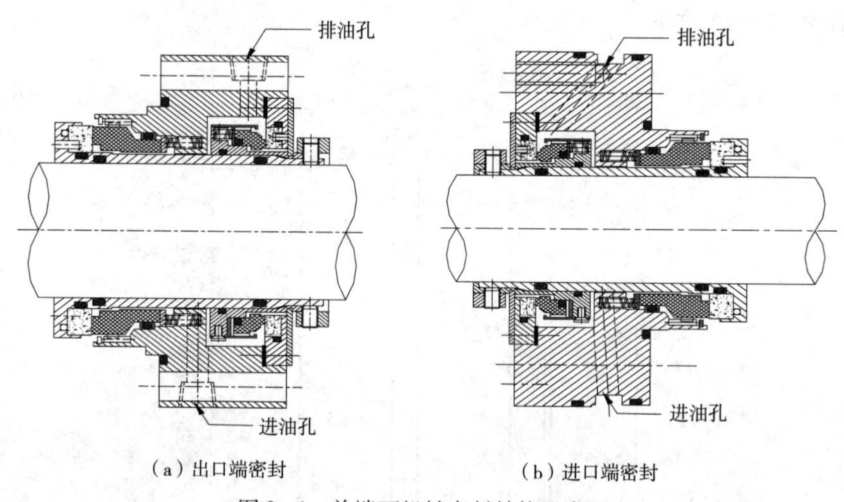

（a）出口端密封　　（b）进口端密封

图9-4　单端面机械密封结构示意图

1. 机械密封的工作原理及结构原理

工作原理：机械密封是由两块密封元件垂直于轴的光洁而平直的表面相互贴合，并作相对转动而构成的密封装置。它是靠弹性构件(如弹簧)和密封介质的压力在旋转的动环和静环的接触面上(端面)上产生适当的压紧力，使这两个端面紧密帖合，端面间维持一层极薄的流体膜而达到密封的目的。这层液体膜具有流体的动压力和静压力，起着润滑和平衡压力的作用。

结构原理：机械密封一般具有四个密封点。即端面密封点、静环与压盖之间的密封点、动环与轴套之间的密封点、压盖与泵壳之间的密封点。前三个是静密封，一般不易泄漏；相对旋转的端面是可能泄漏的重要部位，只要设计合理即可达到减少泄漏的目的。

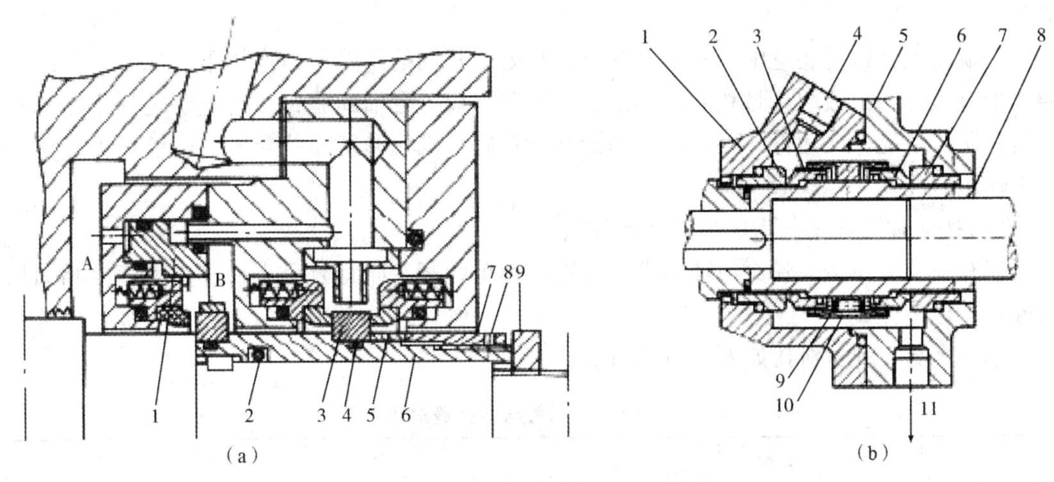

图9-5　双端面机械密封示意图

2. 常用机械密封结构型式分类

(1)按照弹簧装置分为旋转式或静止式。

旋转式：弹簧装置随轴旋转，结构简单、径向尺寸小。

静止式：弹簧装置静止不动，因此没有高速转动零件产生的离心力及对介质强烈搅动。

(2)按照弹簧位于介质之内或之外，又分为内装式和外装式。

内装式：弹簧置于密封介质之内。受力情况良好，端面比压随介质压力增大而增大，增加了密封的可靠性。一般情况下，介质泄漏的方向与离心力方向相反而阻碍了介质的泄漏。

外装式：弹簧装于工作介质之外，受力情况较差。如常用的外装全平衡型，介质作用力与弹簧作用力相反，当介质波动时出现密封不稳定。端面比压常因介质压力降低而增大，尤其在低压启动时摩擦副尚未形成液膜，因而容易擦伤端面。一般情况下，介质泄漏方向与离心力方向相同，因而增加了介质的泄漏。但外装式因大部分零件不与介质接触且暴露在设备外而便于观察、安装、维修。

(3)按照介质泄漏方向分为内流式或外流式。

内流式：介质沿半径方向从密封端面外周向内泄漏。因泄漏方向与离心力方向相反，故泄漏量较外流式为小。

外流式：介质沿半径方向从内周向外泄漏。

(4)按照介质以端面引起的卸载情况分为平衡式或部分平衡式等。

平衡型：介质压力在密封端面上引起卸载的称为平衡型；全部卸载称全平衡型；$K \leqslant 0$时为全平衡型。

部分平衡型：部分卸载称部分平衡型；当$0 < K < 1$时为部分平衡型。

非平衡型：不卸载的称为非平衡型，$K > 1$时为非平衡型。

(5)按照摩擦副数量分为单端面式或双端面式。

单端面：在密封装置中仅有一个摩擦副，制造、安装方便。在理论上不能消除介质泄漏。

双端面：在密封装置中，有两对摩擦副且处于相同的封液压力作用下。端面密封因要通入带有压力的封液起堵封和润滑作用，而需要另设一套辅助装置。封液要选择不影响被密封介质的性能，又无毒、无腐蚀、润滑性能良好、汽化温度高的介质。封液压力应比介质工作压力高 0.05 ~0.15MPa。

(6)按照弹簧数量分为单弹簧和多弹簧。

仅有一个大弹簧，弹簧与轴同中心安装，称单弹簧。如有数个小弹簧，弹簧沿圆周均匀分布，称多弹簧。

单弹簧与多弹簧对比如表 9-1 所示。

表 9-1 单弹簧与多弹簧对比

	比压均匀性	转速	弹簧力变化	缓冲性	腐蚀	脏物结晶	调整弹簧力	制造	安装维修	空间
单弹簧	端面上弹簧比压不均匀，轴径大时更为突出	转速增大时离心力将引起弹簧变形和产生偏移，端面比压不稳定	压缩量变化时弹簧力变化小	摩擦副歪斜时，缓冲性能差	因丝径大，腐蚀对弹簧力影响小	脏物结晶，介质对弹簧性能影响小	弹簧力不易调整	二平面平等度及对中心垂直度要求严格	安装简单，更换弹簧时须拆下密封装置	轴向尺寸大，径向尺寸小
多弹簧	端面上弹簧比压均匀，轴径大时不受影响	转速增大时端面比压稳定	压缩量变化时弹簧力变化大	摩擦副歪斜时，缓冲性能好	因丝径小，腐蚀对弹簧力影响大	脏物结晶，介质会使弹簧性能丧失	可以通过增减弹簧个数调整弹簧力	要求不严格，但弹簧高度及弹簧力应一致	安装繁琐，更换弹簧时不须拆下密封装置	轴向尺寸小，径向尺寸大

端面比压与弹簧比压的选择是选用重要考虑的参数之一，端面比压(密封面上的单位压力)选择的一般原则：

①端面比压始终是正值(即 $P_C>0$)，且不能小于端面间液膜的反向力，使端面始终被压紧贴合。

②端面比压应大于因摩擦使端面间温度升高时的介质饱合蒸气压，否则因介质蒸发而破坏端面间液膜。

③控制端面比压数值，使端面间液膜在泄漏量尽可能小的情况下，还能保持端面间的润滑作用。

④必须同时考虑到摩擦副线速度的影响，使 $P_C V$ 值小于材料的允许 $[P_C V]$ 值。

⑤弹簧比压(弹性元件在端面上产生的单位压力)的大小应保证低压操作、停车时的密封，且能克服密封圈与轴套间的摩擦力。

⑥通常压力高且润滑性能好的介质，端面比压及弹簧比压应取大值。反之，应取小值。

⑦辅助密封采用橡胶制造，弹簧比压可选的小些，若采用聚四氟乙烯制造，弹簧比压选得高些。

⑧摩擦副端面的比压(P_C)与平均线速度(V)的乘积，是选择和比较机械密封的重要依据，具有高 P_CV 值又能长期工作，是密封先进水平的重要标志。P_CV 值影响着密封的三个主要性能：一是泄漏量，即密封性，与 P_C^2 成反比；二是摩擦发热量，即摩擦功率，与 P_CV 乘积成正比；三磨损量，即寿命，与 P_CV 乘积成正比。更为重要的是 P_CV 值影响着端面间液膜的形态和厚度，当 P_CV 值超过一定数值范围后，端面间便不能维持一个完整的液膜，使摩擦副的半湿式摩擦工作状态遭到破坏。此时端面间温度迅速升高，磨损剧烈，密封失效。

动环的一般传动方式：弹簧传动、传动套传动、拔叉传动、螺钉传动、键或销传动。

摩擦副的材料选择是又一个最重要的参数：碳化钨硬质合金，是目前优先选用的，除外还有纯石墨、浸渍树脂石墨、浸渍金属石墨聚四氟乙烯、酚醛塑料、陶瓷、堆焊硬质合金、青铜、高硅铸铁。

辅助密封圈材料：橡胶、聚四氟乙烯、软聚氯乙烯塑料。

弹簧材料：

①磷青铜，在海水、油类中使用。

②磷素弹簧钢：$60Si_2Mn$、65Mn，用于温度较低的无腐蚀性介质，50CrV 用于温度较高(300℃)的无腐蚀性介质。

③铬钢：3Cr13、4Cr13 用于弱腐蚀性介质。

④不锈钢：1Cr18Ni9、1Cr18Ni9Ti、1Cr18Ni12Mo2Ti 用于强腐蚀性介质。

3. *有关机械密封的冷却、冲洗方法*

(1)当介质温度在 0 ~ 80℃时，通常由泵出口将输送干净的介质直接，引入密封腔，或者由单独设置的一套系统中将冲洗液引入密封腔，冲洗、冷却密封端面。

(2)在上述冷却、冲洗方式的基础上，增加静环背部的冷却，冷却条件有所改进，还可收集易挥发和有味的流体。

(3)当介质温度在 80 ~ 200℃时，除采取以上两种措施外，通常在密封腔外加一冷却水套进行间接冷却。介质易结晶时，冷却水改为通蒸气，起到保温作用。

(4)介质温度高于 200℃时，除了在冷却水套中通冷却水外，尚应采取强制措施，即从泵出口将输送的干净介质经外部强制冷却后，引入密封腔内冲洗冷却。

密封端面，或者由单独设置的一套系统中，将压力相当的常温干净冲洗液直接引入密封腔内进行冲洗、冷却。

(5)如果介质中含有颗粒或杂质，必须采取过滤措施，把干净介质或常温冲洗液直接引入密封腔内，进行冷却、冲洗。

(6)由于冷却水的引入，往往在轴上形成水垢，容易破坏密封，故应用软水冷却，或采取措施防止水垢结在密封端面。

由于油气多相混输泵安全的重要性，目前都采用双端面密封，端面密封选用主要根据工作介质腐蚀性、汽化等参数，以及压力、温度、转速进行选择。国产的商品已经有一系列规格可供选择。其中平衡型或部分平衡型的平衡系数的决定，端面比压的选择，材料的选择冲洗冷却润滑等配套都很齐全不必自行再设计制造。

载荷系数与平衡系数：一般平衡系数大，端面比压就小。平衡系数小，端面比压就大。对于油品润滑性好的平衡系数选择大约是0.7～0.9液化气等低沸点介质选择0.75～0.9。

端面比压 P 和密封面平均线速度 V 的乘积称之为 PV 值。PV 值越高说明耐磨性能好，耐热性能也好。对于油气多相混输泵比较适宜的大约15左右。

该密封要求封液的压力按设计规范要求应高于密封环附近泵送介质的压力(二者相差 ΔP)，约高0.05～0.1MPa。因此，要使用较高扬程的泵或压缩机提供密封液，密封液又同时可作为冷却液，由泵的设计增压可初步估计密封液的压力应在1.5MPa左右。

目前在石油化工系统由于烃加工对安全要求很高，多选用干气密封。它是端面密封的再提高，主要是端面中开有螺旋槽，在密封气作用下可以在密封面之间产生气膜，其气膜压力可以阻止泄漏同时又做到端面不接触，达到运行寿命加长。在启动开车之时多用氮气给以密封气，运行正常后就可以利用所输送压缩机出口气体替代氮气了。

螺旋槽的干气密封结构见图9-6。带有中间迷宫串联的端面密封结构见图9-7。

图9-6　干气密封结构示意图

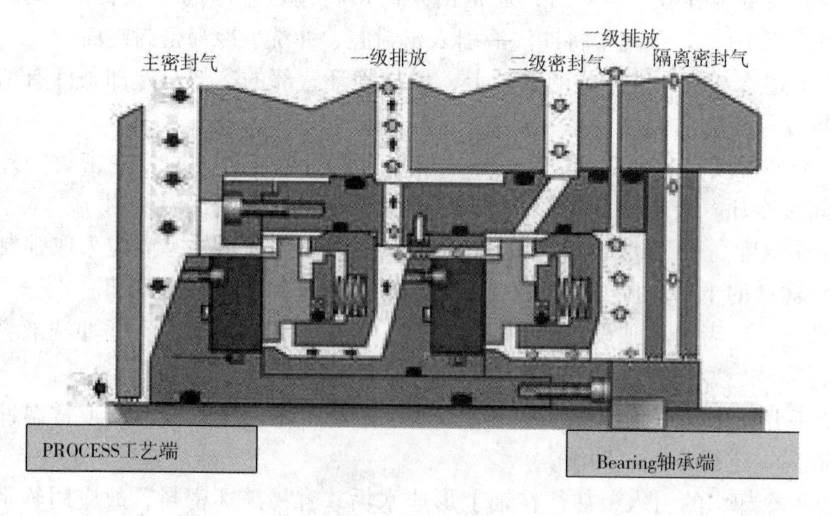

图9-7　带有中间迷宫串联的端面密封结构图

参 考 文 献

[1]J. Falcimaigenw S. Decarrre Multiphase Prodeuction Pipeline TRANSPORT Pumping and Metering. IPF Publications Paris France, 2008.

[2] S. G. Barlow. Saudi Aromco Field Testing of First Multiphase Pump in Saudi Arabia. BHR group Multiphase Tchnology, 2002.

[3]S V Korlew JSC Chernogorneft Russia Oil Feld Dvelopment in Westen Sberia BRH Group Mulitphase's.

[4]Alain Gerbier Totalfinaeif Exploration UK Deplyment of Multiphase Pump in on A North Sea Field SPE 71536, 2001.

[5]John Willows Statoil Framo Engineering News, Feb 1999.

[6] Technical Bulletin Framo Engineering Lncreased Oil Production by means of Subsea Multiphase Booster, 1999.

[7]Framo Subsea Multiphase Pump for TOPCIO Technical Bulletin Framo Engineering, 1999 .

[8]Framo, Subsea Multiphase Booster Pumps for BP RTAP Technical Bulletin Framo Engingeering, 1999.

[9]John Willows Statoil Framo Subsae Booster system for Statoil's Lufeng Field in South China Sea Framo Engineering News, Feb 1999.

[10]OTC 17899 Subsea Boosting of the Brende Field through Uyilization of a Multipose Field Development Solution, 2006 .

[11]张远君．两相流体动力学．北京航空学院，1987.

[12]周云龙．多相流体力学理论及其应用．北京：科学出版社，2008.

[13]国丽萍．石油工程多相流体力学．北京：中国石化出版社，2011.

[14]J. Falcimaigne S. Decarre Multiphase Production Pipeline Transport, Pumping and Metering IFP, 2008.

[15]李汗强．一种螺杆压缩机性转子齿形 . CN ZL 2004 1007 15797.

[16]李汗强．一种螺杆泵转子新齿形 . CN ZL 2004 1007 1580X.

[17]李汗强．一种螺杆泵转子端面齿形 . CN ZL2004 1007 72195.

[18]邢子文，束鹏程等．螺杆压缩机转子齿形的优化．流体机械[J]，1998(8)：19 - 22.

[19]李清平．螺旋轴流式多相泵样机设计初探及其内部气液两相流动的三维数值计算[D]. 中国石油大学（北京），1998.

[20]Hellmann . D. H. 1995 Pump for Multiphase Boosting Proceedings of The 2nd Int Comf of Pumps and Fans Beijing , Petroleum Industry of China Vol(1).

[21]赵宏．螺旋轴流式多相泵性能研究与叶轮内三维、有势、边界元数值模拟[D]．中国石油大学（北京），2001.

[22]孔祥领．螺旋轴流式多相泵及缓冲均化器的性能试验研究与数值模拟[D]．中国石油大学（北京），2012.

[23]李清平，薛敦松，等．叶片式多相泵内部流动研究[J]．工程热物理学报，1998，(01)：53 - 57.

[24]李清平，薛敦松．叶片式多相泵内部相态分离过程的研究[J]．石油大学学报（自然科学版），1997,

(03)：55 -58 +119.
[25]李清平，薛敦松．多相泵设计方法初探[J]．工程热物理学报，1999，(01)：61 -64.
[26]邓俐丹，薛敦松．油气多相泵转轮叶片中液流角探讨[J]．工程热物理学报，2003，(03)：426 -428.
[27]张金亚．螺旋轴流式多相泵叶轮水力设计及其多目标优化[D]．中国石油大学(北京)，2010.
[28]李汗强．螺旋轴流式多相泵性能研究及其设计计算[D]．中国石油大学(北京)，2000.
[29]李清平，薛敦松．螺旋轴流式油气多相泵外特性试验研究[J]．工程热物理学报，2000，(04)：451 -455.
[30]赵宏，薛敦松．螺旋轴流式油气多相泵的性能预测模型[J]．工程热物理学报，2000，(02)：187 -190.
[31]郑俐丹，薛敦松．油气多相泵转轮中液流角的探讨[J]．工程热物理学报，2003，(03)：426 -428.
[32]李清平，薛敦松．螺旋轴流式油气多相泵的设计与实验研究[J]．工程热物理学报，2005，(01)：84 -87.
[33]朱宏武，李清平．螺旋轴流式油气多相泵现场实验研究[J]．工程热物理学报，2007，(04)：601 -603.
[34]李清平．螺旋轴流式多相泵样机设计初探及其内部气液两相流动的三维数值计算[D].中国石油大学(北京)，1998.
[35]李清平，薛敦松．多相泵设计方法初探[J]．工程热物理学报，1999，(01)：61 -64.
[36]Hellmann . D. H. 1995 Pump for Multiphase Boosting Proceedings of The 2nd Int Comf of Pumps and Fans Beijing ，Petroleum Industry of China Vol(1).
[37]李清平，薛敦松．叶片式多相泵内部流动研究[J]．工程热物理学报，1998，(01)：53 -57.
[38]李清平，薛敦松．叶片式多相泵内部相态分离过程的研究[J]．石油大学学报(自然科学版)，1997，(03)：55 -58 +119.
[39]薛敦松，朱宏武．螺旋轴流式油气多相泵的应用[J]．石油矿场机械，1997(6)：37 -41.
[40]Per K. Skiftesvik and Jon Arve Svaren，Multiphase Pumps and Flow Meters - Status of Field Testing，1995，OTC7929，PP：566 -578.
[41] S. DE Donne & G. Ferrari Aggradi. Multiphase Pumping Technology Results From the Field Testing，1993. 11.
[42] G. Vangen，C. Carstensen，L. E. Bakken. Gullfaks Multiphase Booster Project，1995，OTC 7930，PP：579 -585.
[43]JEAN - Danie Reber，Jean - Edmond Chaix. The Neptunia Multiphase Pump：Test Result and Applications，OTC7935，1995，PP：619 -626.
[44]E. Leporcher. Multiphase Pumping：The Lessons of Long - term Field Testing，SPE 30661，PP：263 -274.
[45] J. C. Bouricet. A Subsea Multiphase Pumping Unit：A Comprehensive Challenge，The 2nd Int. Conf. on Pumps and Fans (Beijing)，1995. 11，PP：65 -74.
[46]J. Falcimaigne，P. Durando，M. Louplas and Viligines. Multiphase Rotodynamic Pumps Extend Their Operating Capabilities，SPE 28882，PP：153 -160.
[47]J. Falcimaigne. Multiphase Pumping and Metering and Emerging Technology，Reference IFP，No. 42467.
[48] D. H. Hellmann. Pumps For Multiphase Boosting，The 2nd Int. Conf. on Pumps and Fans (Beijing)，1995. 11，PP：43 -64.
[49] J. C. Bouricet. A Subsea Multiphase Pumping Unit：A Comprehensive Challenge，The 2nd Int. Conf. on Pumps and Fans (Beijing)，1995. 11，PP：65 -74.
[50]GB 21412. 1 -2010/ISO 13628 -1 -2005 第 1 部分 一般要求和推荐做法．

[51]GB 21412.6－2001/ISO 13628－6－2000 第6部分 水下生产控制系统.
[52]王勇.国外新型多相流计量技术综述[J].油气田地面工程，1996(2)：6－11.
[53]吴应湘，李华，郑之初，李东晖，周永.海洋石油工业中的多相流测量问题.年度海洋工程学术会议[C]，2003：98－104.
[54]Harry Cellos. Multiphase－Flow Measurement System of High－GOR Applications，SPE54605.
[55]Eibind Dykesteen. Operational Experience From Fluenta Multiphase Meters Offshore Malaysia. Australasian Oil and Gas Conference，1999.
[56]Framo engineering AS. Technical Bulletin，Successful Operation Experience Since December 1995 for 3 Framo Multiphase Meter on BHP ‘S Hamilton、North Hamilton，and Lennox Satellite Platforms in Liverpool Bay.
[57]张劲，周永霞.马来西亚海上多相流计量技术[J].国外石油机械，1999(6)：65－67.
[58]SIijkerman，W. F. J. et a1：Oil companies’needs in multiphase flow meteringProc. 13th North Sea Flow Measurement Work－shop，1995.
[59]G. H. Abdul—Majeed. Liquid Holdup in Horizontal Gas/Liquid Two－phase Flow. J. Petroleum Science and Engineering，1996.
[60]G. H. Abdul—Majeed. A New Method of Calculating Liquid Holdup in Horizontal and Incline Two－phase Slug Flow. J. Petroleum Science and Engineering，July 2000.
[61]A. M. Scheers et al. Multiphase Flow Measurement Using Multiply Energy Gamma Ray Aborsption(MEGAR) Composition Measurent，SPE36593.
[62]Jonathan Stuart Lund. Measuring a Gas Mass Fraction. UK Patent，GB 22336681.
[63]David John Cracknell. Microwave Determination of Gas and Water Content of Oil. UK Patent，GB 2262807.
[64]John D. marrelli，Farhan Siddiqui. Method and Apparatus for Determining Watercut Fraction and Gas Fraction in Three Phase Mixtures of Oil，Water and Gas. US Patent，US 5576974
[65]Miroslav M. kolpak，Terry J. Rock. Measuring Vibration of a Fluid Stream to Determining Gas Fraction. US Patent，US 5524475.
[66] Edward J. Farmer et al. Applications Expand for New Leak Detection System. Pipeline Industry，December 1991.
[67]Farm E，Kohlrust R.，Myers G，Verduzco G. Leak detection tool undergoes field tests. Oil and Gas Journal，December 1988.
[68]L. R. Quaife，K. J. Moynihan. A New Pipeline Leak－Location Technique Utilizing a Novel(Patented)Test－Fluid and Trained Domestic Dogs. Proceedings of The Seventy－First GPA Annual Convention.
[69]Gordon Campbell Short，David Alexander Russell. Pipeline Condition MonitoringSystem and Apparatus. UK Patent，GB2305989.
[70]State of the Art Multiphase Flow Metering. API Publication 2566 First Edition May 2004.
[71]Multiphase Production PIPELINE Transport. pumping and M etering. IFP Publications，2008.
[72]曹广军.离心油泵粘性流体性能实验及其换算方法研究[D].中国石油大学(北京)，2003.
[73]任瑛.热力学基础和气体压缩机.1994.
[74]薛敦松，陈晓玲，曹广军，张武高，陈刚.离心油泵液体黏度换算方法[J].中国石油大学学报(自然科学版)，2001，25(4)：69－71.
[75]薛敦松.泵.中国石化出版社，2007.
[76]威廉·迪莫普朗.压缩机指南.薛敦松译.烃加工出版社，1988.
[77]API 610－1999.

附：申请专利一览表

ZL2004100715797　一种螺杆压缩机转子新齿形
　　李汗强，肖文伟
ZL200410071580X　一种螺杆泵转子新齿形
　　肖文伟，李汗强等
ZL1010105472195　一种螺杆转子端面齿形
　　李汗强
201220163475　一种螺杆空压机主机的机壳结构
　　李庆飞，李汗强
ZL021597235　油气水多相流体缓冲均混器(发明)
　　朱宏武，李清平，薛敦松
ZL02295032X　油气水多相流体缓冲均混器(实用)
　　朱宏武，李清平，薛敦松
ZL021597243　叶片式油气水多相增压泵(发明)
　　朱宏武，李清平，薛敦松
ZL022951455　叶片式油气水多相增压泵(实用)
　　朱宏武，李清平，薛敦松
ZL022850311　多相增压装置(实用)
　　朱宏武，李清平，薛敦松